U0207275

普通高等教育"十二五"规划教材

大学物理学（上册）

（第二版）

主编　赵　晏　孙江亭　莫长涛

主审　王选章　王佳菱

科学出版社

北　京

内 容 简 介

本书是以教育部高等学校物理基础课程教学指导分委员会编制的《理工科类大学物理课程教学基本要求（2010 版）》为依据,结合专业人才培养的需要编写的.全书分为上、下两册.本书是上册,内容包括质点运动学、质点动力学、刚体力学、狭义相对论、机械振动、机械波、流体力学、液体的表面性质、气体动理论、热力学基础.本书难度适中,在对物理基本概念、基本规律的阐述中注重深入浅出,简洁易懂.在保证必要的基本训练的基础上,突出物理理论在实际中的应用.此外,每章后都配有本章提要,方便学生掌握重点知识.

本书可作为高等学校理工科非物理专业及农林类专业的大学课程教材或参考书.

图书在版编目(CIP)数据

大学物理学.上册/赵晏,孙江亭,莫长涛主编.—2 版.—北京:科学出版社,2014.1

普通高等教育"十二五"规划教材
ISBN 978-7-03-039589-4

Ⅰ.大… Ⅱ.①赵… ②孙… ③莫… Ⅲ.物理学-高等学校-教材 Ⅳ.O4

中国版本图书馆 CIP 数据核字(2014)第 011760 号

责任编辑:昌 盛 王 刚 / 责任校对:赵桂芬
责任印制:徐晓晨 / 封面设计:迷底书装

科 学 出 版 社 出版
北京东黄城根北街 16 号
邮政编码:100717
http://www.sciencep.com

北京捷迅佳彩印刷有限公司 印刷
科学出版社发行 各地新华书店经销
*
2009 年 8 月第 一 版 开本:720×1000 B5
2014 年 1 月第 二 版 印张:16 1/2
2020 年 1 月第十四次印刷 字数:333 000
定价:30.00 元
(如有印装质量问题,我社负责调换)

前　言

本套教材第一版是 2009 年由科学出版社出版,迄今已连续印刷 7 次.

目前学习大学物理的学生是中学物理新课程标准实施后的毕业生,由于中学的教学要求已有所变化,中学物理内容分为必修和选修,学生的基础较之前有所不同,所以我校结合中学的新课程改革进行了《大学物理课程的改革与实践——教材、授课模式、考核方法的改革》(该项目获 2013 年黑龙江省教学成果一等奖)的研究,对使用的教材做了一定的修订.

本次修订主要有以下几方面:

1. 在章节上做了调整,将原第 15 章的狭义相对论放在本书的第 4 章,这对于两学期使用上下册的院校更方便些.

2. 例题做了一些改动,在运动学部分更换了一些例题,如以前例题中有速度、加速度为常数的情况,例题的解法虽运用了微积分,但用中学方法也能求解,修订后,使例题必须应用大学物理的知识才能求解,这将使学生更重视大学物理的学习.电磁感应部分的例题增加了一题多解的解法,这有助于培养学生的发散思维.光学部分更换了更结合实际的例题.

3. 增加了一些理论联系实际的内容,如自耦变压器;接通和断开电路的暂态电流;利用双光束干涉原理监测煤矿中的甲烷与纯净空气体积的百分比;利用单缝衍射现象测量物体间距和位移等.同时删去了一些抽象的问题,增加了一些理论联系实际的习题,如热力学一章删去了一些抽象的过程,增加了实际工作的热机和制冷机,让学生感到学习物理有用,物理就在身边.

4. 增加了思考题的数量,思考题内容编排上更注重对实际问题的讨论.同时为了方便学生课堂讨论和及时检验自己对物理知识的掌握情况,变更了思考题的位置,即在每节内容后安排与本节内容相关的思考题.

5. 对部分内容进行了丰富和修改,如气体动理论一章对气体内迁移现象的系数做了更深入讨论,热力学一章对热力学第二定律的统计解释做了更为确切的说明,在电场和磁场中,增设了强调电场和磁场的矢量性特征的思考题,习题部分则由于学时所限重点讨论真空情况.

本套教材的编写修改分工如下:第 1、2、3 章由哈尔滨师范大学孙江亭执笔,第 7、8 章由哈尔滨商业大学莫长涛执笔,第 14、15 章由大连工业大学王雅红执笔,其

余章节由东北林业大学赵晏、吴淑杰、武亚斌、周阿庚和刘芳执笔.哈尔滨师范大学
王选章教授、哈尔滨商业大学王佳菱教授仔细审阅了本教材上册,哈尔滨师范大学
的王选章教授、高红教授仔细审阅了本教材下册.

　　书中如有疏漏和错误之处,敬请读者不吝指正.

编　者

2013 年 12 月

第一版前言

本书是为非物理专业的理工科学生编写的大学物理教材. 教材内容是以教育部高等学校物理基础课程教学指导分委员会编制的《理工科类大学物理课程教学基本要求(2008 年版)》的核心内容为基本框架,同时根据学校特点对基本要求中的 A 类和 B 类内容作了适当的调整,并选取少量的拓展内容向学生介绍现代高新科技的发展. 本书的内容与 100 学时左右的课程相对应,较少学时的物理课程也可删去 * 号内容和第 6 章、第 7 章、第 17 章等内容进行讲解,这并不影响课程的完整性.

本书的编写力求做到以下几点.

1. 重基础

在本书编写过程中,我们注意到大学物理学是高等学校理工科各专业学生一门重要的通识性必修基础课;该课程所教授的基本概念、基本理论和基本方法是构成学生科学素养的重要组成部分,是一个科学工作者和工程技术人员所必备的. 因此本书对物理学的基本概念与规律进行重点明晰的阐述,从最基本的概念与规律出发,推演出更进一步的概念与规律,使学生从整体上理解和掌握物理课程的内容,为今后的学习和工作打下良好的基础.

2. 避免重复

大学物理学中的许多概念和定律是学生已知的,避免与中学内容的重复也是十分重要的,对此我们注重高等数学思想的渗透与应用,如利用微积分将中学物理中的特殊情况推广为解决普遍问题的一般方法,又如引导学生由中学物理的独立地谈矢量的大小与方向,转变为矢量的各种表达与运算,使学生学会将高等数学应用于实际当中.

3. 理论联系实际

本书尽量与生活和生产实际相结合,列举了一些测速、消除噪声、物理方法诊断疾病等学生感兴趣的实例,还介绍了一些现代物理技术的知识,以增加学生的学习兴趣和学习主动性,与当前的教改形势相符.

4. 教书育人

本书中插入若干科学家简介,在这些简介中不仅介绍了科学家对物理学的伟大贡献,还有科学家的格言及不怕困难勇于探索的小故事,以此作为学生为人处事的借鉴,这将对学生有很大的帮助.

5. 易教易学

本书编者绝大多数是具有 20 年以上教龄的大学物理教师,书中凝聚了他们多年的教学经验与心得,并参考了多本目前流行的大学物理教材和物理专业的教材,在物理概念和定律上,叙述简洁易懂,详略得当,便于自学. 每章有学习目标、各章提要. 习题中 * 号内容作为选做题. 另外,对于选用本书的任课教师,我们可提供与本书配套的光盘,光盘内含相应的电子教案和部分相关视频,以及习题解答.

本书第 1 章、第 2 章、第 3 章由哈尔滨师范大学孙江亭执笔,第 4 章、第 5 章、第 6 章、第 7 章由东北林业大学赵晏执笔,第 8 章、第 9 章由东北林业大学吴淑杰执笔,第 10 章由牡丹江师范学院的左桂鸿执笔,第 11 章、第 12 章由东北林业大学武亚斌执笔,第 13 章、第 14 章由大连工业大学的王雅红执笔,第 15 章、第 16 章、第 17 章由东北林业大学周阿庚执笔,全书由东北林业大学赵晏定稿. 吉林大学梁路光教授、哈尔滨商业大学王佳菱教授仔细审阅了本书上册,哈尔滨师范大学的高红教授仔细审阅了本书下册. 另外,书中的部分图形由东北林业大学王德洪制作,东北林业大学的王淑嫦、张憩老师以及讲授大学物理学的其他老师为本书的编写提出了宝贵的意见. 在此一并表示衷心的感谢.

书中如有疏漏和错误之处,敬请读者不吝指正.

编　者

2009 年 4 月 20 日

目　　录

第1章 质点运动学

【学习目标】

掌握位置矢量、速度矢量、加速度矢量等物理量的概念,理解运动的矢量性、瞬时性和相对性.掌握参考系和坐标系的选择,用矢量分解的方法处理平面内运动的速度和加速度.理解建立简单的运动方程的方法.理解两个以恒定速度做相对运动的参考系间的伽利略变换.会利用简单函数的微分和积分方法来解决物理问题.

力学是研究物体机械运动规律的一门学科.所谓机械运动,是指物体运动过程中的位置变化和形状变化.经典力学研究的是做宏观低速运动物体的运动规律.按照研究内容通常把力学分为运动学、动力学和静力学三部分.运动学研究的是如何描述物体的运动,即"物体是怎样运动的";动力学研究物体的运动原因,即"物体为什么是这样运动的";静力学则研究物体在相互作用中的平衡问题.本章讨论质点运动学的内容.

1.1 质点 参考系和坐标系

1.1.1 质点的概念

实际物体都有一定的大小、形状和内部结构,在力的作用下还可以发生形变.在讨论的问题中,当物体的形状、大小在所研究的问题中可以忽略时,就可以把这个物体看成是一个只有质量而没有大小的点,叫做**质点**.例如,当讨论汽车在公路上的行驶问题时,如果只关心汽车运动的快慢问题,那么车轮的转动、车窗玻璃的开启和关闭等现象都与所研究的问题无关,这时可以把汽车看成一个质点来处理,若要研究座位之间的距离,显然汽车不能视为质点.又如,在研究地球的公转问题时,地球的形状和内部结构对公转问题而言无关紧要,因此也可以把地球看成一个质点.但是如果讨论的是地球的自转问题,就不能把它当作质点处理了.可见,一个物体能否被看成质点,与物体的大小无关,只取决于所研究问题的性质,要具体问题具体分析.

理想模型是由实际物体抽象出来的,质点是力学中最简单、最基本的理想模型. 由几个质点组成的系统,称为**质点组**. 由于物体是可以无限分割的,所以任何一个物体都可以无条件地看成是质点组. 当研究的对象不是一个物体,而是比较复杂的系统的运动时,虽然不能把这个系统看成质点,但可以把它看成是由许多质点组成的质点组,掌握了质点的运动规律,就能用数学方法推导出这个质点组的运动规律.

1.1.2　参考系和坐标系

世界上一切物体都在永不停息地运动着,即使是地面上看似静止的房屋、树木等也都随着地球一起运动. 气体、液体中的扩散现象也进一步证明,分子和原子等基本粒子也都无时无刻不在运动. 所以,绝对静止的物体是不存在的. 运动是普遍的、绝对的;静止则是相对的.

虽然运动具有绝对性,但对同一物体的运动,由于所选的参考物不同,对其运动的描述就会不同. 例如,观察公路上行驶的汽车内的椅子,从地面上观察,椅子是和汽车一起运动的;而坐在椅子上的人看这个椅子则是静止的,所以,物体运动的描述总是相对于其他选定的参考物体而言的,这叫做运动描述的相对性. 为描述物体的运动而被选作参考的物体或没有相对运动的物体群,称为**参考系**. 要描述一个物体的运动必须有一个参考系. 一般说来,当研究运动学问题时,选择哪个物体作为参考系,没有任何限制,参考系的选取以方便运动的描述和分析为宜. 在研究某些问题时,常用固定在地面上的一些物体或地面本身作为参考系,这样的参考系叫做地面参考系.

在选定的参考系下对运动只能做定性的描述. 要定量描述物体的运动,需要在

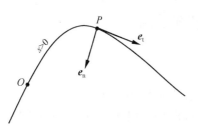

图 1.1　自然坐标系

参考系上建立一个坐标系,如直角坐标系、柱坐标系和球坐标系等. 若质点在平面上沿曲线运动的轨迹是已知的,可采用平面自然坐标系来描述质点的运动. 如图 1.1 所示,沿质点运动轨迹建立一坐标轴,选择轨迹上的任意一点 O 为坐标原点,并用由原点 O 至质点位置 P 点的弧长 s 作为质点的位置坐标,则弧长 s 叫做平面**自然坐标**. 自然坐标 s 不同于一般仅说明长度的弧长. 根据原点和正方向的规定,s 可正可负. 当质点在 P 点处时,可在该点建立如下坐标系,其中一根坐标轴沿曲线切线且指向自然坐标 s 增加的方向,该方向的单位矢量叫做切向单位矢量,记作 e_t;另一坐标轴沿曲线法线且指向曲线的凹侧,相应单位矢量称为法向单位矢量,记作 e_n,这种坐标系就叫做平面**自然坐标系**(简称自然坐标系). 使用自然坐标系时,任何矢量都可向 e_t 和 e_n 的方向作正交分解. 显然,单位矢量 e_t 和 e_n 将随质点在轨迹上的位置不同而改变其方向;一般说来,e_t 和 e_n 不是恒矢量.

1.2 位移 速度和加速度

1.2.1 位置矢量 运动方程

1. 位置矢量

1.1 节指出,要定量地描述物体的运动必须要在指定的参考系中建立坐标系. 在如图 1.2 所示的直角坐标系中,t 时刻质点在空间 P 点处的位置可用位置矢量 $\boldsymbol{r}$ 来表示. **位置矢量**是在选定的坐标系中由坐标原点指向质点所在位置的有向线段,简称位矢. 设 P 点所在位置的三个坐标投影分别为 x,y,z,取三个轴的单位矢量分别为 $\boldsymbol{i},\boldsymbol{j},\boldsymbol{k}$,则位矢 $\boldsymbol{r}$ 可用下式表示:

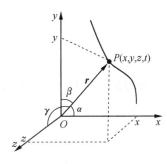

图 1.2 质点的位置矢量

$$\boldsymbol{r} = x\boldsymbol{i} + y\boldsymbol{j} + z\boldsymbol{k} \tag{1-1}$$

其大小为

$$r = \sqrt{x^2 + y^2 + z^2} \tag{1-2}$$

设位矢 $\boldsymbol{r}$ 与 Ox 轴、Oy 轴和 Oz 轴之间的夹角分别为 α,β 和 γ,则位矢 $\boldsymbol{r}$ 的方向可用下式来确定:

$$\cos\alpha = \frac{x}{r}, \quad \cos\beta = \frac{y}{r}, \quad \cos\gamma = \frac{z}{r}$$

2. 运动方程

当质点运动时,在选定的直角坐标系下,它的坐标是时间 t 的函数,即

$$\boldsymbol{r} = \boldsymbol{r}(t) = x(t)\boldsymbol{i} + y(t)\boldsymbol{j} + z(t)\boldsymbol{k} \tag{1-3}$$

这个描述质点在 t 时刻所处空间位置的函数方程,叫做质点的**运动方程**. 其标量形式为

$$\begin{cases} x = x(t) \\ y = y(t) \\ z = z(t) \end{cases} \tag{1-4}$$

已知质点的运动方程,就能确定质点在任意时刻的位置,进而确定质点的运动. 质点在运动过程中所经过的空间点的集合,称为轨迹. 用来描写质点轨迹的数学方程,叫做质点的轨迹方程.

例 1.1 已知质点 P 的运动方程为 $\boldsymbol{r}(t) = At\boldsymbol{i} + Bt^2\boldsymbol{j} + C\boldsymbol{k}$($A,B,C$ 为正的常数),求质点的轨迹方程.

解　在直角坐标系下,根据质点的运动方程,其分量式为

$$x = At, \quad y = Bt^2, \quad z = C$$

因为质点的轨迹方程是指 x,y,z 之间的函数关系,所以将运动方程中的变量 t 消去,即得到下列方程组:

$$\begin{cases} y = \dfrac{B}{A^2}x^2, \\ z = C, \end{cases} \quad x > 0$$

该方程组就是质点 P 的轨迹方程.注意:题中 x 的取值受到 t 的限制,所以该方程组描写的轨迹是在 $z=C$ 处的 Oxy 平面中,方程 $y=\dfrac{B}{A^2}x^2$ 所对应的抛物线($x>0$ 部分).由此例可以看出,若已知质点的运动方程,只需从运动方程中将时间 t 消去,即可得到质点的轨迹方程.

1.2.2　位移矢量

描写质点位置的变化必须要有一个矢量.如图 1.3 所示,设 t 时刻,质点在 A

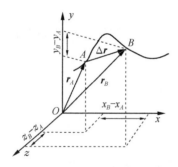

图 1.3　质点的位移矢量

处,其位矢为 r_A;$t+\Delta t$ 时刻,质点运动到 B 处,其位矢为 r_B,则质点在 Δt 时间内,位置的变化可用由 A 点指向 B 点的一条有向线段 Δr 表示,Δr 称为质点的**位移矢量**,简称位移.

按照矢量运算法则,位移 Δr 可用下式计算:

$$\Delta r = r_B - r_A \tag{1-5}$$

在图 1.3 所选的直角坐标系中,质点的位矢 r_A 和 r_B 可分别写成

$$r_A = x_A i + y_A j + z_A k$$
$$r_B = x_B i + y_B j + z_B k$$

两式相减可得位移 Δr 在直角坐标系中的正交分解式为

$$\Delta r = \Delta x i + \Delta y j + \Delta z k \tag{1-6}$$

其中,$\Delta x = x_B - x_A$,$\Delta y = y_B - y_A$,$\Delta z = z_B - z_A$.

注意:位移是矢量,只能描述出质点位置变化的总效果,其大小并不表示质点在运动中所走过实际路径的长度.质点在一段时间间隔内所走过的轨迹的总长度,叫做路程,路程是标量.一般情况下,在同一时间间隔内,质点位移的大小和路程并不相等,只有在运动方向不变的直线运动中,两者才相等.另外,当运动时间间隔无限小(即 $\Delta t \to 0$)时,也可认为两者近似相等.

1.2.3　速度矢量

1. 平均速度和瞬时速度

为描述质点位置变化的快慢,引入平均速度和瞬时速度的概念.如图 1.3 所示,质点在 Δt 时间内发生的位移为

$$\Delta \boldsymbol{r} = \Delta x \boldsymbol{i} + \Delta y \boldsymbol{j} + \Delta z \boldsymbol{k}$$

则在这段时间内,质点位置的平均变化率可用质点的位移 $\Delta \boldsymbol{r}$ 与时间 Δt 的比值来描述,这个比值称为质点在 Δt 时间内的**平均速度**.用 $\bar{\boldsymbol{v}}$ 表示平均速度,则

$$\bar{\boldsymbol{v}} = \frac{\Delta \boldsymbol{r}}{\Delta t} \tag{1-7a}$$

或

$$\bar{\boldsymbol{v}} = \frac{\Delta x}{\Delta t} \boldsymbol{i} + \frac{\Delta y}{\Delta t} \boldsymbol{j} + \frac{\Delta z}{\Delta t} \boldsymbol{k} = \bar{v}_x \boldsymbol{i} + \bar{v}_y \boldsymbol{j} + \bar{v}_z \boldsymbol{k} \tag{1-7b}$$

其中,$\bar{v}_x$,$\bar{v}_y$,$\bar{v}_z$ 是 $\bar{\boldsymbol{v}}$ 分别在直角坐标系中三个坐标轴上的分量.由式(1-7a)可知,平均速度的方向和位移 $\Delta \boldsymbol{r}$ 的方向一致.

平均速度只能反映一段时间内质点位置的平均变化率,若要精细地刻画质点的位置随时间的变化,还需引入瞬时速度的概念.当 $\Delta t \to 0$ 时,平均速度的极限值就是质点的**瞬时速度**,简称速度.用 $\boldsymbol{v}$ 表示质点的瞬时速度,则

$$\boldsymbol{v} = \lim_{\Delta t \to 0} \frac{\Delta \boldsymbol{r}}{\Delta t} = \frac{\mathrm{d}\boldsymbol{r}}{\mathrm{d}t} \tag{1-8}$$

即质点的瞬时速度等于位置矢量对时间的变化率或一阶导数.在国际单位制(SI)中,瞬时速度的单位为 $\mathrm{m \cdot s^{-1}}$.

根据式(1-8)和位移 $\Delta \boldsymbol{r}$ 的表达式,瞬时速度 $\boldsymbol{v}$ 可用下式表示:

$$\boldsymbol{v} = \lim_{\Delta t \to 0} \frac{\Delta x}{\Delta t} \boldsymbol{i} + \lim_{\Delta t \to 0} \frac{\Delta y}{\Delta t} \boldsymbol{j} + \lim_{\Delta t \to 0} \frac{\Delta z}{\Delta t} \boldsymbol{k} = \frac{\mathrm{d}x}{\mathrm{d}t} \boldsymbol{i} + \frac{\mathrm{d}y}{\mathrm{d}t} \boldsymbol{j} + \frac{\mathrm{d}z}{\mathrm{d}t} \boldsymbol{k}$$

令 $v_x = \dfrac{\mathrm{d}x}{\mathrm{d}t}$,$v_y = \dfrac{\mathrm{d}y}{\mathrm{d}t}$,$v_z = \dfrac{\mathrm{d}z}{\mathrm{d}t}$,则有

$$\boldsymbol{v} = v_x \boldsymbol{i} + v_y \boldsymbol{j} + v_z \boldsymbol{k} \tag{1-9}$$

其中,v_x,v_y 和 v_z 是瞬时速度在 Ox 轴,Oy 轴和 Oz 轴上的分量.

瞬时速度的大小为

$$|\boldsymbol{v}| = \sqrt{v_x^2 + v_y^2 + v_z^2}$$

瞬时速度的方向沿质点运动轨迹的切线方向,并指向质点前进的方向.

2. 平均速率和瞬时速率

如果不考虑质点运动方向的变化,只描述质点沿轨迹运动的快慢,可引入平均速率和瞬时速率的概念. 仿照平均速度和瞬时速度的定义方法,设质点在 Δt 时间内走过的路程为 Δs,则**平均速率** $\bar{v}$ 为单位时间内质点走过的路程,其表达式为

$$\bar{v} = \frac{\Delta s}{\Delta t} \tag{1-10}$$

当 $\Delta t \to 0$ 时,平均速率的极限值,就是质点的**瞬时速率**,用 v 表示,有

$$v = \lim_{\Delta t \to 0} \frac{\Delta s}{\Delta t} = \frac{\mathrm{d}s}{\mathrm{d}t} \tag{1-11}$$

即瞬时速率等于路程对时间的变化率或一阶导数.

值得注意的是,当 $\Delta t \to 0$ 时,位移 Δr 的大小无限接近路程 Δs,因而有

$$| \boldsymbol{v} | = \lim_{\Delta t \to 0} \frac{| \Delta \boldsymbol{r} |}{\Delta t} = \lim_{\Delta t \to 0} \frac{\Delta s}{\Delta t} = \frac{\mathrm{d}s}{\mathrm{d}t} = v$$

所以,瞬时速度的大小总是等于瞬时速率.

对于平均速度的大小和平均速率而言,只有当质点做方向固定的直线运动时,两者才相等. 这一结论,读者可自行证明.

今后,如不特殊强调,速度和速率就是指瞬时速度和瞬时速率.

1.2.4　加速度矢量

1. 平均加速度和瞬时加速度

质点运动时,速度的变化不仅包含速度大小的变化,还包含速度方向的变化,为了描述速度随时间的变化问题,我们引入平均加速度和瞬时加速度的概念.

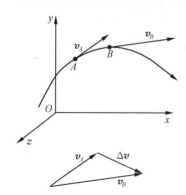

图 1.4　速度的增量

如图 1.4 所示,设质点 t 时刻在 A 点,速度为 $\boldsymbol{v}_A$;$t + \Delta t$ 时刻运动到 B 点,速度为 $\boldsymbol{v}_B$. 在 Δt 时间内,速度的增量 $\Delta \boldsymbol{v} = \boldsymbol{v}_B - \boldsymbol{v}_A$ 与这一增量发生所用时间 Δt 的比值,称为质点的**平均加速度**,记作 $\bar{\boldsymbol{a}}$,有

$$\bar{\boldsymbol{a}} = \frac{\boldsymbol{v}_B - \boldsymbol{v}_A}{\Delta t} = \frac{\Delta \boldsymbol{v}}{\Delta t} \tag{1-12}$$

平均加速度的大小反映了质点在 Δt 时间内速度变化的平均快慢,其方向和速度的增量 $\Delta \boldsymbol{v}$ 的方向相同. 这里值得注意的是,$\Delta \boldsymbol{v}$ 的方向并不总是和物体的运动方向一致,只有在直线运动中才与运动方

向相同或相反.

与瞬时速度的定义相似,**瞬时加速度**等于当 $\Delta t \to 0$ 时平均加速度的极限,简称加速度,记作 $\boldsymbol{a}$,即

$$\boldsymbol{a} = \lim_{\Delta t \to 0} \frac{\Delta \boldsymbol{v}}{\Delta t} = \frac{\mathrm{d}\boldsymbol{v}}{\mathrm{d}t} = \frac{\mathrm{d}^2 \boldsymbol{r}}{\mathrm{d}t^2} \tag{1-13}$$

式(1-13)表明质点的瞬时加速度等于速度在距 t 时刻无限短的时间内的变化率. 从数学角度看,加速度等于速度对时间的一阶导数,或等于位矢对时间的二阶导数. 在国际单位制中,加速度的单位为 $\mathrm{m \cdot s^{-2}}$.

在直角坐标系中,加速度可写成

$$\boldsymbol{a} = a_x \boldsymbol{i} + a_y \boldsymbol{j} + a_z \boldsymbol{k} \tag{1-14}$$

其中,a_x, a_y, a_z 分别是加速度 $\boldsymbol{a}$ 在三个坐标轴上的分量. 根据式(1-13),加速度 $\boldsymbol{a}$ 在三个坐标轴上的分量为

$$\begin{cases} a_x = \dfrac{\mathrm{d}v_x}{\mathrm{d}t} = \dfrac{\mathrm{d}^2 x}{\mathrm{d}t^2} \\[2mm] a_y = \dfrac{\mathrm{d}v_y}{\mathrm{d}t} = \dfrac{\mathrm{d}^2 y}{\mathrm{d}t^2} \\[2mm] a_z = \dfrac{\mathrm{d}v_z}{\mathrm{d}t} = \dfrac{\mathrm{d}^2 z}{\mathrm{d}t^2} \end{cases} \tag{1-15}$$

加速度 $\boldsymbol{a}$ 的大小为

$$a = |\boldsymbol{a}| = \sqrt{a_x^2 + a_y^2 + a_z^2} \tag{1-16}$$

加速度 $\boldsymbol{a}$ 的方向为 $\Delta t \to 0$ 时速度增量 $\Delta \boldsymbol{v}$ 的极限方向. 在直线运动中,加速度的方向与运动方向相同,或者相反;在曲线运动中,任一时刻质点的加速度方向并不与速度方向相同,由图 1.4 可以看出,曲线运动中的加速度方向总是指向曲线凹的一侧.

2. 自然坐标系下的加速度

当质点在给定的曲线轨道上运动时,常采用自然坐标系来研究质点的运动. 如图 1.5 所示,选取质点运动的轨道为任意曲线,以质点所在位置为坐标原点,建立自然坐标系,其切向和法向单位矢量分别为 $\boldsymbol{e}_t$ 和 $\boldsymbol{e}_n$. 设 Δt 时间内,质点沿曲线由 A 点运动到 B 点,对应的速度由 $\boldsymbol{v}_A$ 变为 $\boldsymbol{v}_B$,则速度的增量

$$\Delta \boldsymbol{v} = \boldsymbol{v}_B - \boldsymbol{v}_A$$

根据矢量的平移不变性,将 $\boldsymbol{v}_B$ 下移至起点为 A 处,在平移量 $\boldsymbol{v}_B$ 上截取矢量 $\overset{\frown}{AC}$ 和 $\boldsymbol{v}_A$ 大小相等,则速度的增量 $\Delta \boldsymbol{v}$ 可分解为 $\Delta \boldsymbol{v}_1$ 和 $\Delta \boldsymbol{v}_2$ 两个分矢量,即

$$\Delta \boldsymbol{v} = \Delta \boldsymbol{v}_1 + \Delta \boldsymbol{v}_2$$

按照加速度的定义，有

$$\boldsymbol{a} = \lim_{\Delta t \to 0} \frac{\Delta \boldsymbol{v}}{\Delta t} = \lim_{\Delta t \to 0} \frac{\Delta \boldsymbol{v}_1}{\Delta t} + \lim_{\Delta t \to 0} \frac{\Delta \boldsymbol{v}_2}{\Delta t} \qquad (1\text{-}17)$$

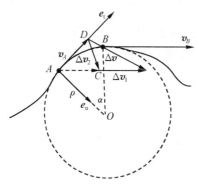

从上式可看出，加速度 $\boldsymbol{a}$ 具有两个分矢量. 由图 1.5 可知，对式（1-17）中第一项 $\lim\limits_{\Delta t \to 0}\dfrac{\Delta \boldsymbol{v}_1}{\Delta t}$，$\Delta \boldsymbol{v}_1$ 的大小等于 A,B 两点的速率之差. 当 $\Delta t \to 0$ 时，$\Delta \boldsymbol{v}_1$ 的极限方向和速度 $\boldsymbol{v}_A$ 相同，即沿该点曲线的切线方向. 因此，此项加速度分矢量称为质点的切向加速度，记作 $\boldsymbol{a}_{\mathrm{t}}$. 其矢量表达式为

图 1.5　速度在自然坐标系中的分解

$$\boldsymbol{a}_{\mathrm{t}} = \lim_{\Delta t \to 0} \frac{\Delta \boldsymbol{v}_1}{\Delta t} = \frac{\mathrm{d} \boldsymbol{v}_1}{\mathrm{d} t} = \frac{\mathrm{d} v}{\mathrm{d} t} \boldsymbol{e}_{\mathrm{t}} \quad (1\text{-}18)$$

切向加速度反映了速率变化的快慢.

对于第二项 $\lim\limits_{\Delta t \to 0}\dfrac{\Delta \boldsymbol{v}_2}{\Delta t}$，当 $\Delta t \to 0$ 时，$\Delta \boldsymbol{v}_2$ 的极限方向和速度 $\boldsymbol{v}_A$ 正交，即沿该点曲线轨迹的法线方向，故定义此项加速度分矢量为质点的法向加速度，记作 $\boldsymbol{a}_{\mathrm{n}}$. 下面来计算法向加速度 $\boldsymbol{a}_{\mathrm{n}}$ 的大小. 如图 1.5 所示，$\overline{AD} \perp \overline{AO}$，$\overline{AC} \perp \overline{BO}$，因 A,B 两点无限接近，故 A 点的曲率半径 ρ_A 和 B 点的曲率半径 ρ_B 近似相等[①]，即 $\rho_A = \rho_B = \rho$，故 $\angle DAC = \angle AOB = \alpha$，所以等腰三角形 AOB 与 CAD 相似. 令 $|\boldsymbol{v}_A| = v$，弧长 $\overset{\frown}{AB} = \Delta s$，根据相似三角形的性质，有

$$\frac{|\Delta \boldsymbol{v}_2|}{v} = \frac{\Delta s}{\rho}$$

将上式两边同时乘以 $v/\Delta t$，再对时间取极限，有

$$\lim_{\Delta t \to 0} \frac{|\Delta \boldsymbol{v}_2|}{\Delta t} = \frac{v}{\rho} \lim_{\Delta t \to 0} \frac{\Delta s}{\Delta t}$$

上式左端 $\lim\limits_{\Delta t \to 0}\dfrac{|\Delta \boldsymbol{v}_2|}{\Delta t}$ 项为质点的法向加速度 $\boldsymbol{a}_{\mathrm{n}}$ 的大小；右端 $\lim\limits_{\Delta t \to 0}\dfrac{\Delta s}{\Delta t}$ 项为质点在 A 点的速率 v. 将上式整理后，法向加速度 $\boldsymbol{a}_{\mathrm{n}}$ 的大小为

---

① 曲线的弯曲程度可用曲率 k 来表示，曲线上 A 点处的曲率半径等于该点曲率的倒数，即 $\rho = \dfrac{1}{k}$. 可在 A 点附近选取一小段无限小的圆弧，与该圆弧重合的内切圆的半径就等于 A 点处的曲率半径，该圆的圆心叫做 A 点的曲率中心.

$$|a_n| = \frac{v^2}{\rho}$$

法向加速度 a_n 的矢量表达式为

$$a_n = \frac{v^2}{\rho}e_n \tag{1-19}$$

式(1-19)表明,质点的法向加速度 a_n 的大小与质点的运动速率 v 和该点的曲率半径 ρ 有关.在轨道曲率半径相同时,速率越大的点对应的法向加速度 a_n 的值越大,质点速度的方向改变的就越快.所以,法向加速度 a_n 反映了质点速度方向变化的快慢.

总的说来,对给定轨道的曲线运动,其加速度 a 在自然坐标系下可分解为切向加速度 a_t 和法向加速度 a_n 两部分,如图 1.6 所示.其表达式为

$$a = a_t + a_n = \frac{dv}{dt}e_t + \frac{v^2}{\rho}e_n \tag{1-20}$$

加速度 a 的大小为

$$a = \sqrt{a_t^2 + a_n^2} = \sqrt{\left(\frac{dv}{dt}\right)^2 + \left(\frac{v^2}{\rho}\right)^2} \tag{1-21}$$

加速度 a 的方向可由下式确定:

$$\tan\theta = \frac{a_n}{a_t} \tag{1-22}$$

图 1.6　切向加速度和法向加速度

式(1-20)适用于任意曲线运动.圆周运动是曲线运动的一个特例,其曲率中心始终固定于一点,因此,法向加速度中的曲率半径 ρ 就是圆周的半径 R.

例 1.2　已知质点的运动方程为 $r(t) = (t^3+4)i + t^2j + 2k$(SI).求:$t$ 时刻质点运动的速度和加速度.

解　因 $z=2=$ 常数,所以质点被限制在距离原点 2 m 处的 Oxy 平面内运动.由题意,质点的运动方程在直角坐标系三个坐标轴上的分量为

$$\begin{cases} x = t^3 + 4 \\ y = t^2 \\ z = 2 \end{cases}$$

由速度的定义,质点在 t 时刻的速度为

$$v = v_x i + v_y j + v_z k = 3t^2 i + 2t j \ (\text{m} \cdot \text{s}^{-1})$$

根据加速度的定义,质点在 t 时刻的加速度为

$$a = a_x\boldsymbol{i} + a_y\boldsymbol{j} + a_z\boldsymbol{k} = 6t\boldsymbol{i} + 2\boldsymbol{j} \ (\mathrm{m \cdot s^{-2}})$$

例 1.2 的解题过程就是已知质点的运动方程来求解质点的速度和加速度的求解过程.

例 1.3　质点以初速度 $\boldsymbol{v}_0$ 做减速直线运动,已知加速度的大小按照 $a = e^t$ 规律变化. 求:

(1) 质点经过多长时间静止下来;

(2) 质点的运动方程.

解　(1) 设 $t=0$ 时刻,$\boldsymbol{v} = \boldsymbol{v}_0$,由 $\boldsymbol{a} = \dfrac{\mathrm{d}\boldsymbol{v}}{\mathrm{d}t}$ 得

$$\mathrm{d}\boldsymbol{v} = \boldsymbol{a}\,\mathrm{d}t$$

选取质点的运动方向为正方向,因为质点做减速直线运动,所以,加速度 $\boldsymbol{a}$ 的方向和速度 $\boldsymbol{v}$ 的方向相反,故上式可改写成

$$\mathrm{d}v = -a\,\mathrm{d}t$$

将 $a = e^t$ 代入上式,同时将上式两边积分,有

$$\int_{v_0}^{v} \mathrm{d}v = -\int_{0}^{t} e^t\,\mathrm{d}t$$

则质点在任意时刻 t 的运动速度 v 的大小为

$$v = v_0 - e^t + 1$$

当质点静止时,$v=0$,所以质点的运动时间为

$$t = \ln(v_0 + 1)$$

(2) 沿质点运动方向建立 Ox 轴,设 $t=0$ 时刻,$x=x_0$,由速度的定义 $v = \dfrac{\mathrm{d}x}{\mathrm{d}t}$ 得

$$\mathrm{d}x = v\,\mathrm{d}t$$

将 $v = v_0 - e^t + 1$ 代入上式,并将方程两边积分,有

$$\int_{x_0}^{x} \mathrm{d}x = \int_{0}^{t} (v_0 - e^t + 1)\,\mathrm{d}t$$

所以,质点的运动方程为

$$x = x_0 + (v_0 + 1)t - e^t + 1$$

由例 1.3 可知,若已知质点的加速度的表达式,则可以根据加速度的定义及初始条件,通过积分的方法来求解质点的速度和运动方程. 也就是说,若已知质点运动的加速度为 $\boldsymbol{a}(t)$,其运动的初始条件为 $t=0$,$\boldsymbol{v} = \boldsymbol{v}_0$,$\boldsymbol{r} = \boldsymbol{r}_0$,则质点运动的速度和运动方程分别为

$$\boldsymbol{v} = \boldsymbol{v}_0 + \int_0^t \boldsymbol{a}(t)\,\mathrm{d}t \tag{1-23}$$

$$\boldsymbol{r} = \boldsymbol{r}_0 + \int_0^t \boldsymbol{v}(t)\,\mathrm{d}t \tag{1-24}$$

思 考 题

1.2-1 质点的位置矢量的方向不变,质点将做什么运动? 质点的加速度大小不变,质点将做什么运动?

1.2-2 回答下列问题:

(1) 位移和路程的区别是什么?

(2) 平均速度和瞬时速度的区别是什么? 二者在量值上有何关系?

1.2-3 判断下列说法是否正确:

(1) 物体运动的加速度越小,其速度也越小;

(2) 一个具有恒定速率的物体,可能具有变化的速度;

(3) 质点做曲线运动时,速度大小的变化产生法向加速度;

(4) 物体的速度为零时,加速度一定为零;加速度为零时,速度一定不变.

1.3 圆 周 运 动

1.3.1 圆周运动的角量描述

圆周运动是较为简单的一种曲线运动. 对圆周运动的描述常采用角位移、角速度和角加速度等角量来进行描述.

如图 1.7 所示,质点在以 O 为原点的 Oxy 平面内做圆周运动. 任一时刻,质点的位置可用位矢 $\boldsymbol{r}$ 与 Ox 轴的夹角 θ 来确定,这个角 θ 称为质点的**角位置**. 并规定,当位矢 $\boldsymbol{r}$ 从 Ox 轴开始沿逆时针旋转时,θ 为正;顺时针旋转时,θ 为负. 设 t 时刻,质点在 A 点,角位置为 θ_1,经过 Δt 时间后,质点运动到 B 点,角位置为 θ_2. 在 Δt 时间内质点转过的角度叫做质点的**角位移**,记作 $\Delta\theta$. 则有

$$\Delta\theta = \theta_2 - \theta_1 \tag{1-25}$$

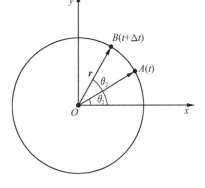

图 1.7 质点的圆周运动

由 θ 的正负规定可知,当质点沿逆时针方向转动时,角位移 $\Delta\theta$ 为正;顺时针转动时,角位移 $\Delta\theta$ 为负.

将 $\Delta t \to 0$ 时,角位移 $\Delta\theta$ 与时间 Δt 的比值的极限,定义为质点的**角速度**,记作 ω,即

$$\omega = \lim_{\Delta t \to 0} \frac{\Delta\theta}{\Delta t} = \frac{\mathrm{d}\theta}{\mathrm{d}t} \tag{1-26}$$

角速度是用来描述质点转动快慢的物理量. 如果质点在 Δt 时间内所经过的圆弧的弧长为 $\Delta s = r\Delta\theta$,根据速率 v 的定义,有

$$v = \lim_{\Delta t \to 0} \frac{\Delta s}{\Delta t} = \lim_{\Delta t \to 0} \frac{r\Delta\theta}{\Delta t} = r\frac{\mathrm{d}\theta}{\mathrm{d}t}$$

其中,$\dfrac{\mathrm{d}\theta}{\mathrm{d}t}$ 是质点在 A 点的角速度 ω,所以有

$$v = \omega r \tag{1-27}$$

式(1-27)就是质点做圆周运动时速率和角速度之间的瞬时关系.

设质点在 t 时刻的角速度为 ω_1,$t + \Delta t$ 时刻的角速度为 ω_2,则在 Δt 时间内,质点角速度的变化量为

$$\Delta\omega = \omega_2 - \omega_1$$

将角速度对时间的变化率,定义为质点的**角加速度**,记作 α,有

$$\alpha = \lim_{\Delta t \to 0} \frac{\Delta\omega}{\Delta t} = \frac{\mathrm{d}\omega}{\mathrm{d}t} = \frac{\mathrm{d}^2\theta}{\mathrm{d}t^2} \tag{1-28}$$

角加速度是用来描述质点角速度变化快慢的物理量.

角位移的单位为弧度,记作 rad;角速度的单位为 $\mathrm{rad \cdot s^{-1}}$ 或 $\mathrm{s^{-1}}$;角加速度的单位为 $\mathrm{rad \cdot s^{-2}}$ 或 $\mathrm{s^{-2}}$.

1.3.2　匀速圆周运动

当质点做半径为 r 的匀速圆周运动时,其速度 $\boldsymbol{v}$ 的大小恒定,但其方向不断地变化着,所以,质点的角速度 ω 为常量,角加速度 $\alpha = 0$. 这时加速度 $\boldsymbol{a}$ 只有与速度 $\boldsymbol{v}$ 方向垂直的法向加速度分量 $\boldsymbol{a}_n$. 由式(1-19),质点做匀速圆周运动的加速度为

$$\boldsymbol{a} = \boldsymbol{a}_n = \frac{v^2}{r}\boldsymbol{e}_n = \omega^2 r \boldsymbol{e}_n \tag{1-29}$$

设 $t = 0$ 时,质点的角位置为 $\theta = \theta_0$,根据式(1-26)有

$$\mathrm{d}\theta = \omega\,\mathrm{d}t$$

将上式进行积分,并将初始条件代入,得

$$\theta = \theta_0 + \int_0^t \omega\,\mathrm{d}t = \theta_0 + \omega t \tag{1-30}$$

式(1-30)即为质点做匀速圆周运动时用角量描述的运动方程.

1.3.3 匀变速圆周运动

质点做匀变速圆周运动时,角加速度 α 为常量.对于做半径为 r 的匀变速圆周运动的质点,由于其速度 v 的大小和方向都发生变化,所以加速度 a 在切向和法向都有分量.根据 $a_t = \dfrac{\mathrm{d}v}{\mathrm{d}t}e_t$ 和 $v = \omega r$,质点的切向加速度为

$$a_t = \frac{\mathrm{d}\omega}{\mathrm{d}t}re_t = \alpha re_t \tag{1-31}$$

其法向加速度为

$$a_n = \frac{v^2}{r}e_n = \omega^2 re_n \tag{1-32}$$

所以,做匀变速圆周运动的质点的加速度为

$$a = a_t + a_n = \alpha re_t + \omega^2 re_n \tag{1-33}$$

设 $t=0$ 时,质点的角位置为 $\theta=\theta_0$,角速度为 $\omega=\omega_0$,由式(1-28)和式(1-26),质点用角量表示的运动方程为

$$\begin{cases} \omega = \omega_0 + \alpha t \\ \theta = \theta_0 + \omega_0 t + \dfrac{1}{2}\alpha t^2 \\ \omega^2 - \omega_0^2 = 2\alpha(\theta - \theta_0) \end{cases} \tag{1-34}$$

将式(1-30)和式(1-34)与匀速和匀变速直线运动的运动学方程比较可知,质点做匀速和匀变速圆周运动时,用角量表示的运动方程与匀速和匀变速直线运动的运动方程在形式上完全相似.

例 1.4 已知质点做半径为 R 的圆周运动,其角位置满足 $\theta = \dfrac{2}{3}t^3 + 3t$.求:

(1)任意时刻 t,质点运动的速度和加速度;

(2)该质点的运动是匀变速圆周运动吗?为什么?

解 (1)根据角速度的定义,有

$$\omega = \frac{\mathrm{d}\theta}{\mathrm{d}t} = 2t^2 + 3$$

则 t 时刻,质点的速度的大小(速率)为

$$v = \omega R = (2t^2 + 3)R \tag{1}$$

速度的方向沿质点运动轨迹的切线方向.

求该点的加速度,应当从求该点的切向加速度和法向加速度入手.由式(1),质

点的切向加速度的大小为

$$a_t = \frac{dv}{dt} = 4Rt \tag{2}$$

法向加速度的大小为

$$a_n = \frac{v^2}{R} = (2t^2 + 3)^2 R \tag{3}$$

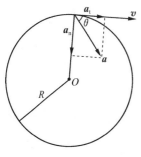

图 1.8　例 1.4 中的
加速度合成

由式(2)和式(3),质点在 t 时刻的加速度 a 的大小为

$$a = \sqrt{a_t^2 + a_n^2}$$
$$= \sqrt{(4Rt)^2 + \left[(2t^2 + 3)^2 R\right]^2}$$

如图 1.8 所示,加速度的方向可用它和速度的夹角 θ 来表示,即

$$\theta = \arctan \frac{a_n}{a_t} = \arctan \left[\frac{(2t^2 + 3)^2}{4t}\right]$$

(2) 由式(1-28),质点的角加速度为

$$\alpha = \frac{d\omega}{dt} = 4t$$

因为角加速度 α 不是常数,所以该质点所做的运动不是匀变速圆周运动.

思 考 题

1.3-1　质点做圆周运动的速率随时间线性均匀增大,则 a_t, a_n 和 a 三者的大小是否随时间改变? 质点的加速度 a 与其速度 v 之间的夹角随时间如何变化?

1.3-2　判断下列说法是否正确:

(1) 质点做圆周运动时,加速度的方向一定和速度的方向垂直;

(2) 质点做直线运动时,法向加速度必为零;

(3) 质点在轨道最弯处的法向加速度最大;

(4) 质点在某时刻的速率为零,切向加速度必为零.

*1.4　相 对 运 动

前面已经指出,质点运动的描述依赖于参考系的选择,即使是同一运动,若所选的参考系不同,对其运动的描述也可能不同.本节来讨论同一运动的描述(位移、速度和加速度等物理量)在两个以恒定速度做相对运动的参考系间的关系.

如图 1.9 所示,在空间有两个参考系 (S 系和 S′系),选 S 系为基本参考系(可视为静止不动),S′系为运动参考系,且 S′系相对 S 系的运动速度为 u. 其中坐标系 $Oxyz$ 固定在 S 系上;坐标系 $O'x'y'z'$ 固定在 S′系上,为研究方便,取 $t=0$ 时刻,两坐标系原点重合,且两个坐标系的三个坐标轴始终对应保持平行. 设 $t=0$ 时刻,空间某质点 P 位于坐标原点(即 P 与 O 及 O′点重合). t 时刻,在 S 系中观察到质点 P 的位置

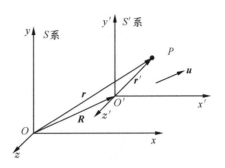

图 1.9 伽利略坐标变换

矢量为 r,在 S′系中观察到其位置矢量为 r'. 在这段时间内,O' 点相对 O 点的位置矢量为 $R=ut$. 根据矢量运算法则有

$$r = r' + R = r' + ut \tag{1-35}$$

这里必须指出,式(1-35)的成立是有前提的. 首先,r 和 R 是在基本参考系中测量的,而 r' 是在运动参考系中测量的. 因为在矢量的合成过程中,所有的矢量应是同一参考系中测量结果的合成,所以,式(1-35)成立的条件是 r' 在 S 系和 S′系中的测量结果相同,即空间任意两点的距离的测量与参考系的运动状态无关,这一性质叫做**空间测量的绝对性**. 其次,对运动的描述也离不开时间的测量,质点 P 的运动在 S 系中测量的时间是 t,在 S′系中测量的时间是 t',对同一运动经历的时间,只有在两个参考系中的测量结果相同时,即 $t=t'$,才有 $R=ut=ut'$ 在两个参考系中测量结果不变,这一性质叫做**时间测量的绝对性**.

总之,在经典力学范畴内,时间测量和空间测量与参考系的相对运动无关,时间和空间也不相联系,这是经典力学绝对时空观的特点.

综上所述,质点在 S 系中的时空坐标和在 S′系中的时空坐标的关系式为

$$\begin{cases} r' = r - ut \\ t' = t \end{cases} \tag{1-36}$$

这组从 S 系到 S′系的时空变换关系,称为**伽利略变换**.

对式(1-35)两边求时间 t 的导数,得到质点 P 在两个参考系中的速度变换关系,即

$$v = v' + u \tag{1-37}$$

其中,v 表示质点相对于基本参考系(S 系)的运动速度,称为绝对速度;v' 表示质点相对于运动参考系(S′系)的运动速度,称为相对速度;u 是运动参考系(S′系)相对于基本参考系(S 系)的运动速度,称为牵连速度. 式(1-37)表明,质点相对于基

本参考系的绝对速度,等于质点相对于运动参考系的相对速度与运动参考系相对于基本参考系的牵连速度的矢量和.

式(1-37)给出了质点在两个以恒定速度做相对运动的参考系中速度间的矢量关系,称为**伽利略速度变换式**.

如果质点的运动速度不是恒定的,那么将式(1-37)对时间 t 求导,就可得到质点在两个参考系中运动的加速度的关系.设质点在基本参考系(S 系)中的加速度(绝对加速度)为 a,在运动参考系(S' 系)中的加速度(相对加速度)为 a',S' 系相对于 S 系的加速度(牵连加速度)为 a_0,则

$$a = a' + a_0 \tag{1-38}$$

对两个以恒定速度做相对运动的参考系而言,u 为恒矢量,$a_0 = 0$,故有

$$a = a' \tag{1-39}$$

即加速度对伽利略变换保持不变,换句话说,对两个以恒定速度做相对运动的参考系来说,质点的加速度是个恒矢量.

例1.5 装有竖直挡风玻璃的汽车,在大雨中以速度 u 前进,雨滴以速度 v 竖直下落.问:若从坐在车厢中的旅客的角度来看,雨滴下落的速率为多少?雨滴将以什么角度打击挡风玻璃?

解 选地面为基本参考系(S 系),运动的汽车为运动参考系(S' 系),以雨滴为研究对象.由题意,雨滴相对地面的速度 v 为绝对速度,汽车相对地面的速度 u 为牵连速度.设在汽车运动过程中,雨滴相对 S' 系的速度为 v'.

根据伽利略速度变换式有

$$v' = v - u$$

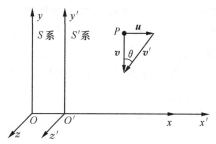

图1.10 例1.5中速度的矢量合成图

如图1.10所示,则雨滴相对汽车的速率为

$$v' = \sqrt{v^2 + u^2}$$

设 v' 与竖直方向的夹角为 θ,则有

$$\tan\theta = \frac{u}{v}$$

本题的计算结果在生活中经过验证是正确的.这仅限于雨滴和汽车这类低速运动的物体的速度变换关系,对于高速运动的物体,利用伽利略速度变换式计算的结果和事实是不符的.这说明,伽利略速度变换式只有对相对速度远小于光速的参考系才成立.对于运动速度接近光速的物体的速度变换将在后面的第4章中详细讲解.

思 考 题

1.4-1　一人在匀速行驶的汽车车厢中相对于车厢静止,他竖直向上抛出一个物体,问这个物体能否落回人的手中? 如果物体被抛出后,汽车开始做匀变速直线运动,结果又将怎么样?

1.4-2　如思考题 1.4-2 图所示,一货车在行驶过程中,遇到以一定速度 v 竖直下落的大雨,车上紧靠挡板平放一块长为 L 的木板,木板上表面距离挡板最高端的距离为 L. 若想不让木板被雨淋湿,则货车行驶的速度最小为多大(木板的厚度不计)?

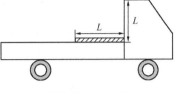

思考题 1.4-2 图

本 章 提 要

1. 质点

忽略物体的形状和大小,将物体看成是只有质量而没有大小的点.

质点是一个理想模型.

2. 参考系和坐标系

参考系:为描述物体的运动而选做参考的物体或没有相对运动的物体群.

坐标系:参考系的量化. 常用的坐标系有直角坐标系和自然坐标系等.

3. 运动学基本物理量

(1) 线量.

$$位矢\ \boldsymbol{r}\ \xrightarrow{微分}\ 速度\ \boldsymbol{v}=\frac{\mathrm{d}\boldsymbol{r}}{\mathrm{d}t}\ \xrightarrow{微分}\ 加速度\ \boldsymbol{a}=\frac{\mathrm{d}\boldsymbol{v}}{\mathrm{d}t}=\frac{\mathrm{d}^2\boldsymbol{r}}{\mathrm{d}t^2}$$

加速度 $\boldsymbol{a}$ 在不同坐标系中的分解:

$$直角坐标系\begin{cases} a_x=\dfrac{\mathrm{d}v_x}{\mathrm{d}t}=\dfrac{\mathrm{d}^2x}{\mathrm{d}t^2}, \\[2mm] a_y=\dfrac{\mathrm{d}v_y}{\mathrm{d}t}=\dfrac{\mathrm{d}^2y}{\mathrm{d}t^2}, \\[2mm] a_z=\dfrac{\mathrm{d}v_z}{\mathrm{d}t}=\dfrac{\mathrm{d}^2z}{\mathrm{d}t^2}, \end{cases} \qquad 自然坐标系\begin{cases} 切向:a_\mathrm{t}=\dfrac{\mathrm{d}v}{\mathrm{d}t} \\[3mm] 法向:a_\mathrm{n}=\dfrac{v^2}{\rho} \end{cases}$$

$$\boldsymbol{v}=\boldsymbol{v}_0+\int_0^t\boldsymbol{a}(t)\mathrm{d}t, \quad \boldsymbol{r}=\boldsymbol{r}_0+\int_0^t\boldsymbol{v}(t)\mathrm{d}t$$

(2) 角量.

$$角位置\ \theta\ \xrightarrow{微分}\ 角速度\ \omega=\frac{\mathrm{d}\theta}{\mathrm{d}t}\ \xrightarrow{微分}\ 角加速度\ \alpha=\frac{\mathrm{d}\omega}{\mathrm{d}t}=\frac{\mathrm{d}^2\theta}{\mathrm{d}t^2}$$

$\boldsymbol{r}$ 和 θ 若是时间 t 的函数,则 $\boldsymbol{r}=\boldsymbol{r}(t)$ 和 $\theta=\theta(t)$ 为质点的运动方程. 将运动方

程中的时间 t 消去,即可得到质点运动的轨迹方程.

4. 圆周运动

(1) 匀速圆周运动($v=C$).

$$a_t = 0, \quad a = a_n = \frac{v^2}{r}e_n = \omega^2 r e_n$$

(2) 匀变速圆周运动($\alpha=C$).

$$a = a_t + a_n, \quad 其中 \begin{cases} 切向 \quad a_t = \dfrac{\mathrm{d}v}{\mathrm{d}t} = r\alpha \\ 法向 \quad a_n = \dfrac{v^2}{r} = \omega^2 r \end{cases}$$

必须指出,在研究质点的运动时要注意其运动的相对性、矢量性和瞬时性.

5. 相对运动

(1) 伽利略时空变换式(图 1.9)

$$\begin{cases} r' = r - ut \\ t' = t \end{cases}$$

(2) 伽利略速度变换式

$$v = v' + u$$

其中,v 是质点的绝对速度,v' 是质点的相对速度,u 是运动参考系相对基本参考系的速度,即牵连速度.

(3) 伽利略加速度变换式

$$a = a' + a_0$$

其中,a 是质点的绝对加速度,a' 是质点的相对加速度,a_0 是运动参考系相对基本参考系的运动加速度,即牵连加速度.

若 u 恒定不变,则 $a_0 = 0$,故有

$$a = a'$$

对两个以恒定速度做相对运动的参考系来说,加速度对伽利略变换保持不变,即质点的加速度是个恒矢量.

习　　题

1-1　质点的运动方程为 $r = (7+2t)i + 4tj$. 求质点的轨迹并用图表示.

1-2　已知质点的运动方程为 $r = e^t i + 3e^{-t} j + 6k$. 求：

(1) 自 $t = 0$ 至 $t = 1$ 质点的位移；

(2) 质点的轨迹方程.

1-3　运动质点在某瞬时位于矢径 $r(x, y)$ 的端点处，其速度的大小为（　　）

A. $\dfrac{dr}{dt}$,　　　　　　　　B. $\dfrac{d\boldsymbol{r}}{dt}$,　　　　　　　　C. $\dfrac{d|\boldsymbol{r}|}{dt}$,　　　　　　　　D. $\sqrt{\left(\dfrac{dx}{dt}\right)^2 + \left(\dfrac{dy}{dt}\right)^2}$.

1-4　一质点在平面上运动，已知质点的运动方程为 $r = 5t^2 i + 3t^2 j$，则该质点所做运动为（　　）

A. 匀速直线运动，　　B. 匀变速直线运动，　　C. 抛体运动，　　　　D. 一般的曲线运动.

1-5　一质点沿 Ox 轴运动，坐标与时间之间的关系为 $x = 3t^3 - 2t$ (SI). 则质点在 4 s 末的瞬时速度为_____，瞬时加速度为_____；1 s 末到 4 s 末的位移为_____，平均速度为_____，平均加速度为_____.

1-6　已知质点沿 x 轴直线运动的运动方程为 $x = 6t^2 - 2t^3$ (SI)，求：

(1) 质点在运动开始后 5s 内的位移；

(2) 质点在运动开始后 5s 内通过的路程；

(3) $t = 5s$ 时质点的速度和加速度.

1-7　某质点的运动方程为 $r = -10i + 15tj + 5t^2 k$，求：$t = 0, 1$ 时质点的速度和加速度.

1-8　已知质点的运动方程为 $r = (R\cos\omega t)i + (R\sin\omega t)j + 5k$ (SI). 求：

(1) 质点在任意时刻的速度和加速度；

(2) 质点的轨迹方程.

1-9　如习题 1-9 图所示，A, B 两小球由一长为 l 的细杆相连，细杆不可伸长，两小球可在光滑的轨道上滑行. 设小球 A 以恒定的速率 v 向左滑行. 当 $\alpha = 60°$ 时，小球 B 的速度为多少？

1-10　飞机着陆时通常会在跑道上滑行一段距离再慢慢停下来. 若从飞机刚刚着陆时开始计时，以刚刚着陆时的落地点为 Ox 轴的原点，着陆时的初速度大小为 v_0，加速度按照 $a_x = -\gamma v_x^2$ (其中 γ 为正常数)规律变化. 求：飞机着陆的速度 v_x 随位置 x 的变化关系.

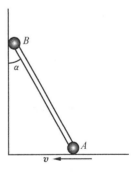

习题 1-9 图

1-11　已知质点沿 Ox 轴做直线运动，其瞬时加速度的变化规律为 $a_x = 3t$. 在 $t = 0$ 时，$v_x = 0, x = 10$m. 求：

(1) 质点在时刻 t 的速度；

(2) 质点的运动方程.

1-12　质点沿直线运动的加速度为 $a = 7 - 2t^2$ (SI). 如果当 $t = 3s$ 时，$x = 8$m，$v = 4$m·s^{-1}. 求：

(1) 质点的运动方程；

(2) 质点在 $t = 5s$ 时的速度和位置.

1-13　一物体从空中由静止下落，已知物体下落的加速度与速率的关系为 $a = A - Bv > 0$

$(A,B$ 为常数$)$. 求物体的速度和运动方程.

1-14　如习题 1-14 图所示,在竖直平面内有一条由光滑铁丝弯成的曲线,一个质量为 m 的物体穿在铁丝上,并可沿着它滑动,$t=0$ 时刻,质点的竖直高度为 y_0,初速度大小为 v_0. 若物体运动的切向加速度大小为 $a_t=-a\sin\theta$,θ 是曲线切向与水平方向的夹角. 求质点在曲线上各处的速率.

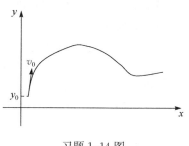

习题 1-14 图

1-15　一飞轮边缘上一点所经过的路程和时间的关系为 $s=v_0t-\dfrac{bt^2}{2}$(v_0,b 为正的常数),已知飞轮的半径为 r. 求该点在时刻 t 的加速度.

1-16　一质点做半径 $r=5$ m 的圆周运动,其在自然坐标系中的运动方程为 $s=2t+\dfrac{1}{2}t^2$(SI),求 t 为何值时,质点的切向加速度和法向加速度大小相等.

1-17　质点做半径为 1 m 的圆周运动,其角位置满足关系式 $\theta=5+2t^3$(SI). $t=1$ s 时,质点的切向加速度_____,法向加速度_____,总加速度大小为_____.

1-18　如习题 1-18 图所示,飞机在空中 A 点处的水平速率为 1940 km·h^{-1},沿近似于圆弧的曲线俯冲到 B 点时,其速率为 2192 km·h^{-1},所经历的时间为 3 s. 设圆弧 $\overset{\frown}{AB}$ 的半径约为 3.5 km,且飞机从 A 到 B 的俯冲过程可视为匀变速率圆周运动. 求:

(1) 飞机在 B 点的加速度;

(2) 飞机从 A 点俯冲到 B 点的过程中所经历的路程(不计重力加速度的影响).

1-19　如习题 1-19 图所示,一列火车在圆弧形轨道上自东转向南行驶,此圆形轨道的半径为 $R=1.5$ km. 在所讨论的时间范围内,火车的运动方程为 $s=80t-t^2$(SI). 设 $t=0$ 时,火车在图中 O 点处. 求火车驶过 O 点以后前进至 1.2 km 处的速率和加速度.

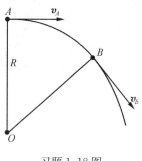

习题 1-18 图

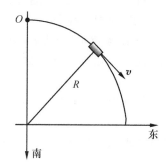

习题 1-19 图

1-20　如习题 1-20 图所示,一个半径为 $r=1$ m 的圆盘可以绕其固定水平轴转动,一根轻绳绕在圆盘的边缘,其自由端拴一重物 M,在重力作用下,重物 M 从静止开始匀加速下降,已知重物在开始下落的 2 s 内下降的距离为 0.4 m. 求重物 M 在开始下降后 3 s 末,圆盘边缘上任一点的切向加速度和法向加速度.

*1-21　一飞机驾驶员想往正北方向航行,而风以 60 km·h⁻¹ 的速度向西刮来,如果飞机的航速(在静止空气中的速率)为 180 km·h⁻¹,试问:驾驶员应取什么航向? 飞机相对于地面的速率为多少? 试用矢量图说明.

*1-22　一质点相对于观察者 A 的运动方程为 $r=vt\boldsymbol{i}-\dfrac{1}{2}gt^2\boldsymbol{j}$,即质点所做运动的轨迹为抛物线,现有一观察者 B 以速率 v 沿 x 轴正向相对于观察者 A 运动,求质点相对于观察者 B 的运动轨迹和加速度.

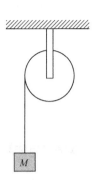

习题 1-20 图

第 2 章 质点动力学

【学习目标】

掌握牛顿运动定律及其适用条件；掌握分析物体受力的方法及牛顿第二定律的切向、法向投影式；理解惯性参考系的概念及判别方法；掌握质点的动量定理、质点系的动量定理和动量守恒定律；掌握质点的动能定理、质点的势能、质点系的功能原理和机械能守恒定律.

第 1 章我们介绍了质点运动学的内容，解决了如何描述质点的运动问题. 本章介绍质点动力学部分的内容，以牛顿运动定律为基础，从研究质点运动的瞬时关系过渡到质点运动的过程关系，使读者对物质的运动本质有更好的理解.

2.1　牛顿运动定律及其应用

2.1.1　牛顿运动定律

牛顿运动定律是牛顿在 1687 年出版的《自然哲学的数学原理》一书中首次提出的. 在科学的历史上，《自然哲学的数学原理》是经典力学的第一部经典著作，也是人类掌握的第一个完整的科学的宇宙论和科学理论体系，其影响所及遍布经典自然科学的所有领域，在其后的 300 多年时间里一再取得丰硕成果. 牛顿运动定律是整个经典力学的基础，它的产生使物理学从对物体的运动原因的定性分析过渡到定量分析上来.

1. 牛顿第一定律

牛顿第一定律的内容如下：

一切物体总保持静止状态或匀速直线运动状态，直到有外力迫使它改变这种状态为止.

这个表述虽然简短，但其内涵却十分丰富.

（1）牛顿第一定律说明任何物体都具有保持原有运动状态不变的特性，称为惯性. 任何物体都具有惯性，因此牛顿第一定律又被称为"惯性定律".

（2）给出了力的定义，即力是改变物体运动状态的原因.

（3）定义了一种参考系. 人们在谈论物体的运动时，是离不开参考系的，惯性定律成立的参考系，称为惯性参考系（简称惯性系）. 大量实验表明，对于地球上宏观物体的一般运动，在忽略地球的自转和公转对物体的影响时，地面参考系可以近似地作为惯性系看待. 并不是所有的参考系都是惯性系，只有相对于已知的惯性系是静止的或做匀速直线运动的参考系，才可看成是惯性参考系. 相对于已知的惯性系做变速运动的参考系，称为**非惯性参考系**（简称非惯性系）. 惯性定律在非惯性系中不成立. 例如，如图 2.1 所示，在水平地面上固定一个匀速圆周运动的圆盘，一根固定在圆盘中心的细绳通过一个弹簧秤连接一个静止在盘面上的小球. 从地面上看，小球是以角速度 ω 随着圆盘一起转动的，具有向心加速度 a，通过弹簧秤的示数可知，细绳给球的拉力不为零，有加速度就有力的作用，这符合惯性定律. 但以圆盘为参考系考察小球的运动时，这时圆盘是非惯性系，小球的受力情况不变，但小球却是静止的，这显然不符合惯性定律.

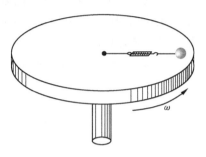

图 2.1　匀速圆周运动的圆盘和小球

2. 牛顿第二定律

前面介绍的牛顿第一定律揭示了力和运动之间的定性关系. 下面要介绍的牛顿第二定律则揭示了力和运动之间的定量关系.

牛顿在《自然哲学的数学原理》一书中对**牛顿第二定律**的表述为：

运动的变化与所加的外力成正比，并且发生在外力所沿直线的方向上.

牛顿所定义的"运动"为一个物体的质量与其速度的乘积. 现在，将这一乘积定义为物体的动量. 动量是矢量，其方向和物体的速度的方向一致. 用 m、v 和 p 分别表示物体的质量、速度和动量，则

$$p = mv \tag{2-1}$$

在国际单位制中，动量的单位为 $kg \cdot m \cdot s^{-1}$（读作千克米每秒）.

根据牛顿在书中对其他问题的分析可知，牛顿第二定律中的"运动的变化"指的是动量对时间的变化率. 据此，若物体所受外力为 F，则牛顿第二定律的数学表达式为

$$F = \frac{\mathrm{d}p}{\mathrm{d}t} \tag{2-2}$$

这里强调一个概念，就是质量. 由牛顿第一定律，惯性是物体保持原有运

动状态不变的性质. 经验说明, 在外力一定的情况下, 质量越大的物体, 要改变其运动状态越难, 即物体的惯性越大, 因此又将这个表征物体惯性大小的质量称为惯性质量. 在经典力学中, 物体的质量是个不随物体运动状态改变的量, 故由式(2-2)得

$$F = m \frac{\mathrm{d}\boldsymbol{v}}{\mathrm{d}t} = m\boldsymbol{a} \tag{2-3}$$

它表明物体受到外力作用时, 物体所获得的加速度的大小与外力的大小成正比, 并与物体的质量成反比, 加速度的方向与外力的方向相同, 这就是在中学学过的牛顿第二定律的表述, 它对变质量物体的运动不适用. 可见, 式(2-2)比式(2-3)具有更广泛的适用范围.

式(2-3)是矢量式, 实际应用中常用其投影式或分量式. 式(2-3)在直角坐标系中的分量式是

$$F_x = m \frac{\mathrm{d}v_x}{\mathrm{d}t} = ma_x$$

$$F_y = m \frac{\mathrm{d}v_y}{\mathrm{d}t} = ma_y \tag{2-4}$$

$$F_z = m \frac{\mathrm{d}v_z}{\mathrm{d}t} = ma_z$$

对于平面曲线运动, 式(2-3)在自然坐标系下沿切向和法向的分量式为

$$F_t = ma_t = m \frac{\mathrm{d}v}{\mathrm{d}t}, \quad F_n = ma_n = m \frac{v^2}{\rho} \tag{2-5}$$

前面对牛顿第二定律的讨论仅是局限在物体只受一个外力作用的情况, 当物体同时受到几个力作用时, 这些力和物体的加速度之间的关系可由力的叠加原理确定. **力的叠加原理**表述为:

当几个外力同时作用于同一个物体时, 其合外力 $\boldsymbol{F}$ 所产生的加速度 $\boldsymbol{a}$ 等于每个外力 $\boldsymbol{F}_i$ 单独作用于物体时产生的加速度 $\boldsymbol{a}_i$ 的矢量和.

其数学表达式为

$$\boldsymbol{F} = \sum \boldsymbol{F}_i = m \sum \boldsymbol{a}_i = m\boldsymbol{a} \tag{2-6}$$

此外, 在应用牛顿第二定律解决问题时, 还应注意定律中所表示的力和加速度是瞬时对应关系.

3. 牛顿第三定律

力是物体对物体的作用, 一个物体对另一个物体施加力的作用的同时, 它也要受到另一个物体对其施加的力的作用, 力总是成对出现的. 牛顿第三定律就说明了力的这种相互作用性质. **牛顿第三定律**的内容为:

两个物体之间的作用力和反作用力,在同一直线上,大小相等,方向相反,分别作用在两个物体上.

若用 F_{12} 表示物体 1 对物体 2 的作用力,用 F_{21} 表示物体 2 对物体 1 的反作用力,则牛顿第三定律的数学表达式为

$$F_{12} = -F_{21} \tag{2-7}$$

应该明确,两个物体间的作用力和反作用力总是成对出现的,同时产生,同时消失,无主次之分;作用力和反作用力是分别作用在两个物体上,且是性质相同的力.

4. 伽利略相对性原理

前面对牛顿第二、第三定律的讨论都是在特定的惯性系中进行的,故牛顿运动定律对该惯性系成立.那么,是否可以说对所有的惯性系牛顿第二、第三定律的形式都不变呢?下面来解决这个问题.

现选取图 1.9 中的 S 系为已知的惯性系,因 S' 系相对 S 系做匀速直线运动,由惯性系的判别方法可知,S' 系也是惯性系.根据牛顿第二定律,在 S 系中一个质点的质量 m,加速度 a 和其所受合外力 F 之间的关系为

$$F = ma$$

在 S' 系中该质点的质量 m',加速度 a' 和其所受合外力 F' 之间的关系为

$$F' = m'a'$$

在经典力学范畴内,质量是个恒量,即 $m = m'$.根据第 1 章中对相对运动的讨论,知道在两个相互做匀速直线运动的参考系中,物体的加速度是个绝对值,即 $a = a'$.故上述两个等式恒等,所以有

$$F = ma = m'a' = F'$$

上式表明,在 S 和 S' 系中测得的力是相同的.若对 S 系有 $F_{12} = -F_{21}$ 成立,则在 S' 系中同样有 $F'_{12} = -F'_{21}$ 成立;牛顿第二定律在 S 系和 S' 系中的表达形式是相同的.

可见,与牛顿第一定律一样,牛顿第二、第三定律对于任何惯性系都有相同的形式,因此在一个惯性系内部所做的任何力学实验,都不能确定该惯性系相对于其他惯性系是否在运动.对于描述力学规律而言,一切惯性系都是等价的,不可能借助在惯性系中所做的力学实验来确定该参考系做匀速直线运动的速度,这一原理叫做**伽利略相对性原理**或力学的相对性原理.

2.1.2 几种常见的力

迄今为止,人们发现在自然界中存在着四种基本力,即万有引力、电磁力、弱力

和强力. 从作用范围上又可把这四种相互作用力分为长程力和短程力两大类.

万有引力和电磁力作用范围无限大, 属于长程力. 万有引力在天体层次的运动中起重要作用. 电磁力在宏观现象和微观现象中都起作用. 宏观世界中除重力外, 常见的力, 如弹力、摩擦力等在微观机制上均属于电磁力. 微观世界中电荷之间的相互吸引和排斥现象也均源于电磁力.

弱力和强力的作用范围在原子核限度内, 即 10^{-18} m 和 10^{-15} m, 因此属于短程力. 原子核 β 衰变时放出电子和中微子是弱力的典型现象. 强力的典型现象表现在原子核的形成上, 正是质子和中子间的这种强相互作用把它们紧紧的束缚在原子核的内部.

经典力学中的动力学分析基本不涉及短程力, 所以这里不再作介绍. 在经典力学中常见的力有重力、弹力和摩擦力等. 这些力产生的原因和它们的特征, 大家在中学时就比较熟悉了, 下面再简单总结一下这些力的知识.

1. 重力

地球表面附近的物体都要受到地球的吸引作用, 这种由于地球吸引而使物体受到的力叫做**重力**, 记作 P. 其方向竖直向下. 在重力 P 的作用下, 物体具有的加速度称为重力加速度, 记作 g, 其方向和重力方向相同. 根据牛顿第二定律, 有

$$P = mg \tag{2-8}$$

由于地球本身存在自转, 地球并非严格的惯性系, 因此, 实际物体的重力和地球对物体的万有引力之间存在着微小的差别.

2. 弹力

产生形变的物体, 由于要恢复原状, 会对与它接触的物体产生力的作用, 这种力叫做**弹力**. 由定义可知, 弹力的产生需要两个物体相互接触, 并且发生弹性形变. 常见的弹力有弹簧的弹力、相接触的两物体间的压力和支持力、绳的拉力等.

如图 2.2 所示, 水平放置的弹簧, 一端固定, 另一端与物体相连, 弹簧因被拉伸或压缩, 对物体产生的弹力, 称为恢复力. 弹簧未伸长时物体的位置, 叫做平衡位置. 在弹性限度内, 以弹簧原长(物体的平衡)位置处为坐标原点, 沿弹簧轴线建立坐标系, 用 F 表示弹力, x 表示物体的坐标, 有

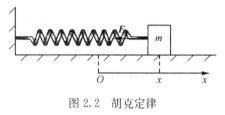

图 2.2　胡克定律

$$F = -kx \tag{2-9}$$

其中, 比例系数 k 叫做弹簧的劲度系数, 负号表示弹力的方向总是和物体离开平衡

位置的位移方向相反. 式(2-9)称为**胡克定律**.

发生在相接触的两个物体间的压力(支持力),大小由两物体的挤压程度决定,方向总是垂直于接触面指向被压(被支持)的物体. 压力和支持力是一对作用力和反作用力. 例如,水平面上的物体对地面的压力和地面给物体的支持力就是一对分别作用于地面和物体上的作用力和反作用力.

绳子对物体的**拉力**是由于绳子发生了形变而产生的,其大小取决于绳子被拉紧的程度,它的方向总是指向绳子要收缩的方向. 绳子在受到拉伸时,其内部各段之间也有相互的弹力作用,不过一般由于形变很小,故常不考虑它的形变. 如图 2.3 所示,过绳上 P 点作一个假想的截面将绳子分为两段,它们在此处相互施予一对拉力. 这是一对作用力与反作用力,根据牛顿第三定律,这两个力必然大小相等,方向相反. 其大小 T 叫做绳子在该点的**张力**,其方向与绳子在该点的切线方向平行.

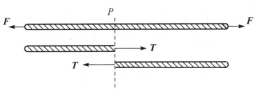

图 2.3 绳中的张力

例 2.1 一根质量为 m,长为 l 的柔软细绳,在光滑水平面上做加速度为 a 的直线运动,如图 2.4(a)所示. 现设绳的质量分布均匀,绳子的长度不变(绳子在拉紧时会略有伸长,但一般伸长甚微,可略去不计). 求:绳子上任意点的张力.

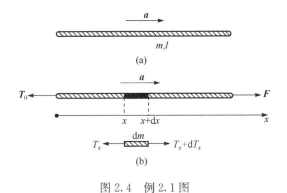

图 2.4 例 2.1 图

解 设绳是沿图 2.4(b)所示的水平方向向右运动,两端所受外力分别为 T_0 和 F. 由于绳的长度不变,所以绳上各点的加速度均相等. 根据牛顿第二定律,有

$$F - T_0 = ma$$

可见,在题设的条件下,当绳子的质量不可忽略时,绳子两端的外力并不相等.

因绳的长度不变,且质量分布均匀,故其单位长度的质量为 $\lambda=m/l$(也就是绳子的质量线密度). 以绳子的一端为原点 O,在距原点 O 为 x 的绳上,取一线元 $\mathrm{d}x$,其质量元为 $\mathrm{d}m=\lambda\mathrm{d}x$. 按照图 2.4(b)所示的受力分析,由牛顿第二定律,有

$$(T_x+\mathrm{d}T_x)-T_x=(\mathrm{d}m)a=\lambda a\mathrm{d}x$$

将上式整理,得

$$\mathrm{d}T_x=\lambda a\mathrm{d}x \tag{1}$$

由题意,$x=l$ 时,$T_x=F$,故式(1)的积分为

$$\int_{T_x}^{F}\mathrm{d}T_x=\lambda a\int_{x}^{l}\mathrm{d}x$$

得

$$T_x=F-\frac{m}{l}a(l-x) \tag{2}$$

从式(2)可见,绳中各点的张力是随位置而变的. 由此可见,当 $m\to0$ 时,$T_x=F$,即绳子的质量可以忽略不计时,绳中各点的张力近似相等,这个张力等于绳子两端所受的外力,从而绳子两端所受的外力必定大小相等,方向相反,也就是

$$\boldsymbol{T}_0=-\boldsymbol{F}$$

另外,若将题中的绳子垂直地悬挂起来,静止不动,则绳中张力又是如何分布的呢? 请读者自行计算.

3. 摩擦力

当相互接触的两个物体间有相对运动或相对运动的趋势时,在接触面间会产生一对阻碍物体相对运动的力,叫做**摩擦力**. 若物体放置在水平地面上,外力 $\boldsymbol{F}$ 作用于该物体,当外力 $\boldsymbol{F}$ 较小时,物体尚未运动,按牛顿第二定律,地面必施与该物体沿两者接触面且与外力 $\boldsymbol{F}$ 大小相等、方向相反的力. 在这种情况下,物体有向前运动的趋势但并未发生相对运动,这个阻碍物体向前运动的力,叫做**静摩擦力**,记作 f_0. 静摩擦力的大小和物体所受的外力有关,介于 0 和最大静摩擦力 $f_{0\max}$ 之间. 实验表明,最大静摩擦力 $f_{0\max}$ 的值与物体的正压力 $\boldsymbol{N}$ 的大小成正比,即

$$f_{0\max}=\mu_0N \tag{2-10}$$

其中,μ_0 叫做静摩擦系数. 它与接触面的材料和接触面的情况等有关.

当物体相对于地面向前发生了运动时,地面施与物体一个阻碍它向前运动的力. 这种因两物体发生相对运动,而在接触面间产生的阻碍其相对运动的力,叫做**滑动摩擦力**,记作 f. 固态物质间的滑动摩擦力的大小也与物体的正压力 $\boldsymbol{N}$ 的大小成正比,即

$$f=\mu N \tag{2-11}$$

其中,μ 叫做滑动摩擦系数. 它与接触面的材质、粗糙程度、温度和湿度有关,还与

两物体的相对速度有关. 在相对速度较小时, μ 略小于 μ_0; 在一般情况下, 可忽略二者的差异, 近似认为 $\mu = \mu_0$.

2.1.3 牛顿运动定律应用举例

牛顿三大运动定律是机械运动的基本定律, 是一个有机的整体, 不能只注意牛顿第二定律, 而忽视了其他两个定律. 在应用牛顿运动定律对物体的运动进行研究时, 常采用整体法和隔离法对物体进行受力分析. 将运动中涉及的多个物体, 多个过程或多个未知量看成一个整体来考虑的思维方法, 叫做**整体法**; 将整体的一部分 (如其中的某个物体或某个运动过程) 单独从整体中分离出来, 进行分析研究的方法, 叫做隔离法.

例 2.2 一根细绳跨过固定在电梯顶部的定滑轮, 在绳的两侧各悬挂有质量为 M 和 m 的小球 ($M > m$), 设滑轮及细绳的质量均忽略不计, 且细绳不可伸长. 求:

(1) 如图 2.5(a) 所示, 当电梯静止时, 两小球的加速度和细绳的拉力;

(2) 如图 2.6(a) 所示, 当电梯以加速度 $a (a < g)$ 相对于地面匀加速下降时, 两小球相对于电梯的加速度和细绳的拉力.

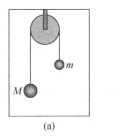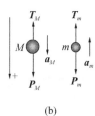

图 2.5 电梯静止时, 两小球的运动

解 (1) 选取电梯为惯性参考系, 采用隔离法分别对 M 和 m 进行受力分析, 如图 2.5(b) 所示. 质量为 M 的小球在向下运动的过程中, 受到重力 $P_M = Mg$ 和绳的拉力 T_M 作用; 质量为 m 的小球, 在向上运动的过程中, 受到重力 $P_m = mg$ 和绳的拉力 T_m 作用. 设向下为正方向, M 相对于电梯的加速度为 a_M, m 相对于电梯的加速度为 a_m.

根据牛顿第二定律, 有

$$Mg - T_M = Ma_M \tag{1}$$

$$mg - T_m = -ma_m \tag{2}$$

由于滑轮及绳的质量均忽略不计, 所以绳两端的拉力相等, 即

$$T_M = T_m \tag{3}$$

因绳不可伸长, 所以有

$$a_M = a_m \tag{4}$$

将上面四个方程联立, 解得

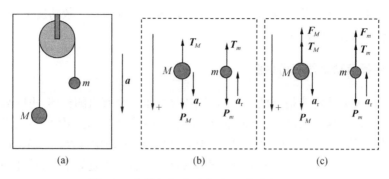

图 2.6　电梯匀加速下降时，两小球的运动

$$a_M = a_m = \frac{M-m}{M+m}g$$

$$T_M = T_m = \frac{2Mm}{M+m}g$$

（2）本题可采用下面两种方法来求解.

方法一　选取地面为参考系. 因地面是惯性参考系，所以可以应用牛顿运动定律求解此题. 设小球 M 和 m 相对电梯分别以加速度 a_r 向下和向上运动，受力分析如图 2.6(b) 所示. 设向下为正方向，根据式(1-38)，M 相对于地面的加速度 a_M 为

$$a_M = a + a_r \tag{5}$$

而 m 相对于地面的加速度 a_m 为

$$a_m = a - a_r \tag{6}$$

根据牛顿第二定律，有

$$Mg - T_M = Ma_M \tag{7}$$

$$mg - T_m = ma_m \tag{8}$$

将方程(5)~方程(8)和第一问中的方程(3)联立，解得

$$T_M = T_m = \frac{2Mm}{M+m}(g-a)$$

$$a_r = \frac{M-m}{M+m}(g-a)$$

*方法二　选取加速下降的电梯为参考系. 因加速下降的电梯是非惯性系，所以牛顿第二定律不再适用. 那么怎样在非惯性系中处理物体的运动问题呢？这时，我们需要引入惯性力的概念，以便在形式上利用牛顿第二定律去求解运动问题. 惯性力是在非惯性系中来自参考系本身加速效应的力，记作 $F_{惯}$. 惯性力是假想的力，不是真实力，它的大小等于物体的质量 m 和非惯性系本身的加速度 a 的乘积，

方向和加速度 a 相反,即

$$F_惯 = -ma \tag{2-12}$$

在非惯性系中,物体除受到真实力 F 作用外,还要加上惯性力 $F_惯$ 的作用. 设物体相对于非惯性系的加速度为 a',则在非惯性系中,力和加速度的关系为

$$F + F_惯 = ma' \tag{2-13}$$

现在以电梯为参考系,求两小球相对于电梯的加速度 a_r 和绳的拉力. 如图 2.6(c) 所示,两小球除分别受到重力和绳的拉力作用外,还要加上惯性力 $F_M(=-Ma)$ 和 $F_m(=-ma)$ 的作用,根据式(2-13),有

$$Mg - T_M - F_M = Ma_r \tag{9}$$

$$mg - T_m - F_m = -ma_r \tag{10}$$

将 $F_M=Ma$ 和 $F_m=ma$ 分别代入方程(9)和方程(10)中,经过计算即可得到与方法一相同的结果,即

$$T_M = T_m = \frac{2Mm}{M+m}(g-a)$$

$$a_r = \frac{M-m}{M+m}(g-a)$$

需要指出的是,应用牛顿运动定律求解问题时,应注意牛顿第二定律中的加速度是相对于惯性系而言的.

例 2.3 如图 2.7(a)所示,在光滑水平面上固定有一半径为 R 的圆环形围屏,质量为 m 的滑块沿环内壁做圆周运动,滑块与壁间摩擦系数为 μ. 设 $t=0$ 时,滑块的初速度为 v_0. 求 t 时刻滑块的速度.

解 将滑块看成质点,选取水平面为惯性参考系,因质点所做运动为水平面内的变速圆周运动,所以,只需要分析滑块在水平面内的受力即可. 如图 2.7(b)所示,滑块在水平方向受到环壁的滑动摩擦力 f 和支持力 N 作用. 根据牛顿第二定律,有

$$f + N = ma = m\frac{\mathrm{d}v}{\mathrm{d}t} \tag{1}$$

其中,摩擦力 f 的大小为

$$f = \mu N$$

建立如图 2.7(b)所示自然坐标系,则式(1)可分解为

切向:

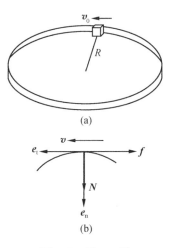

图 2.7 例 2.3 图

$$-f = ma_\tau = m\frac{\mathrm{d}v}{\mathrm{d}t} \tag{2}$$

法向：

$$N = ma_n = m\frac{v^2}{R} \tag{3}$$

将式(2)和式(3)代入 $f = \mu N$ 中，得

$$\frac{\mathrm{d}v}{\mathrm{d}t} = -\mu\frac{v^2}{R}$$

整理得

$$\frac{1}{v^2}\mathrm{d}v = -\frac{\mu}{R}\mathrm{d}t \tag{4}$$

已知，$t=0$ 时刻，滑块速率为 v_0. 设 t 时刻，滑块速率为 v. 对式(4)两端分别积分，有

$$\int_{v_0}^{v}\frac{1}{v^2}\mathrm{d}v = -\frac{\mu}{R}\int_0^t\mathrm{d}t$$

$$v = \frac{R}{R+\mu v_0 t}v_0$$

即 t 时刻，滑块速度的大小为 $v = \dfrac{R}{R+\mu v_0 t}v_0$，方向沿环壁的切向.

由例 2.3 可知，将牛顿第二定律应用于圆周运动时，可选择自然坐标系进行求解.

思　考　题

2.1-1　如思考题 2.1-1 图所示，在倾角为 θ 的斜面上固定有一劲度系数为 k 的轻质弹簧，弹簧的另一端拴一质量为 m 的物体. 当弹簧长度的变化量为 x_0 时，物体 m 静止在斜面上，试分析作用在物体 m 上的静摩擦力的大小和方向.

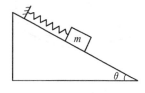

思考题 2.1-1 图

2.1-2　在 2.1-1 题中，若将弹簧、物体 m 和斜面看成一个系统，则物体 m 受到的作用力中哪些是内力？哪些是外力？

2.1-3　在竖直平面内有一圆环形轨道，如思考题 2.1-3 图所示. 有一小球在此轨道上做转动，在图中标出的 A、B、C、D、E、F 六个位置中，何处小球对轨道的压力最大？何处最小？

2.1-4　如思考题 2.1-4 图所示，用两段相同的细线悬挂两个物体，若突然用力向下拉下面的物体，哪段绳子先断？若缓慢用力向下拉下面的物体，哪段绳子先断？

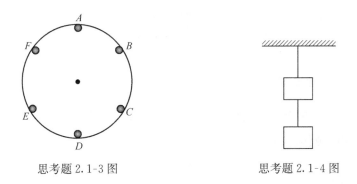

思考题 2.1-3 图　　　　　　　　思考题 2.1-4 图

2.1-5　在惯性系中测得的质点的加速度是由相互作用力产生的,而在非惯性系中测得的加速度是惯性力产生的,这种说法正确吗?

2.2　动量定理　动量守恒定律

2.2.1　冲量　质点的动量定理

1. 冲量

力在一段时间内对质点作用的积累效应,用冲量来描述.用 F 表示作用于物体上的合外力, dt 表示力作用在物体上的一段极短的时间.力 F 通常是变化的,但在作用时间极短时,可认为 F 是个恒力.则在 dt 时间内,将力 F 的元冲量定义为

$$\mathrm{d}\boldsymbol{I} = \boldsymbol{F}\mathrm{d}t \tag{2-14}$$

若在 t_0 到 t 一段时间内作用在一个质点上的力 F 随时间变化,根据积分的定义,力 F 在这段时间内的冲量 I 为

$$\boldsymbol{I} = \int_{t_0}^{t} \boldsymbol{F}\mathrm{d}t \tag{2-15}$$

即力在一段时间间隔内的**冲量**等于力对时间的定积分.

在国际单位制中,冲量的单位为牛顿·秒,记作 N·s.

冲量是个矢量.当作用于物体上的力 F 是个恒力时,冲量的方向和 F 相同,大小等于力与作用时间的乘积;当力 F 是个大小和方向都变化的变力时,冲量的方向和大小要由一段时间内所有元冲量 $F\mathrm{d}t$ 的矢量和来决定,而不能由某一瞬时的力 F 来决定.

在实际生活中有一种力,其特点是作用时间短,量值大,且变化迅速,把这种力称为冲力.例如,锻压机器零件时,冲床给零件以瞬时的冲力作用,使零件发生形变.由于冲力具有上述的特点,所以冲力在 t_0 到 t 时间内产生的冲量很难计算,但可以用平均冲力来代替冲力,进而计算冲力的冲量,即

$$I = \overline{F}(t - t_0) \tag{2-16}$$

其中,平均冲力是 $\overline{F} = \dfrac{1}{t - t_0} \displaystyle\int_{t_0}^{t} F \mathrm{d}t$,也就是力对时间的平均值.

2. 质点的动量定理

在 t_0 到 t 一段时间内,合外力 $F = \sum F_i$ 作用于质点,使质点的动量发生了多少改变呢? 由牛顿第二定律,有

$$F \mathrm{d}t = \mathrm{d}p$$

两边对时间积分,得

$$\int_{t_0}^{t} F \mathrm{d}t = \int_{p_0}^{p} \mathrm{d}p = p - p_0 \tag{2-17}$$

上式左端的积分是合外力 F 在这段时间内的总冲量,右端是这段时间内质点动量的改变量. 于是,式(2-17)可改写为

$$I = \Delta p = mv - mv_0 \tag{2-18}$$

上式表明,质点在运动过程中所受合外力的冲量,等于质点动量的增量. 这一结论叫做**质点的动量定理**.

在直角坐标系中,动量定理的分量形式为

$$\begin{cases} I_x = \displaystyle\int_{t_0}^{t} F_x \mathrm{d}t = mv_x - mv_{0x} \\[2mm] I_y = \displaystyle\int_{t_0}^{t} F_y \mathrm{d}t = mv_y - mv_{0y} \\[2mm] I_z = \displaystyle\int_{t_0}^{t} F_z \mathrm{d}t = mv_z - mv_{0z} \end{cases} \tag{2-19}$$

由动量定理可知,质点在运动过程中所受合外力的冲量的方向是和质点动量的增量方向一致的,或者说是和质点速度的增量方向是相同的. 质点在哪个方向受到冲量,该方向的动量就要发生变化.

2.2.2　质点系的动量定理及其守恒定律

对于由多个质点组成的质点系而言,质点系外部的质点对内部质点的作用力,称为外力. 质点系内部各质点之间的相互作用力称为内力. 如图 2.8 所示,质点系内第 i 个质点受到的合力为 F_i,根据动量定理,在 t_0 到 t 时间内,该质点受到的冲量为

$$I_i = \int_{t_0}^{t} F_i \mathrm{d}t = m_i v_i - m_i v_{i0}$$

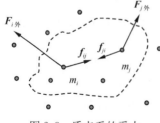

图 2.8　质点系的受力

这段时间内,质点系中所有质点受到的总冲量为

$$I = \sum_i I_i = \int_{t_0}^t \left(\sum_i F_i \right) dt = \sum_i (m_i v_i) - \sum_i (m_i v_{i0}) \tag{2-20}$$

其中,等式左侧 $F = \sum_i F_i$ 是质点系内所有质点受力的矢量和,右侧是质点系内所有质点的末态总动量与初态总动量之差.

对质点系而言,合力 F 包括两部分,一部分是质点系内所有质点受到的外力之和 $F_{外}$,另一部分是质点系内所有质点的内力之和 $F_{内}$,即:

$$F = F_{外} + F_{内} = \sum_i F_{i外} + \sum_i F_{i内}$$

其中,$F_{i外}$ 是第 i 个质点受到的外力之和,$F_{i内}$ 是第 i 个质点受到的内力之和.

设第 i 个质点受到质点系内第 j 个质点的作用力为 f_{ij},则该质点受到的内力之和为

$$F_{i内} = \sum_{j(j \neq i)} f_{ij}$$

所以,质点系内所有质点的内力之和为

$$F_{内} = \sum_i F_{i内} = \sum_i \left(\sum_{j(j \neq i)} f_{ij} \right)$$

根据牛顿第三定律,质点系内各质点间的相互作用力总是成对出现的,且大小相等,方向相反,所以,质点系的内力之和为零,即 $F_{内} = 0$. 由此可见,内力对整个质点系动量的变化不起作用,仅对单个质点的动量变化起作用.因此,合力 F 的冲量就等于该质点系所受合外力 $F_{外}$ 的冲量,即

$$I = I_{外} = \int_{t_0}^t F_{外} \, dt$$

用 p 表示质点系的末动量 $\sum_i (m_i v_i)$,p_0 表示质点系的初动量 $\sum_i (m_i v_{i0})$,则式(2-20)可写成

$$I = \int_{t_0}^t F_{外} \, dt = p - p_0 = \Delta p \tag{2-21}$$

它表明,在一段时间内,质点系动量的增量等于作用于质点系的外力矢量和在这段时间内的冲量,这一结论叫做**质点系的动量定理**.

由质点系的动量定理,在一段时间内,若 $F_{外} = \sum_i F_{i外} = 0$, 则 $\Delta p = 0$,即

$$\sum_i (m_i v_i) = 恒矢量 \tag{2-22}$$

式(2-22)表明,在一段时间间隔内,当质点系不受外力或所受外力矢量和为零时,质点系在这段时间内的动量守恒,这叫做**质点系的动量守恒定律**.

在直角坐标系中,动量守恒定律的分量式为

$$\text{若} \sum_i \boldsymbol{F}_{i\text{外}x} = 0, \quad \text{则} \sum_i (m_i\boldsymbol{v}_{ix}) = \text{恒量} \tag{2-23a}$$

$$\text{若} \sum_i \boldsymbol{F}_{i\text{外}y} = 0, \quad \text{则} \sum_i (m_i\boldsymbol{v}_{iy}) = \text{恒量} \tag{2-23b}$$

$$\text{若} \sum_i \boldsymbol{F}_{i\text{外}z} = 0, \quad \text{则} \sum_i (m_i\boldsymbol{v}_{iz}) = \text{恒量} \tag{2-23c}$$

由此可知,当质点系所受合外力不为零时,若合外力在某一个方向的分量始终为零,尽管质点系的总动量不守恒,但总动量在该方向上的分量却是守恒的.

此外,像在相互作用时间极短的冲击和碰撞过程中,在冲击和碰撞的瞬间,质点系所受的外力远远小于质点系内部各质点间相互作用力,进而可忽略外力对物体运动的影响,此时也可以近似认为质点系的动量守恒.

这里还要指出的是,动量守恒定律虽然是由牛顿第二定律导出的,但比牛顿第二定律具有更大的适用范围. 近代的大量科学实验表明,动量守恒定律对于大到天体间的相互作用,小到质子等微观粒子间的相互作用都适用. 而牛顿第二定律只适用于宏观物体的运动,在微观领域是不适用的. 因此,动量守恒定律是物理学中最普遍、最基本的定律之一.

例 2.4　如图 2.9(a)所示,一质量为 M 的 1/4 圆弧形滑槽,其半径为 R,停在光滑的水平面上,有一个质量为 m 的小物体,从滑槽的顶点自静止滑下,求当小物体 m 滑到滑槽底端时,滑槽 M 在水平方向上移动的距离是多少?(所有摩擦都可忽略)

解　建立如图 2.9(b)所示的坐标系,取 M 和 m 为系统,在 m 下滑过程中,系统在水平方向上所受的合外力为零,因此系统在水平方向上满足动量守恒. 设下滑过程中任一时刻 M 和 m 的速度为 $\boldsymbol{V}$ 和 $\boldsymbol{v}$,因为系统的初动量为零,所以有

$$0 = M(-V) + mv$$

即对任一时刻都应该有

$$MV = mv$$

就整个下滑的时间 t 对上式积分,有

$$M\int_0^t V\mathrm{d}t = m\int_0^t v\mathrm{d}t$$

以 S 和 s 分别表示 M 和 m 在水平方向移动的距离,则有

$$S = \int_0^t V\mathrm{d}t, \quad s = \int_0^t v\mathrm{d}t$$

因而有

$$MS = ms$$

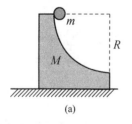

图 2.9　例 2.4 图

因为位移的相对性,所以有 $s=R-S$,将此关系式代入上式,即可得

$$S=\frac{m}{M+m}R$$

思 考 题

2.2-1 在什么情况下,力的冲量和力的方向相同?

2.2-2 试用动量定理解释帆船的逆风前进问题.

2.2-3 人从大船上容易跳上岸,而从小船上则不容易跳上岸,为什么?

2.2-4 为什么自来水龙头流出的水流越来越细?

2.2-5 质点系动量守恒的条件是什么? 在什么情况下,即使外力不为零,也可用动量守恒方程近似求解?

2.3 功 和 能

在 2.2 节中介绍了力对时间的积累效应使物体的动量发生改变.本节将讨论力对空间的积累效应对物体的作用效果.

2.3.1 功

功是为了表征力对空间的积累效应而引入的物理量.力在位移方向上的投影与该位移的乘积,叫做力对物体做的**功**.如图 2.10 所示,物体在力 **F** 的作用下,发生一段无限小的位移 d**r**(元位移),θ 为力与位移的夹角.按功的定义,力 **F** 对物体所做的元功为

$$dW = (F\cos\theta) \mid d\boldsymbol{r} \mid = \boldsymbol{F} \cdot d\boldsymbol{r} \qquad (2\text{-}24)$$

式(2-24)表明,元功等于力与元位移这两个矢量的标积,所以,功是标量.

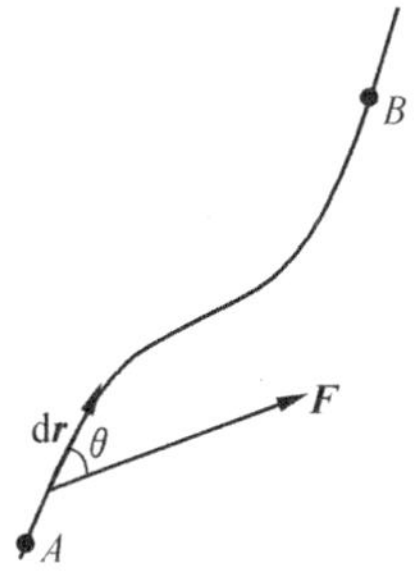

在图 2.10 中,在变力 **F** 的作用下,物体沿给定路径从 A 点运动到 B 点.要计算在此过程中变力对物体所做的功,可将受力物体的运动看成由许多元位移 d**r** 组成.则在每段元位移里,力 **F** 可近似看成是个恒力,可由式(2-24)来计算力 **F** 在每段元位移 d**r** 里对物体所做的元功,所以物体从 A 点运动到 B 点过程中,变力 **F** 对物体做的总功就等于力在每段元位移上对物体所做元功的代数和,即

图 2.10 功的定义

$$W = \int dW = \int_{A}^{B} \boldsymbol{F} \cdot d\boldsymbol{r} \qquad (2\text{-}25)$$

如图 2.11 所示,在直角坐标系中,力 **F** 和元位移 d**r** 可分别表示为

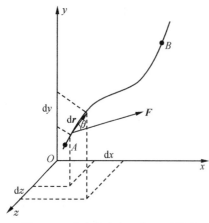

图 2.11　变力在直角坐标系下做功

$$F = F_x i + F_y j + F_z k$$
$$dr = dx i + dy j + dz k$$

代入式(2-25),考虑到 $i \cdot i = j \cdot j = k \cdot k = 1$ 和 $i \cdot j = j \cdot k = k \cdot i = 0$,有

$$W = \int_A^B F \cdot dr = \int_A^B (F_x dx + F_y dy + F_z dz) \tag{2-26}$$

上式也可写成

$$W = \int_{x_A}^{x_B} F_x dx + \int_{y_A}^{y_B} F_y dy + \int_{z_A}^{z_B} F_z dz \tag{2-27}$$

该式右端的三个积分项分别表示力 F 在三个坐标轴上的分量对物体做的功.

功率是用来表征力对物体做功快慢的物理量. 力在单位时间内对物体做的功,叫做力的**功率**,记作 P. 由(2-24)式,有

$$P = \frac{dW}{dt} = \frac{F \cdot dr}{dt} = F \cdot v \tag{2-28}$$

在国际单位制中,功的单位是焦耳(Joule),简称焦,记作 J(1 J＝1 N・m). 功的另一个常用单位是"电子伏",记作"eV", 1 eV≈1.6021892×10⁻¹⁹ J. 功率的单位为瓦特(Watt),简称瓦,符号为 W(1 W＝1 N・m・s⁻¹).

例 2.5　传送机通过光滑滑道将长为 l,质量为 m 的柔软匀质链条以初速度 v_0 向右送上水平台面,链条前端在台面上滑行 L 后停下来,已知 $L>l$,链条与台面间的摩擦系数为 μ,求在此过程中摩擦力对链条做的功.

解　因为链条的质量分布均匀,所以链条在全部到达台面之前,其对台面的正压力与滑上台面的链条质量成正比,所以链条受到台面的摩擦力 f 的大小是变化的. 链条全部到达台面后,f 不再变化. 建立如图 2.12 所示坐标系,据此,可以把摩擦力 f 的大小表示为

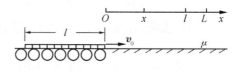

图 2.12　例 2.5 图

$$f_1 = \mu \frac{mg}{l} x, \quad 0 \leqslant x \leqslant l,$$
$$f_2 = \mu mg, \qquad l \leqslant x \leqslant L$$

在此过程中,摩擦力 f 的方向与位移 dx 的方向始终相反,因此,当链条前端在 L 处停下来时,摩擦力做的功为

$$W = \int_0^L f \cdot dx = -\int_0^L f dx = -\left(\int_0^l \mu \frac{mg}{l} x dx + \int_l^L \mu mg dx \right) = -\mu mg \left(L - \frac{l}{2} \right)$$

2.3.2 质点和质点系的动能定理

1. 质点的动能定理

如图 2.13 所示,质点 m 在合力 F 的作用下沿给定曲线由 A 点运动到 B 点,沿曲线的切向和法向建立自然坐标系,则合力 F 可分解为切向力 F_t 和法向力 F_n,即

$$F = F_t + F_n = m\frac{dv}{dt}e_t + m\frac{v^2}{\rho}e_n$$

质点由 A 点运动到 B 点过程中,合力 F 所做的功 W 等于切向力 F_t 做功和法向力 F_n 做功的代数和,即

$$W = \int_A^B F \cdot dr = \int_A^B F_t \cdot dr + \int_A^B F_n \cdot dr$$

由于元位移 dr 极小,方向可认为和该点轨迹的切向重合,所以切向力 F_t 与元位移 dr 的夹角为零,法向力 F_n 与元位移 dr 的夹角为 $90°$,所以有

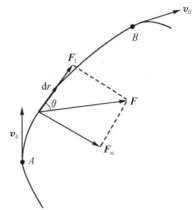

图 2.13 质点的动能定理

$$\int_A^B F_t \cdot dr = \int_A^B F_t \mid dr \mid, \quad \int_A^B F_n \cdot dr = 0$$

因此合力 F 做的功等于切向力 F_t 做的功,即

$$W = \int_A^B F \cdot dr = \int_A^B m\frac{dv}{dt} \mid dr \mid$$

设质点在 A 点和 B 点的速率分别为 v_A 和 v_B,将速率 $v = \frac{\mid dr \mid}{dt}$ 代入上式,可得

$$W = \int_{v_A}^{v_B} mv dv = \frac{1}{2}mv_B^2 - \frac{1}{2}mv_A^2 \tag{2-29}$$

其中,$\frac{1}{2}mv^2$ 项称为质点的动能,用 E_k 表示,则有

$$W = \Delta E_k \tag{2-30}$$

上式表明,作用于质点的合外力所做的功等于质点动能的增量,这一结论叫做**质点的动能定理**.

必须指出,虽然动能的变化是用功来度量的,但动能和功的概念不能混淆.两者单位都是焦耳,但是意义不同.动能是状态量,表示物体的运动状态;功是过程量,与质点所经历的过程有关.

2. 质点系的动能定理

对于由多个质点组成的质点系,系统内部所有质点的动能之和 $\sum E_{ki}$ 即为质点系的总动能 E_k. 对系统内每个质点应用动能定理,有

$$W_i = E_{ki} - E_{ki0}$$

将上式对所有质点求和,得

$$\sum W_i = \sum E_{ki} - \sum E_{ki0} \tag{2-31}$$

其中,左端 $\sum W_i$ 是质点系内所有质点受力做功的和,这个功包含所有质点受到的外力做的总功 $W_{\text{外}}$ 和质点系内部各质点间的内力做的总功 $W_{\text{内}}$ 两部分,即

$$\sum W_i = W_{\text{外}} + W_{\text{内}}$$

由于功是过程量,对于质点系来说,内力之和虽然为零,但内力做功之和一般不为零,所以 $W_{\text{内}} \neq 0$.

式(2-31)右端 $\sum E_{ki}$ 是质点系末态的总动能 E_k,$\sum E_{ki0}$ 是质点系初态的总动能 E_{k0}. 则(2-31)式可写为

$$W_{\text{外}} + W_{\text{内}} = E_k - E_{k0} \tag{2-32}$$

即质点系外力和内力做功之和等于系统动能的增量,这叫做**质点系的动能定理**.

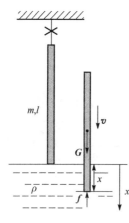

图 2.14　例 2.6 图

例 2.6　有一质量为 m,长度为 l 的细杆,其上端用细线悬着,下端紧贴体密度为 ρ 的无黏性的某液体上表面. 现将细线剪断,求细杆在没入液体中 $l/2$ 时的沉降速度(应用动能定理来求解).

解　根据已知条件,液体没有黏性,所以在下落过程中,细杆只受到两个力:一个是重力 G,方向竖直向下;另一个是液体的浮力 f,方向竖直向上,如图 2.14 所示. 设细杆的横截面积为 s,根据阿基米德原理,当杆没入液体中的长度为 x 时,浮力的大小为 $f = \rho g x s$. 取竖直向下为 x 轴的正方向,杆所受的合外力为

$$F = G - f = mg - \rho g x s$$

细杆下落过程中,合外力 F 对它做的功为

$$W = \int_0^{\frac{l}{2}} F \mathrm{d}x = \int_0^{\frac{l}{2}} (m - \rho x s) g \mathrm{d}x = \frac{1}{2} mgl - \frac{1}{8} \rho g s l^2 \tag{1}$$

应用动能定理,由初速度为零,末速度为 v,可得

$$\frac{1}{2}mgl-\frac{1}{8}\rho gsl^2=\frac{1}{2}mv^2-0$$

$$v=\sqrt{gl\left(1-\frac{\rho sl}{4m}\right)}$$

由例 2.6 可知,若要求细杆在下落过程中任意位置处的速度,只需将式(1)中的积分上限做出相应改变即可.

2.3.3 保守力

保守力是从力的做功特点来定义的一类力.功的大小与所经历的路径无关,只与质点的始末相对位置有关的力,叫做**保守力**.

如图 2.15 所示,质点沿任意闭合曲线 L 运动,现在将 L 分为 L_1 和 L_2 两段,当质点沿曲线 L 运动一周时,保守力 $\boldsymbol{F}$ 做功为

$$W=\oint_L \boldsymbol{F}\cdot \mathrm{d}\boldsymbol{r}=\int_{AL_1B}\boldsymbol{F}\cdot \mathrm{d}\boldsymbol{r}+\int_{BL_2A}\boldsymbol{F}\cdot \mathrm{d}\boldsymbol{r}$$

因为 $\displaystyle\int_{BL_2A}\boldsymbol{F}\cdot \mathrm{d}\boldsymbol{r}=-\int_{AL_2B}\boldsymbol{F}\cdot \mathrm{d}\boldsymbol{r}$,所以,上式可写为

$$W=\oint_L \boldsymbol{F}\cdot \mathrm{d}\boldsymbol{r}=\int_{AL_1B}\boldsymbol{F}\cdot \mathrm{d}\boldsymbol{r}-\int_{AL_2B}\boldsymbol{F}\cdot \mathrm{d}\boldsymbol{r}$$

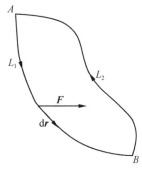

图 2.15 保守力做功

根据保守力的定义,有

$$\int_{AL_1B}\boldsymbol{F}\cdot \mathrm{d}\boldsymbol{r}=\int_{AL_2B}\boldsymbol{F}\cdot \mathrm{d}\boldsymbol{r}$$

所以,有

$$W=\oint_L \boldsymbol{F}\cdot \mathrm{d}\boldsymbol{r}=0 \qquad (2\text{-}33)$$

这就是说,保守力做功的特点也可做如下表述:质点沿任意闭合曲线运动一周,保守力做功为零.

例 2.7 质量为 m 的质点沿图 2.16 所示的曲线由 A 点运动到 B 点,已知 A 点和 B 点距离地面的竖直高度分别为 h_A 和 h_B,试计算重力做的功.

解 选地面上一点为坐标原点,建立直角坐标系.在此坐标系下,重力在水平方

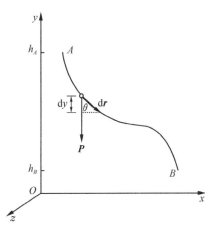

图 2.16 重力做功

向和竖直方向的分力为

$$F_x = F_z = 0, \quad F_y = -mg$$

在曲线上取元位移 $\mathrm{d}\boldsymbol{r}(=\mathrm{d}x\boldsymbol{i}+\mathrm{d}y\boldsymbol{j}+\mathrm{d}z\boldsymbol{k})$,则重力做的元功为

$$\mathrm{d}W = F_y\mathrm{d}y = -mg\,\mathrm{d}y$$

所以,重力做的总功为

$$W = \int\mathrm{d}W = -mg\int_{h_A}^{h_B}\mathrm{d}y = mg(h_A - h_B)$$

即重力做功等于重力的大小与始末位置的竖直高度差的乘积.

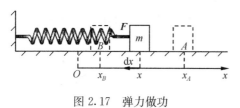

图 2.17　弹力做功

例 2.8　如图 2.17 所示,有一劲度系数为 k 的轻质弹簧放在光滑平面上,弹簧的一端固定,另一端与物体相连. 求物体由 A 点运动到 B 点,弹力对物体做的功.

解　以弹簧原长处为坐标原点,建立如图 2.17 所示坐标系. 设物体在 A 点和 B 点的坐标分别为 x_A 和 x_B,取物体在运动过程中任一位置的坐标为 x. 根据胡克定律,物体在 x 处受到的弹力为

$$F_x = -kx$$

在运动轨迹上取元位移 $\mathrm{d}x$,则弹力对物体所做的元功为

$$\mathrm{d}W = F_x\mathrm{d}x = -kx\mathrm{d}x$$

因此,有

$$W = \int_{x_A}^{x_B}(-kx)\mathrm{d}x = \frac{1}{2}kx_A^2 - \frac{1}{2}kx_B^2$$

可见,弹力做功只由弹簧的始末位置(x_A 和 x_B)决定,具有和重力做功相同的特点,即功的大小只由物体的始末位置决定.

由前面的计算可知,重力、弹力都是保守力. 另外,两个物体间的万有引力也属于保守力. 我们把做功与路经有关的力,称为非保守力. 如常见的摩擦力就是非保守力.

2.3.4　势能

势能与一定的保守力对应,也就是说,势能的引入是以保守力做功为前提的. 质点在保守力作用下经任意路径由初位置运动到末位置时,可以找到一个用位置坐标表示的函数,质点在其始末位置的函数值的增量完全由质点在此过程中保守力做的功决定,于是将这个位置函数定义为**势能**,记作 E_p.

用 E_{p0} 和 E_p 分别表示质点在初位置和末位置的势能,用 $W_保$ 表示保守力由初位置到末位置做的功,则有

$$W_保 = -(E_p - E_{p0}) = -\Delta E_p \qquad (2\text{-}34)$$

即保守力所做的功等于势能增量的负值.

由例 2.7 和例 2.8 对重力和弹力做功的计算结果,重力势能 $E_{p重}$ 和弹簧弹性势能 $E_{p弹}$ 的表达式分别为

$$E_{p重} = mgh \qquad (2\text{-}35)$$

$$E_{p弹} = \frac{1}{2}kx^2 \qquad (2\text{-}36)$$

势能零点是任意选取的. 重力势能的势能零点为 $h=0$ 时,其势能函数的表达式为式(2-35).显然,重力势能值可正可负;弹性势能的势能零点为弹簧的自然长度处时,其势能函数的表达式为式(2-36),弹性势能值总大于零.

总之,势能具有相对性,势能的值是与势能零点的选择有关的. 但是,对于保守力做功一定的两个位置而言,虽然这两个位置的势能值依赖于势能零点的选取,但两个位置的势能差却是由保守力做功来度量的,是个定值. 所以说,势能的差值具有绝对性,与势能零点的选取无关. 另外,势能是与质点系内的保守力对应的,即势能是属于相互作用为保守力的系统的.

2.3.5 机械能守恒定律

机械运动范围内的机械能包括动能和势能.对于由多个质点组成的质点系,系统内的质点的受力可分为外力和内力. 从做功与路径的关系上,又可把内力分为保守内力和非保守内力,则系统内力做的总功可表示为

$$W_内 = W_{内非保} + W_{内保}$$

其中,$W_{内非保}$ 是系统的非保守内力做的总功,$W_{内保}$ 是保守内力做的总功. 因此,根据式(2-32),有

$$W_外 + W_{内非保} + W_{内保} = E_k - E_{k0} = \Delta E_k$$

将式(2-34)代入上式,有

$$W_外 + W_{内非保} = \Delta E_k + \Delta E_p = \Delta E \qquad (2\text{-}37)$$

其中,ΔE 是质点系机械能的增量.式(2-37)表明,将势能引入质点系,系统外力做功与非保守内力做功之和等于质点系机械能的增量,称为**质点系的功能原理**.

必须指出,当研究对象是一个质点系时,如果用质点系的动能定理求解问题,

则质点系受到的所有力做的功都要计算;若用质点系的功能原理来求解问题,由于式(2-37)右端是机械能的增量,也就是说,保守内力做的功被势能的变化所代替,因此,在对受力做功进行计算时,不必考虑保守内力做功,只计算外力和非保守内力做功.

由功能原理,当 $W_外 + W_{内非保} = 0$ 时,有

$$\Delta E = 0$$

即　　　　　　　　　　　$E_k + E_p = E = 恒量$　　　　　　　　　　　(2-38)

上式表明,当一个质点系所受外力和非保守内力不做功,或所做的总功为零,且质点系内仅有保守内力做功时,系统的机械能保持不变,只有系统内各质点间动能和势能的相互转换.这一结论称为**质点系的机械能守恒定律**.

思　考　题

2.3-1　力做的功是否与参考系的选择有关? 外力对质点不做功时,质点是否一定做匀速运动?

2.3-2　对于质点系而言,由于各质点间相互作用的力(内力)总是成对出现的,它们大小相等,方向相反,因而所有内力做功可相互抵消,即内力做功的代数和为零.这种说法是否正确?

2.3-3　两个质量不等的物体具有相同的动能,哪个物体的动量大? 两个质量不等的物体具有相同的动量,哪个物体的动能大?

2.3-4　两个质量相等的物体,分别从高度相同,倾角不同的光滑斜面的顶端由静止自由滑下,则当两个物体到达其斜面底部时,它们的动量和动能是否相同?

2.3-5　画出分别以弹簧自由伸展时和以弹簧伸长(或压缩)到某一程度时的位置为弹性势能零点的弹性势能曲线.

2.4　碰　　撞

碰撞是自然界中常见的现象.如打桩、击球和微观粒子间的撞击等现象,都是当两个或多个物体相遇时,在极短的时间内发生剧烈的相互作用的表现,这些现象称为**碰撞**.按照碰撞前后物体的动量的方向,可以把碰撞分为正碰和斜碰.碰撞前后物体的动量若都在同一条连线上的碰撞叫做正碰(或称为对心碰撞).反之,叫做斜碰.在正碰中,碰撞前后两物体的总动能没有损失的碰撞叫做**完全弹性碰撞**.碰撞后两物体以相同的速度一起运动,系统动能损失最大的碰撞称为**完全非弹性碰撞**.碰撞后两物体彼此分开,而机械能又有一定损失的碰撞叫做**非完全弹性碰撞**.比起同样质量的两物体以同样的初速度发生完全非弹性碰撞而言,发生非完全弹性碰撞的两物体的机械能损失较小.

*2.5 火箭的飞行原理

火箭是以向后面不断喷射燃料气体,利用产生的反作用力向前运动的喷气推进装置.它自身携带燃烧剂与氧化剂,不依赖空气中的氧助燃,因而可以在真空的太空中加速飞行.现代火箭可用作快速远距离运送工具,如作为发射人造卫星、载人飞船、空间站的运载工具,以及其他飞行器的助推器等.各式各样的导弹和火箭弹也都是利用火箭发动机作为动力的.

火箭的飞行原理实质上就是动量守恒定律的应用.如图 2.18 所示,设 t 时刻,火箭与燃料的总质量为 m,速度为 v,在 dt 时间内向后喷出质量为 $|dm|$ 的气体(由于火箭的质量 m 是随着时间 t 的增加而减少的,而 dm 表示的是 m 在 dt 时间内的增量,故其本身具有负值,即 $dm < 0$),气体相对火箭的喷射速度为 u,使火箭的速度变

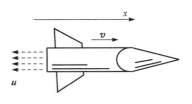

图 2.18 火箭的飞行

为 $v + dv$.由于火箭不受外力作用,系统的总动量保持不变.根据动量守恒定律,有

$$m\boldsymbol{v} = (m + dm)(\boldsymbol{v} + d\boldsymbol{v}) + (-dm)(\boldsymbol{v} + \boldsymbol{u})$$

其中,$\boldsymbol{v} + \boldsymbol{u}$ 为喷出的气体相对于地面的速度,即绝对速度.建立如图 2.18 所示的坐标系,并将上式投影,得

$$mv = (m + dm)(v + dv) + (-dm)(v - u)$$

将上式化简,略去二阶无穷小量 $dmdv$,可得

$$dv = -u \frac{dm}{m} \tag{2-39}$$

对于使用一定燃料的火箭,若火箭周围的大气压保持不变,则 u 为恒量.设火箭刚起飞时的速度为零,质量为 m_0;火箭在燃料燃尽后的速度为 v,质量为 m,将式(2-39)进行积分,有

$$\int_0^v dv = -u \int_{m_0}^m \frac{dm}{m}$$

得

$$v = u \ln \frac{m_0}{m} \tag{2-40}$$

式(2-40)表明:火箭在不考虑空气阻力和重力等外力条件下得到的速度由两个因素决定:一个是燃料的喷射速度 u;另一个是火箭的质量比 m_0/m.为了获得尽可能大的速度 v,就必须提高燃料的喷射速度 u 或增加火箭的质量比 m_0/m,但是这两种方法提高的速度受到很多因素的限制,因此实现起来有一定的技术困难.

目前,多采用多级火箭来提高火箭的速度.所谓多级火箭是指由几个火箭连接而成的系统.发射人造天体时,刚开始发射后,较大的第一级火箭的发动机开始工作,当其燃料燃尽时,便自动脱落,接着是第二级火箭的发动机开始工作,第二级火箭是在第一级火箭的基础之上加速.依此类推,直至人造天体抵达应到的位置.

图 2.19 为长征二号 F 改进型运载火箭(遥十).2013 年 6 月 11 日下午 17 时 38 分,在酒泉卫星发射中心,我国第十号神舟载人火箭吐出火舌,冉冉从地上升起.神舟十号的成功发射是我国长征二号 F 改进型运载火箭(遥十)的又一次胜利.神舟十号飞船是中国自 2003 年以来进行的第五次载人航天飞行任务,此次载人飞行具有里程碑意义,使我国距建设国际空间站的目标又迈进了一大步.

图 2.19　长征二号 F 改进型运载火箭(遥十)

本 章 提 要

1. 牛顿运动定律

(1) 牛顿第一定律:一切物体总保持静止状态或匀速直线运动状态,直到有外力迫使它改变这种状态为止.

(2) 牛顿第二定律:
$$F = \frac{\mathrm{d}p}{\mathrm{d}t}$$

对于恒质量物体,有
$$F = m\frac{\mathrm{d}v}{\mathrm{d}t} = ma$$

(3) 牛顿第三定律:两个物体之间的作用力和反作用力,在同一直线上,大小相等,方向相反,分别作用在两个物体上.

数学表达式为
$$F_{12} = -F_{21}$$

2. 几种常见的力

(1) 重力:
$$P = mg$$

(2) 弹簧的弹力:
$$F = -kx$$

(3) 摩擦力,

静摩擦力： $f_0 \leqslant f_{0\max}$ （其中最大静摩擦力 $f_{0\max} = \mu_0 N$）

滑动摩擦力： $f = \mu N$

3. 冲量 动量定理及其守恒定律

（1）冲量： $\boldsymbol{I} = \int_{t_0}^{t} \boldsymbol{F} \mathrm{d}t$

（2）质点的动量定理：质点在运动过程中所受合外力的冲量，等于质点动量的增量.

数学表达式为 $\int_{t_0}^{t} \boldsymbol{F} \mathrm{d}t = \int_{\boldsymbol{p}_0}^{\boldsymbol{p}} \mathrm{d}\boldsymbol{p} = \boldsymbol{p} - \boldsymbol{p}_0$

（3）质点系的动量定理：在一段时间内，质点系动量的增量等于作用于质点系的外力矢量和在这段时间内的冲量.

数学表达式为 $\boldsymbol{I} = \int_{t_0}^{t} \boldsymbol{F}_{外} \mathrm{d}t = \boldsymbol{p} - \boldsymbol{p}_0 = \Delta \boldsymbol{p}$

（4）质点系的动量守恒定律：若 $\boldsymbol{F}_{外} = \sum \boldsymbol{F}_{i外} = 0$，则 $\Delta \boldsymbol{p} = 0$，即

$$\sum m_i \boldsymbol{v}_i = 恒矢量$$

4. 功和能

（1）功： $\mathrm{d}W = \boldsymbol{F} \cdot \mathrm{d}\boldsymbol{r}, \quad W = \int \mathrm{d}W = \int_{A}^{B} \boldsymbol{F} \cdot \mathrm{d}\boldsymbol{r}$

（2）质点的动能定理：作用于质点的合外力所做的功等于质点动能的增量.

数学表达式为 $W = \dfrac{1}{2}mv^2 - \dfrac{1}{2}mv_0^2$

（3）质点系的动能定理：质点系外力和内力做功之和等于系统动能的增量.

数学表达式为 $W_{外} + W_{内} = E_k - E_{k0}$

（4）保守力：做功与路径无关的力（即 $W = \oint_{L} \boldsymbol{F} \cdot \mathrm{d}\boldsymbol{r} = 0$）.

（5）势能：势能的引入是以保守力做功为前提的. 保守力做功等于系统势能的增量的负值.

$$W_{保} = -(E_p - E_{p0}) = -\Delta E_p$$

（6）质点系的功能原理：系统外力做功与非保守内力做功之和等于质点系机械能的增量.

数学表达式为 $W_{外} + W_{内非保} = \Delta E_k + \Delta E_p = \Delta E$

（7）质点系的机械能守恒定律：当一个质点系所受外力和非保守内力不做功，或所做的总功为零，质点系内仅有保守内力做功时，系统的机械能保持不变，只有系统内各质点间动能和势能的相互转换.

数学表达式为 $E_k + E_p = E = 恒量$

5. 碰撞（正碰）

（1）完全弹性碰撞：碰撞前后两物体的总动能没有损失的碰撞.

（2）完全非弹性碰撞：碰撞后两物体以相同的速度一起运动，系统动能损失最大的碰撞.

（3）非完全弹性碰撞：碰撞后两物体彼此分开，而机械能又有一定损失的碰撞.

6. 火箭的飞行原理

火箭的飞行原理实质上就是动量守恒定律的应用. 火箭在不考虑空气阻力和重力等外力条件下得到的速度为

$$v = u\ln\frac{m_0}{m}$$

习　题

2-1　质量为 m 的质点沿 Ox 轴方向运动，其运动方程为 $x = A\sin\omega t$. 其中 A、ω 均是正的常数，t 是时间变量，则该质点所受的合外力 F 为（　　）

A. $F = \omega^2 x$,　　　　B. $F = -m\omega x$,　　　　C. $F = -m\omega^2 x$,　　　　D. $F = m\omega^2 x$.

2-2　质量为 m 的物体在水平面上做直线运动，当速度为 v 时仅在摩擦力作用下开始做匀减速运动，经过距离 s 后速度减为零. 则物体加速度的大小为_____，物体与水平面间的摩擦系数为_____.

2-3　已知质点在 Oxy 平面内运动，其运动方程为 $r = (R\cos\omega t)i + (R\sin\omega t)j$，其中 R 和 ω 是正的常数. 证明：

（1）质点的速度和加速度是互相垂直的；

（2）质点的合外力总是指向坐标原点.

2-4　一根长为 $l = 0.5\text{m}$ 的轻绳，一端固定在天花板上，另一端系一质量为 m 的重物，如习题 2-4 图所示. 重物经推动后，在一水平面内做匀速圆周运动，转速 $n = 1\,\text{r} \cdot \text{s}^{-1}$. 这种装置叫做圆锥摆. 求这时绳和竖直方向所成的角度.

*2-5　如习题 2-5 图所示，质量为 m 的环套在绳上，绳子绕过定滑轮在另一端系有质量为 M 的物体，m 相对绳以加速度 a' 下落. 求：物体 M 下降的加速度 a_M 和环与绳间的摩擦力 f（绳与滑轮间无摩擦，且绳不可伸长）.

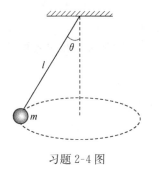

习题 2-4 图

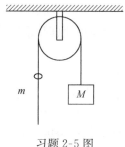

习题 2-5 图

2-6　A、B 两质点的质量关系为 $m_A > m_B$，同时受到相等的冲量作用，则（　　）

A. A 比 B 的动量增量少，　　　　　　B. A 与 B 的动能增量相等，

C. A 比 B 的动量增量大，　　　　　　　　　　 D. A 与 B 的动量增量相等.

2-7　某物体受一变力 $\boldsymbol{F}$ 作用，变力 $\boldsymbol{F}$ 与时间 t 的关系如习题 2-7 图所示. 求：

(1) 在 $0.4\,\mathrm{s}$ 时间内，力的冲量和力的平均值.

(2) 若物体的质量为 $3\,\mathrm{kg}$，初始速度为 $1\,\mathrm{m\cdot s^{-1}}$，且与力的方向一致，则在 $t=0.4\,\mathrm{s}$ 时，物体速度的大小为多少？

*2-8　如习题 2-8 图所示，质量为 m，长为 L 的匀质柔软链条，其上端用细线悬着，下端刚好紧贴水平桌面的上表面. 现将悬线剪断，让链条自由落到桌面上. 求：当链条落到桌面上的长度为 l 时($l<L$)，桌面所受链条作用力的大小（已知变质量物体运动方程为 $\boldsymbol{F}=\dfrac{\mathrm{d}(m\boldsymbol{v})}{\mathrm{d}t}-\dfrac{\mathrm{d}m}{\mathrm{d}t}\boldsymbol{u}$，即在质量减少的情况下，作用在 m 和 $\mathrm{d}m$ 这个系统的外力等于运动主体的动量对时间的变化率 $\dfrac{\mathrm{d}(m\boldsymbol{v})}{\mathrm{d}t}$ 与被分割部分物质在单位时间内带走的动量 $\left|\dfrac{\mathrm{d}m}{\mathrm{d}t}\right|\boldsymbol{u}$ 之差).

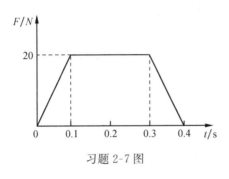　　　　　　　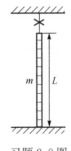

习题 2-7 图　　　　　　　　　　　　　　　习题 2-8 图

2-9　质量为 m 的物体位于质量为 M 的静止物体的引力场中，在万有引力 $\boldsymbol{F}$ 的作用下，m 沿习题 2-9 图示路径从 A 点运动到 B 点. 已知 A、B 两点与 M 的中心的距离分别为 a 和 b，求：在此过程中引力对物体 m 所做的功.

2-10　质量为 $2\,\mathrm{kg}$ 的物体，在变力 $F(x)$ 的作用下，从 $x=0$ 处由静止开始沿 x 方向运动，已知变力 $F(x)$ 与 x 之间的关系为

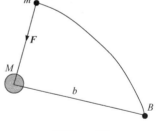

习题 2-9 图

$$F(x)=\begin{cases}2x, & 0\leqslant x\leqslant 5\\ 10, & 5\leqslant x\leqslant 10\\ 30-2x, & 10\leqslant x\leqslant 15\end{cases}$$

式中，x 的单位是 m，$F(x)$ 的单位是 N. 问：

(1) 物体由 $x=0$ 处分别运动到 $x=5\,\mathrm{m}$，$10\,\mathrm{m}$，$15\,\mathrm{m}$ 的过程中，力 $F(x)$ 所做的功各是多少？

(2) 物体在 $x=5\,\mathrm{m}$，$10\,\mathrm{m}$，$15\,\mathrm{m}$ 处的速率各是多少？

2-11　将一物体提高 $10\,\mathrm{m}$，则下列情况中提升力做功最少的是(　　)

A. 以 $5\,\mathrm{m\cdot s^{-1}}$ 的速度匀速上升，

B. 以 $10\,\mathrm{m\cdot s^{-1}}$ 的速度匀速提升，

C. 将物体由静止开始匀加速提升 $10\,\mathrm{m}$，此时速度达到 $5\,\mathrm{m\cdot s^{-1}}$，

D. 使物体从 $10\,\mathrm{m\cdot s^{-1}}$ 的初速度匀减速上升 $10\,\mathrm{m}$，此时速度减为 $5\,\mathrm{m\cdot s^{-1}}$.

2-12 如习题 2-12 图所示,劲度系数 $k = 1000\ \text{N} \cdot \text{m}^{-1}$ 的轻质弹簧一端固定在天花板上,另一端悬挂一质量为 $m = 2\ \text{kg}$ 的物体,并用手托着物体使弹簧无伸长. 现突然撒手,取 $g = 10\ \text{m} \cdot \text{s}^{-2}$,则弹簧的最大伸长量为(   )

A. 0.01 m,   B. 0.02 m,   C. 0.04 m,   D. 0.08 m.

2-13 如习题 2-13 图所示,质量为 M 的长木板一端放有质量为 m 的物体,在外力作用下,M 和 m 以速率 v 一同沿地面向前匀速运动. 突然撒去外力,木板向前运动一段距离后停下来. 此时,m 恰好静止在木板的另一端. 求木板的长度 L 为多少(已知物体与木板间的摩擦系数为 μ_1,木板与地面间的摩擦系数为 μ_2)?

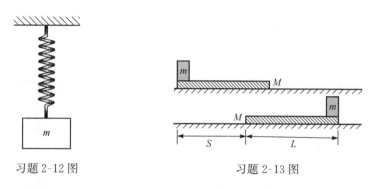

习题 2-12 图   习题 2-13 图

2-14 关于保守力,下面说法正确的是(   )

A. 只有保守力作用的系统动能和势能之和保持不变,

B. 只有合外力为零的保守内力作用系统机械能守恒,

C. 保守力总是内力,

D. 物体沿任一闭合路径运动一周,作用于它的某种力所做之功为零,则该力称为保守力.

2-15 在光滑的水平面内有两个物体 A 和 B,已知 $m_A = 2m_B$.(1)物体 A 以一定的动能 E_k 与静止的物体 B 发生完全弹性碰撞,则碰撞后两物体的总动能为____;(2)物体 A 以一定的动能 E_k 与静止的物体 B 发生完全非弹性碰撞,则碰撞后两物体的总动能为_____.

第 3 章 刚体力学

理解描述刚体运动的各个角量以及它们之间的关系.掌握刚体绕定轴转动的转动定律.理解转动惯量的概念;了解转动惯量的求解方法和平行轴定理;理解刚体绕定轴转动的角动量和角动量定理;在绕定轴转动情况下,会应用刚体的角动量守恒定律解题.

第 2 章研究的力学问题都是针对质点或质点系而言的,此时物体的大小、形状和形变都可忽略不计.刚体是当物体的大小和形状不能被忽略,但其形变可以忽略不计时引入的一个理想模型.换句话说,刚体是指内部任意两点间的距离不因力的作用而改变的特殊质点系.本章将要介绍刚体运动学和动力学的部分内容.

3.1 刚体运动学

3.1.1 刚体的平动和转动

平动和转动是刚体最基本的运动形式.

如图 3.1 所示,在运动中,刚体内部任意两点间的连线在各个时刻的位置都和初始时刻的位置保持平行,这样的运动称为**刚体的平动**.由图 3.1 可知,刚体在平动过程中的任意一段时间内,所有质点的运动轨迹和位移都是相同的.并且在任一时刻,各个质点均具有相同的速度和加速度.因而刚体中任意一个质点的运动都可以表示出整个刚体的运动.据此,平动的刚体可当成一个质点来处理.

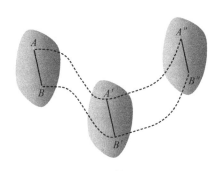

图 3.1 刚体的平动

刚体运动时,内部所有的点都绕同一条直线做圆周运动,这种运动称为**刚体的转动**.将这条直线叫做刚体的转轴.转轴的方位随时间变化的运动,称为刚体的非定轴转动.转轴的方位是固定不动的运动,则称为刚体的定轴转动.

下面讨论刚体绕定轴转动的运动特点.如图 3.2 所示,建立直角坐标系 $Oxyz$,

z 轴垂直于纸面指向读者,有一刚体绕 z 轴逆时针旋转. 显然,刚体中每个质元[①]都在与 Oxy 平行的各个平面内做圆周运动,圆周的半径等于每个质元到 z 轴的垂直距离. 而且,凡是坐标 (x,y) 相同的点,其运动状态都是完全相同的. 另外,对于到 z 轴的垂直距离不同的任意两个质元 A 和 B,在相同时间内,它们所转过的弧长、位移以及两点在任一瞬时的线速度、线加速度都是不相同的. 但由于刚体内部任意两点间的距离始终不变,所以,它们在相同时间内所走过的角位移、同一时刻的角速度和角加速度是相同的. 可见,对于刚体的定轴转动问题,可以用角量对其进行描述. 我们在第 1 章圆周运动部分讨论的角位移、角速度和角加速度等概念及运动方程等对刚体的定轴转动问题都是适用的,本小节不再重复.

　　刚体的一般运动可看成是平动和转动这两种基本运动的合成. 如图 3.3 所示,擦黑板时,黑板擦由 1→3 的运动过程可看成是由 1→2 的平动与 2→3 的绕通过基点 C 的瞬时轴转动的合成.

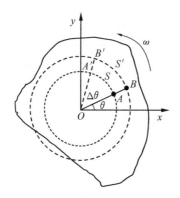

图 3.2　刚体的定轴转动

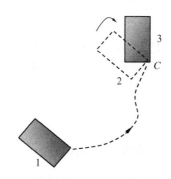

图 3.3　刚体的一般运动

3.1.2　角速度矢量和角加速度矢量

　　一般情况下,刚体转动时转轴的方位及绕转轴转动的快慢是随时间变化的,所以引入角速度矢量 $\boldsymbol{\omega}$ 来描述刚体的转动方向和转动的快慢.

　　角速度矢量是这样规定的:角速度的方向沿转轴方向,且和刚体的转动方向组成右手螺旋系,如图 3.4(a)所示. 对于定轴转动中的角速度,只有顺时针和逆时针两种转动方向,如图 3.4(b)所示. 一般规定,刚体逆时针旋转时,角速度 $\omega>0$;顺时针旋转时,角速度 $\omega<0$. 角速度的大小可用式(1-26)计算,即

$$\omega = \frac{\mathrm{d}\theta}{\mathrm{d}t}$$

---

　　① 将一个物体无限细分,可分割成无数个具有一定的质量,且体积趋于零的小单元,这样的小单元就叫作质元. 每个质元都可视为一个质点.

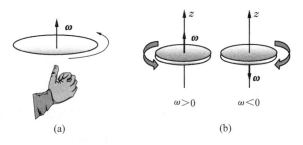

图 3.4　角速度矢量

设刚体上任一质元 A 相对于转轴的位置矢量为 r，转动的线速度为 v，如图 3.5 所示．确定了角速度 ω 的方向后，v 和 ω 之间的关系可表示为

$$v = \omega \times r \tag{3-1}$$

角加速度 α 等于角速度 ω 对时间的变化率，所以有

$$\alpha = \frac{\mathrm{d}\omega}{\mathrm{d}t} \tag{3-2}$$

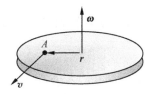

图 3.5　线速度 v 和角速度 ω 之间的关系

可见，对做定轴转动的刚体，若设转轴与 z 轴重合，则 $\omega_x = \omega_y = 0$，所以有

$$\omega = \omega_z k, \quad \alpha = \alpha_z k \tag{3-3}$$

例 3.1　半径为 30 cm 的飞轮，从静止开始以 0.5 rad · s^{-2} 的匀角加速度转动．求飞轮边缘上一点 P，在飞轮转过 240° 时的角速度、速度和加速度．

解　根据题意，飞轮做匀加速转动，可用以角量表示的运动方程来求解．

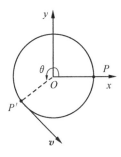

图 3.6　例 3.1 图

建立如图 3.6 所示坐标系，z 轴垂直于纸面指向读者，则角速度 ω 的方向与 z 轴方向重合．设 $t = 0$ 时刻，点 P 的角位置 $\theta_0 = 0$，角速度 $\omega_0 = 0$；t 时刻，点 P 的角位置为 $\theta = 240 \times \dfrac{\pi}{180} = \dfrac{4}{3}\pi$，将上述条件代入方程 $\theta = \theta_0 + \omega_0 t + \dfrac{1}{2}\alpha t^2$ 中，有

$$t = \sqrt{\frac{2\theta}{\alpha}} = \sqrt{\frac{2 \times \frac{4}{3}\pi}{0.5}} = 4\sqrt{\frac{\pi}{3}} \text{ (s)}$$

其中求出的 t 值是点 P 转过 240° 到达 P' 点所用时间．将 t 值代入方程 $\omega = \omega_0 + \alpha t$ 中，解得点 P 在这一时刻的角速度的大小为

$$\omega = \omega_0 + \alpha t = 0 + 0.5 \times 4\sqrt{\frac{\pi}{3}} = 2\sqrt{\frac{\pi}{3}} \text{ (rad · s}^{-1})$$

点 P 转到 P' 点时的速度可由 $v = \omega \times r$ 求得．已知 $r = |r| = 0.3$ m，所以点 P

到达 P' 点时,速度的大小为

$$v = \omega r \sin 90° = 2\sqrt{\frac{\pi}{3}} \times 0.3 = 0.6\sqrt{\frac{\pi}{3}}\ (\text{m} \cdot \text{s}^{-1})$$

速度的方向在 Oxy 平面内,沿 P' 点切线方向,如图 3.6 所示.

点 P 的加速度 $\boldsymbol{a} = \boldsymbol{a}_\text{t} + \boldsymbol{a}_\text{n}$. 切向加速度 $\boldsymbol{a}_\text{t}$ 和法向加速度 $\boldsymbol{a}_\text{n}$ 的大小分别为

$$a_\text{t} = \alpha r = 0.5 \times 0.3 = 0.15 (\text{m} \cdot \text{s}^{-2})$$

$$a_\text{n} = \omega^2 r = \frac{4\pi}{3} \times 0.3 = 0.4\pi (\text{m} \cdot \text{s}^{-2})$$

所以,点 P 转到 P' 点时的加速度为

$$\boldsymbol{a} = 0.15\boldsymbol{e}_\text{t} + 0.4\pi\boldsymbol{e}_\text{n}$$

加速度 $\boldsymbol{a}$ 的大小为

$$a = \sqrt{a_\text{t}^2 + a_\text{n}^2} = \sqrt{(0.15)^2 + (0.4\pi)^2} \approx 1.13 (\text{m} \cdot \text{s}^{-2})$$

加速度 $\boldsymbol{a}$ 与速度 v 的夹角为

$$\theta = \arctan\frac{a_\text{n}}{a_\text{t}} \approx 83.2°$$

可见,加速度 $\boldsymbol{a}$ 的方向几乎和法向加速度 $\boldsymbol{a}_\text{n}$ 的方向相同.

思 考 题

3.1-1　火车沿铁轨运动,在转弯时所做的运动是平动吗?

3.1-2　试根据角速度矢量 $\boldsymbol{\omega}$ 和角加速度矢量 $\boldsymbol{\alpha}$ 的正负,讨论绕定轴转动的刚体在什么情况下是加速转动? 什么情况下是减速转动?

3.2　力矩　刚体的定轴转动定律

3.1 节讨论了刚体运动学部分的内容,本节将讨论刚体绕定轴转动的规律.

3.2.1　力矩

质点在绕某定点转动时,力的大小、方向和作用点都对转动有影响,因而在研究质点的转动问题时,需引入力矩这个能全面反映力的三要素的概念.

如图 3.7 所示,质点 P 相对于空间某参考点 O 的位矢为 $\boldsymbol{r}$,质点受力为 $\boldsymbol{F}$,则定义位矢 $\boldsymbol{r}$ 与力 $\boldsymbol{F}$ 的矢积 $\boldsymbol{M}$ 为力 $\boldsymbol{F}$ 对参考点 O 的力矩,即

$$\boldsymbol{M} = \boldsymbol{r} \times \boldsymbol{F} \qquad (3\text{-}4)$$

设力 $\boldsymbol{F}$ 与位矢 $\boldsymbol{r}$ 之间的夹角为 θ，则力矩 $\boldsymbol{M}$ 的大小为

$$M = Fr\sin\theta = Fd \qquad (3\text{-}5)$$

其中，$d = r\sin\theta$ 表示从参考点 O 到力 $\boldsymbol{F}$ 的作用线的垂直距离，叫做力 $\boldsymbol{F}$ 对参考点 O 的力臂.

力矩的方向垂直于位矢 $\boldsymbol{r}$ 与力 $\boldsymbol{F}$ 所在的平面，且 $\boldsymbol{r},\boldsymbol{F}$ 和 $\boldsymbol{M}$ 三者构成右手螺旋系统，如图 3.7 所示.

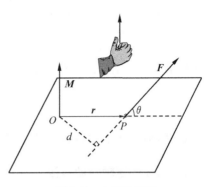

图 3.7 力矩的定义

力矩的单位在国际单位制中称为牛顿米，符号为 N·m.

若质点同时受到 n 个力作用时，则质点受到的力矩等于这 n 个力单独作用质点时对参考点 O 的力矩的矢量和，也等于这 n 个力的合力对参考点 O 的力矩，即

$$\boldsymbol{M}_{总} = \boldsymbol{r} \times \boldsymbol{F}_1 + \cdots + \boldsymbol{r} \times \boldsymbol{F}_i + \cdots + \boldsymbol{r} \times \boldsymbol{F}_n = \boldsymbol{r} \times \sum \boldsymbol{F}_i \qquad (3\text{-}6)$$

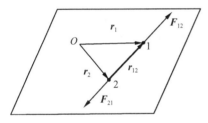

图 3.8 两质点间一对内力的力矩

两质点间的作用力和反作用力相对于同一参考点的力矩之和必为零. 如图 3.8 所示，质点 1 和 2 间的作用力和反作用力分别为 $\boldsymbol{F}_{12}$ 和 $\boldsymbol{F}_{21}$，根据牛顿第三定律，有

$$\boldsymbol{F}_{12} = -\boldsymbol{F}_{21}$$

则这一对内力对参考点 O 的合力矩为

$$\boldsymbol{M}_{总} = \boldsymbol{r}_1 \times \boldsymbol{F}_{12} + \boldsymbol{r}_2 \times \boldsymbol{F}_{21} = (\boldsymbol{r}_1 - \boldsymbol{r}_2) \times \boldsymbol{F}_{12} = \boldsymbol{r}_{12} \times \boldsymbol{F}_{12}$$

其中，$\boldsymbol{r}_{12}$ 是质点 1 相对于质点 2 的位移，与 $\boldsymbol{F}_{12}$ 在同一条直线上. 所以有

$$|\boldsymbol{M}_{总}| = |\boldsymbol{r}_{12} \times \boldsymbol{F}_{12}| = r_{12}F_{12}\sin 0° = 0 \qquad (3\text{-}7)$$

如图 3.9 所示，作用于刚体上某点 P 的外力 $\boldsymbol{F}$ 方向任意，当点 P 绕 z 轴转动时，点 P 的转动平面与 z 轴相交于 O 点，$\boldsymbol{r}$ 为点 P 相对于 O 点的位矢. 力 $\boldsymbol{F}$ 沿平行于转轴方向的分力为 $\boldsymbol{F}_z$，沿垂直于转轴方向的分力 $\boldsymbol{F}_\perp$. 因为只有在转动平面内

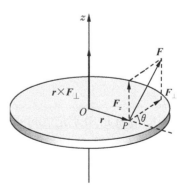

图 3.9 力对转轴的力矩

的力 $F_\perp$ 对刚体的转动起作用,所以,根据式(3-4),力 $\boldsymbol{F}$ 对转轴 z 轴的力矩为

$$\boldsymbol{M} = \boldsymbol{r} \times \boldsymbol{F}_\perp \tag{3-8}$$

其方向和 z 轴重合,如图 3.9 所示.设 $\boldsymbol{r}$ 与 $\boldsymbol{F}_\perp$ 的夹角为 θ,力 $\boldsymbol{F}$ 对 z 轴的力矩的大小为 M,则有

$$M = rF_\perp \sin\theta \tag{3-9}$$

显然,力对转轴的力矩 M 只是力对轴上定点 O 的力矩沿转轴方向的分量.

3.2.2 刚体的定轴转动定律

本节来讨论刚体绕定轴转动时的运动规律.

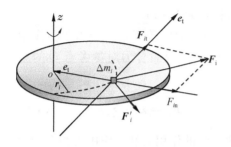

图 3.10 刚体的定轴转动定律

如图 3.10 所示,刚体绕 z 轴转动,在刚体上任取一小质元 Δm_i,它绕 z 轴做圆周运动的半径为 r_i.设 Δm_i 受到的合外力为 $\boldsymbol{F}_i$,刚体内其他质元对 Δm_i 作用的合内力为 $\boldsymbol{F}_i'$,且 $\boldsymbol{F}_i$ 和 $\boldsymbol{F}_i'$ 都在 Δm_i 的转动平面内.根据牛顿第二定律,有

$$\boldsymbol{F}_i + \boldsymbol{F}_i' = \Delta m_i \boldsymbol{a}_i$$

对于刚体上所有质元,则有

$$\sum \boldsymbol{F}_i + \sum \boldsymbol{F}_i' = \sum (\Delta m_i \boldsymbol{a}_i)$$

其中,$\sum \boldsymbol{F}_i$ 是刚体所受外力之和,$\sum \boldsymbol{F}_i'$ 是刚体所受内力之和.由牛顿第三定律,刚体所受内力之和 $\sum \boldsymbol{F}_i' = 0$.则上式可整理为

$$\sum \boldsymbol{F}_i = \sum (\Delta m_i \boldsymbol{a}_i)$$

建立如图 3.10 所示自然坐标系,则上式在自然坐标系下的分量式为

$$-\sum F_{in} = \sum \Delta m_i a_{in} \tag{3-10}$$

$$\sum F_{it} = \sum \Delta m_i a_{it} \tag{3-11}$$

其中,F_{in} 和 F_{it} 分别是 Δm_i 受到的合外力沿其运动轨迹的法向分量和切向分量,a_{in} 和 a_{it} 分别是 Δm_i 的法向加速度和切向加速度.

对式(3-10),因刚体内任一质元 Δm_i 受到的合外力的法向分量 $-F_{in}$ 都与其位矢 $\boldsymbol{r}_i$ 的方向在同一条直线上,所以,法向合外力的法向分量对 z 轴的力矩为零.可见,只有合外力的切向分量影响 Δm_i 的转动.

由力矩的定义，Δm_i 受到的合外力的切向分量 F_{it} 对 z 轴的力矩为

$$M_i = F_{it} r_i$$

则刚体所受合外力的切向分量 $\sum F_{it}$ 对 z 轴的合力矩为

$$M = \sum M_i = \sum F_{it} r_i \tag{3-12}$$

将切向加速度和角加速度之间的关系 $a_{it} = r_i \alpha$ 代入式(3-11)，并对式(3-11)两边求和号内分别乘 r_i 后，整理得

$$\sum F_{it} r_i = \sum (\Delta m_i r_i^2) \alpha \tag{3-13}$$

将式(3-13)中的 $\sum (\Delta m_i r_i^2)$ 定义为刚体的**转动惯量**，记作 J，即

$$J = \sum (\Delta m_i r_i^2) \tag{3-14}$$

对于做定轴转动的刚体，转动惯量是一个恒量，它的物理意义将在 3.2.3 节介绍. 将式(3-12)和式(3-14)代入式(3-13)中，整理得

$$M = J \alpha \tag{3-15}$$

上式表明，做定轴转动的刚体，在总外力矩 M 的作用下，所获得的角加速度与总外力矩的大小成正比，与刚体的转动惯量成反比，这个结论叫做**刚体的定轴转动定律**.

3.2.3 转动惯量

现在来讨论 3.2.2 小节中提到的物理量——转动惯量. 试想，当用相同的外力矩作用于两个转动惯量不同的刚体时，刚体的运动会有何区别呢？这个问题可以应用刚体的定轴转动定律来回答. 根据式(3-15)，当合外力矩相同时，刚体的转动惯量越大，角加速度越小，角速度增加的越慢. 也就是说，转动惯量越大，刚体越容易保持原有的转动状态. 这只是对上面问题的定性分析，但从中可以看出，质量在质点的平动中和转动惯量在刚体的转动中所具有的物理意义是相同的，即质量是质点运动时惯性大小的量度，转动惯量则是刚体转动时惯性大小的量度. 既然转动惯量如此重要，下面就来讨论如何计算刚体的转动惯量.

根据式(3-14)，刚体绕 z 轴转动时，其转动惯量等于刚体上各质元 Δm_i 与其到转轴的垂直距离 r_i 平方的乘积之和. 对于质量连续分布的刚体，可将式(3-14)中的质元质量 Δm_i 改为质量微元 $\mathrm{d}m$，将求和变为求积分，有

$$J = \int_V r^2 \mathrm{d}m \tag{3-16}$$

其中，r 表示质量微元 $\mathrm{d}m$ 到转轴的垂直距离，且积分遍及刚体的全部体积.

转动惯量的单位在国际单位制中为 kg·m². 对于质量分布均匀,且几何形状规则的刚体可用式(3-16)求其转动惯量. 否则,需要用实验测量.

例 3.2   质量为 m,长为 l,密度均匀的细杆,求:

(1) 它对过杆的中心且与杆垂直的 z 轴的转动惯量;

(2) 试分析,当转轴由 z 轴开始沿杆的方向平移到杆的一端时,转动惯量如何变化.

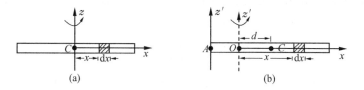

图 3.11   例 3.2 图

解   (1) 把细杆分成许多无限小的质元,杆的线密度为 λ. 如图 3.11(a)所示,以 z 轴与细杆的交点 C 为坐标原点,建立坐标轴. 在细杆上距离 z 轴 x 处,选取一质元 $\mathrm{d}x$,则该质元的质量

$$\mathrm{d}m = \lambda \mathrm{d}x$$

其中,线密度 $\lambda = m/l$ 是细杆单位长度上的质量.

根据式(3-16),有

$$J_C = \int r^2 \mathrm{d}m = \lambda \int_{-\frac{l}{2}}^{\frac{l}{2}} x^2 \mathrm{d}x = \frac{m}{l} \frac{l^3}{12} = \frac{ml^2}{12}$$

(2) 如图 3.11(b)所示,设某一时刻,z' 轴与 z 轴间的距离为 d,以 z' 轴与细杆的交点 O 为坐标原点,建立坐标轴. 按照(1)中的求解方法,选取质元 $\mathrm{d}x$,则有

$$J = \lambda \int_{d-\frac{l}{2}}^{d+\frac{l}{2}} x^2 \mathrm{d}x = \frac{m}{l}\left(\frac{l^3}{12} + d^2 l\right) = \frac{ml^2}{12} + md^2$$

当 z' 轴运动到细杆的一端 A 时,z' 轴与 z 轴间的距离为 $d = l/2$,此时,细杆的转动惯量为

$$J_A = \frac{ml^2}{12} + md^2 = \frac{ml^2}{12} + m\left(\frac{l}{2}\right)^2 = \frac{ml^2}{3}$$

所以,当 z' 轴由 z 轴开始沿杆的方向平移过程中,杆的转动惯量随两轴间距离的增大而增大,到达杆的一端时,转动惯量最大.

由例 3.2 可知,质量为 m 的刚体,如果对其质心轴的转动惯量为 J_C,则对任一与该质心轴平行,相距为 d 的转轴的转动惯量为

$$J = J_C + md^2 \tag{3-17}$$

这一关系称为**转动惯量的平行轴定理**.

表 3.1 列出了几种常见的质量为 m 的匀质刚体的转动惯量. 从表 3.1 可看出,刚体的转动惯量除了和转轴的位置有关以外,还和刚体的质量及质量的分布有关. 例如,表 3.1 中质量为 m,半径都为 R 的圆盘和圆环,由于两者质量的分布不相同,所以对中心轴的转动惯量也不相同.

表 3.1　几种常见的质量为 m 的匀质刚体的转动惯量

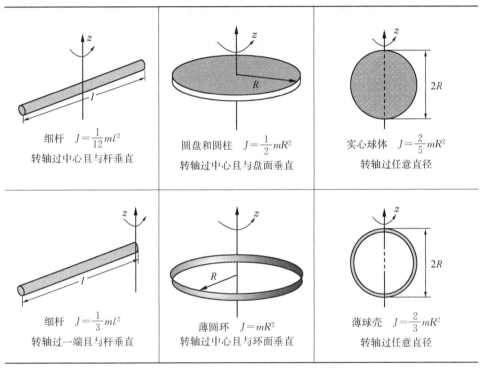

| 细杆　$J = \frac{1}{12}ml^2$ 转轴过中心且与杆垂直 | 圆盘和圆柱　$J = \frac{1}{2}mR^2$ 转轴过中心且与盘面垂直 | 实心球体　$J = \frac{2}{5}mR^2$ 转轴过任意直径 |
| 细杆　$J = \frac{1}{3}ml^2$ 转轴过一端且与杆垂直 | 薄圆环　$J = mR^2$ 转轴过中心且与环面垂直 | 薄球壳　$J = \frac{2}{3}mR^2$ 转轴过任意直径 |

3.2.4　刚体定轴转动定律的应用

运用刚体的定轴转动定律并结合牛顿运动定律,可以讨论许多有关转动的动力学问题. 值得注意的是,由于角加速度 α 具有瞬时性,所以式(3-15)和牛顿第二定律一样都是瞬时方程,它只能确定某一时刻刚体所受力矩与其角加速度之间的关系. 因此,根据角加速度的定义,式(3-15)也可表示为

$$M = J\alpha = J\frac{\mathrm{d}\omega}{\mathrm{d}t} \tag{3-18}$$

例 3.3　一飞轮以初角速度 ω_0 绕 z 轴转动,已知空气的阻力矩与角速度成正

比，即 $M = -k\omega$，其中比例系数 k 是常量. 已知飞轮的转动惯量为 J. 问：

（1）经过多长时间，飞轮转动的角速度减少为 ω_0 的 $1/3$?

（2）在此时间内，飞轮共转过的圈数为多少？

解　（1）根据刚体的定轴转动定律，有

$$\alpha = \frac{M}{J} = \frac{-k\omega}{J}$$

可见，当飞轮所受的空气阻力矩是个变力矩时，飞轮的角加速度也是个随时间变化的量，因此飞轮的转动是变角加速度的转动. 根据角加速度的定义，有

$$\alpha = \frac{\mathrm{d}\omega}{\mathrm{d}t} = \frac{-k\omega}{J}$$

根据初始条件，对上式积分，有

$$\int_{\omega_0}^{\omega} \frac{1}{\omega}\mathrm{d}\omega = -\frac{k}{J}\int_0^t \mathrm{d}t$$

所以，角速度的值为

$$\omega = \omega_0 \mathrm{e}^{-\frac{k}{J}t}$$

则 ω 变为 $\omega_0/3$ 所用的时间为

$$t = \frac{J}{k}\ln 3$$

（2）由角速度定义，有

$$\omega = \frac{\mathrm{d}\theta}{\mathrm{d}t} = \omega_0 \mathrm{e}^{-\frac{k}{J}t}$$

根据初始条件，对上式积分，有

$$\int_0^\theta \mathrm{d}\theta = \int_0^t \omega_0 \mathrm{e}^{-\frac{k}{J}t}\mathrm{d}t$$

得

$$\theta = \frac{2J\omega_0}{3k}$$

所以，在时间 t 内，飞轮转过的圈数为

$$N = \frac{\theta}{2\pi} = \frac{J\omega_0}{3k\pi}$$

例 3.4　对例 2.2，如图 3.12(a)所示，若题中的定滑轮质量为 m'，半径为 R，

且细绳与滑轮间无相对滑动,其他条件不变.求当电梯静止时,两球的加速度和细绳的张力.

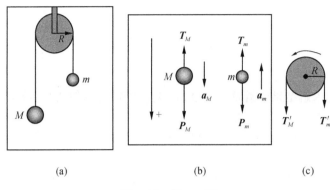

图 3.12　例 3.4 图

解　选取静止的电梯为惯性参考系.图 3.12(b)为本题采用隔离法对 m 和 M 进行的受力分析图.依题意,滑轮的运动可看成刚体绕定轴的转动,因此,还要对滑轮进行受力分析,如图 3.12(c)所示.由于滑轮的质量不可忽略,所以滑轮两边绳子的拉力不再相等.设滑轮左侧绳的张力为 T_M 和 T'_M;滑轮右侧绳的张力为 T_m 和 T'_m,因为绳的质量不计,所以有

$$T_M = T'_M \tag{1}$$
$$T_m = T'_m \tag{2}$$

根据牛顿第二定律,有

$$Mg - T_M = Ma_M \tag{3}$$
$$mg - T_m = -ma_m \tag{4}$$

对于厚度不计的定滑轮,可看成是绕中心轴转动的薄圆盘,因此,滑轮的转动惯量为

$$J = \frac{1}{2}m'R^2 \tag{5}$$

取转轴正方向为垂直纸面指向读者.设滑轮转动的角加速度为 α,根据刚体定轴转动定律,有

$$T'_M R - T'_m R = J\alpha \quad (T_m = T'_m, T_M = T'_M) \tag{6}$$

因绳与滑轮间无相对滑动,所以,滑轮边缘的切向加速度与两小球运动的加速度大小相等,所以有

$$a_M = a_m = \alpha R \tag{7}$$

将上面 7 个方程联立,可解得

$$a_M = a_m = \frac{(M-m)g}{M+m+\frac{1}{2}m'}$$

$$T_M = \frac{M\left(2m + \frac{1}{2}m'\right)g}{M + m + \frac{1}{2}m'}$$

$$T_m = \frac{m\left(2M + \frac{1}{2}m'\right)g}{M + m + \frac{1}{2}m'}$$

如将本题求解结果中滑轮的质量 m' 略去,即可得到例 2.2 中的结果.

思 考 题

3.2-1　力矩与哪些因素有关? 当静止的刚体受到大小相等、方向相反的两个外力作用时,刚体会不会运动?

3.2-2　当刚体转动的角速度很大时,作用在它上面的力及力矩是否一定很大?

3.2-3　刚体转动惯量的物理意义是什么? 其计算公式是什么? 转动惯量的大小与哪些因素有关?

3.2-4　关于刚体的转动惯量 J,判断下列说法的正误

(1) 轮子静止时其转动惯量为零;

(2) 若 $m_A > m_B$,则 $J_A > J_B$;

(3) 只要 m 不变,则 J 一定不变;

(4) 以上说法都不正确.

3.3　角动量　角动量守恒定律

3.3.1　质点的角动量和刚体绕定轴转动的角动量

1. 质点的角动量

角动量是在讨论质点相对于空间某参考点运动时引入的一个重要物理量. 如图 3.13 所示,质量为 m 的质点 P 在空间运动,设 t 时刻,质点相对于空间某参考点 O 的位矢为 r,运动速度为 v,则定义质点 P 对参考点 O 的**角动量**(或动量矩)为

$$L = r \times p = r \times mv \qquad (3\text{-}19)$$

即质点对某参考点的角动量等于其相对于该点的位矢 r 与动量 p 的矢积.

设 r 与 v 间的夹角为 θ,角动量的大小为

$$L = rmv\sin\theta \qquad (3\text{-}20)$$

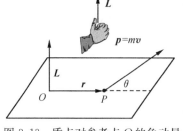

图 3.13　质点对参考点 O 的角动量

当质点绕某参考点做圆周运动时,因为任一时刻都有 $r \perp v$,所以,该质点对该参考点的角动量的大小为

$$L = rmv \tag{3-21}$$

按照矢积的定义,角动量 L 的方向垂直于位矢 r 与动量 p 所在的平面,且三者构成右手螺旋系统,如图 3.13 所示.在国际单位制中,角动量的单位为 kg·m²·s⁻¹.

2. 刚体绕定轴转动的角动量

下面来讨论绕定轴转动的刚体对转轴的角动量.如图 3.14 所示,质量为 m 的细杆,绕过中心且和杆垂直的 z 轴以角速度 ω 逆时针转动.在细杆上任取一质元 Δm_i,其绕转轴的转动半径为 r_i.根据式(3-21),质元 Δm_i 相对于点 O 的角动量为

$$L_i = \Delta m_i r_i v_i = \Delta m_i r_i^2 \omega_i$$

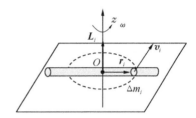

L_i 的方向与 z 轴重合,如图 3.14 所示.值得注意的是,当细杆的转动平面与转轴不垂直时,质元 Δm_i 对点 O 的角动量的方向并不与 z 轴重合,此时,将角动量沿转轴方向的分量 L_{iz},定义为质点对转轴的角动量.所以,这里的 L_i 就是质元 Δm_i 对 z 轴的角动量.

图 3.14　刚体绕定轴转动的角动量

由图 3.14 可知,刚体上所有质点对 z 轴的角动量方向都相同,且角速度均为 ω,所以,刚体对 z 轴的角动量为

$$L_z = \sum L_i = \left(\sum \Delta m_i r_i^2 \right) \omega \tag{3-22}$$

其中,$\sum \Delta m_i r_i^2$ 是刚体对 z 轴的转动惯量 J.由此,刚体对 z 轴的角动量为

$$L_z = J\omega \tag{3-23}$$

3.3.2　质点的角动量定理和刚体绕定轴转动的角动量定理

3.3.1 小节介绍了质点和刚体绕定轴转动的角动量,本小节来研究角动量的变化规律.

1. 质点的角动量定理

惯性系中一质量为 m 的质点,在合外力 $\sum F_i$ 的作用下运动,设 t 时刻,质点的速度为 v,相对于某参考点 O 的位矢为 r,则其角动量随时间的变化率为

$$\frac{\mathrm{d}\boldsymbol{L}}{\mathrm{d}t} = \frac{\mathrm{d}}{\mathrm{d}t}(\boldsymbol{r} \times m\boldsymbol{v}) = \boldsymbol{r} \times \frac{\mathrm{d}(m\boldsymbol{v})}{\mathrm{d}t} + \frac{\mathrm{d}\boldsymbol{r}}{\mathrm{d}t} \times m\boldsymbol{v}$$

上式右端 $\dfrac{\mathrm{d}\boldsymbol{r}}{\mathrm{d}t}$ 为质点的速度 $\boldsymbol{v}$，所以 $\dfrac{\mathrm{d}\boldsymbol{r}}{\mathrm{d}t} \times m\boldsymbol{v} = \boldsymbol{v} \times m\boldsymbol{v} = 0$，因此

$$\frac{\mathrm{d}\boldsymbol{L}}{\mathrm{d}t} = \boldsymbol{r} \times \frac{\mathrm{d}(m\boldsymbol{v})}{\mathrm{d}t} = \boldsymbol{r} \times \frac{\mathrm{d}\boldsymbol{p}}{\mathrm{d}t} \tag{3-24}$$

根据牛顿第二定律，有

$$\sum \boldsymbol{F}_i = \frac{\mathrm{d}\boldsymbol{p}}{\mathrm{d}t}$$

所以，式(3-24)也可写成

$$\frac{\mathrm{d}\boldsymbol{L}}{\mathrm{d}t} = \boldsymbol{r} \times \sum \boldsymbol{F}_i$$

其中，$\boldsymbol{r} \times \sum \boldsymbol{F}_i$ 就是合外力 $\sum \boldsymbol{F}_i$ 对参考点 O 的合外力矩，记为 $\boldsymbol{M}$. 所以，有

$$\boldsymbol{M} = \frac{\mathrm{d}\boldsymbol{L}}{\mathrm{d}t} \tag{3-25}$$

式(3-25)表明，作用在质点上的合外力对某参考点 O 的力矩等于质点对该点的角动量随时间的变化率，叫做**质点对参考点 O 的角动量定理**.

设惯性系中的 z 坐标轴通过参考点 O，则式(3-25)在 z 轴上的投影为

$$M_z = \frac{\mathrm{d}L_z}{\mathrm{d}t} \tag{3-26}$$

即作用在质点上的合外力对轴(z 轴)的力矩等于质点对该轴的角动量随时间的变化率，叫做**质点对轴的角动量定理**. 这里要指出，合外力对 z 轴上任意一点的力矩在 z 轴上的投影都等于合外力对 z 轴的力矩，读者可自行证明.

2. 刚体绕定轴转动的角动量定理

设一刚体以角速度 $\boldsymbol{\omega}$ 绕 z 轴转动，刚体上任取一质元 Δm_i，用 M_{iz} 表示 Δm_i 受到的合力对 z 轴的力矩，用 L_{iz} 表示 Δm_i 对 z 轴的角动量. 根据式(3-26)，有

$$M_{iz} = M_{iz\text{外}} + M_{iz\text{内}} = \frac{\mathrm{d}L_{iz}}{\mathrm{d}t}$$

其中，$M_{iz\text{外}}$ 表示作用于 Δm_i 的合外力对 z 轴的力矩，$M_{iz\text{内}}$ 表示刚体内其他质元对 Δm_i 作用的合内力对 z 轴的力矩.

将上式对刚体中所有质元应用后，再求和，有

$$\sum M_{iz} = \sum M_{iz\text{外}} + \sum M_{iz\text{内}} = \frac{\mathrm{d}\left(\sum L_{iz}\right)}{\mathrm{d}t}$$

其中，$\sum L_{iz}$ 是刚体对 z 轴的角动量，即 L_z，$\sum M_{iz外}$ 和 $\sum M_{iz内}$ 分别是刚体受到的合外力和合内力对 z 轴的力矩. 由式(3-7)，刚体内质点间相互作用的内力矩之和为零，即 $\sum M_{iz内} = 0$. 所以，有

$$\sum M_{iz外} = \frac{\mathrm{d}L_z}{\mathrm{d}t} \tag{3-27}$$

它表明，刚体绕某固定轴转动时，刚体受到的对该轴的合外力矩等于刚体对该轴的角动量对时间的变化率，称为**刚体绕定轴转动的角动量定理**.

3.3.3 质点绕定点运动和刚体绕定轴转动的角动量守恒定律

1. 质点的角动量守恒定律

由式(3-25)，当质点所受合外力对某参考点 O 的力矩 $\boldsymbol{M}=0$ 时，质点在运动过程中对该点的角动量将保持不变，即

$$\boldsymbol{L} = 恒矢量 \tag{3-28}$$

称为**质点对参考点 O 的角动量守恒定律**，简称质点的角动量守恒定律.

质点在运动中 $\boldsymbol{M}=0$ 的情况可能有下面两种：一种情况是质点在运动中所受合外力 $\sum \boldsymbol{F}_i = 0$，则 $\boldsymbol{M}=0$，如质点的匀速直线运动；另一种情况是当质点所受合外力不为零，但是合外力的作用线通过参考点 O（称为有心力或中心力），根据力矩的定义，仍有 $\boldsymbol{M}=0$，如质点的匀速圆周运动.

例 3.5 在地球绕太阳公转的过程中，当地球处于远日点时，地日之间的距离为 1.52×10^{11} m，轨道速度为 2.93×10^4 m・s^{-1}. 半年后，地球到达近日点，地日之间的距离为 1.47×10^{11} m. 求地球在近日点时的轨道速度和角速度.

解 如图 3.15 所示，在远日点和近日点时，地球的位矢与速度垂直，根据角动量的定义 $\boldsymbol{L}=\boldsymbol{r}\times m\boldsymbol{v}$，在远日点有 $L_1=r_1 m v_1$，在近日点有 $L_2=r_2 m v_2$.

由于太阳作用于地球的万有引力为有心力，所以，当以太阳为参考点时，地球的公转满足角动量守恒定律，所以

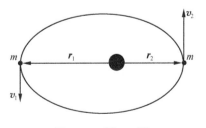

图 3.15　例 3.5 图

$$r_1 m v_1 = r_2 m v_2$$

$$v_2 = \frac{r_1 v_1}{r_2} = \frac{1.52 \times 10^{11} \times 2.93 \times 10^4}{1.47 \times 10^{11}} = 3.03 \times 10^4 (\mathrm{m \cdot s^{-1}})$$

即地球在近日点的速度为 3.03×10^4 m・s^{-1}.

根据速度与角速度的关系 $v = \boldsymbol{\omega} \times \boldsymbol{r}$,地球在近日点有

$$v_2 = \omega_2 r_2$$

$$\omega_2 = \frac{v_2}{r_2} = \frac{3.03 \times 10^4}{1.47 \times 10^{11}} = 2.06 \times 10^{-7}\,(\text{s}^{-1})$$

即地球在近日点的角速度为 2.06×10^{-7} s^{-1}.

2. 刚体绕定轴转动的角动量守恒定律

根据刚体绕定轴转动的角动量定理,当刚体所受合外力对转轴的力矩 $\sum M_{z外} = 0$ 时,刚体对该轴的角动量守恒,即

$$L_z = J\omega = 恒量 \tag{3-29}$$

式(3-29)被称为**刚体绕定轴转动的角动量守恒定律**. 可见,$\sum M_{z外} = 0$ 是刚体绕定轴转动的角动量守恒的条件,即当刚体不受力或所受合外力为过刚体转动中心的有心力时,刚体的角动量守恒.

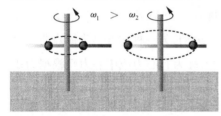

图 3.16　刚体绕定轴转动的角动量
守恒演示实验

现实生活中,有许多现象都可以用角动量守恒来解释. 例如,花样滑冰运动员在旋转时,先把两臂张开,然后迅速把两臂和腿向身体缩回,其转动加快. 根据角动量守恒定律,运动员在身体缩回的过程中,转动惯量变小,因而角速度增大. 图 3.16 为验证式(3-29)的演示实验,一根光滑的细杆上穿有质量相等的两个小球,细杆的中心固定在转轴上. 当转轴以 ω_1 逆时针开始旋转时,两个小球在惯性离心力[①]的作用下向细杆的两端运动,使细杆的转动惯量增大. 由刚体的角动量守恒定律可知,细杆转动的角速度 ω_2 应变小. 实验结果恰好与上述分析吻合,即当两球间距增大后,细杆的转动速度慢了下来.

例 3.6　如图 3.17 所示,一长为 l,质量为 M 的细杆,可绕水平轴 O 在竖直平面内转动,开始时杆自然地竖直悬垂. 现有一质量为 m 的子弹以水平速度 v 射入杆中 P 点,已知 P 点和杆下端的距离为 h,求细杆开始运动时的角速度.

---

①　惯性离心力是在转动参考系中引入的一种惯性力,其大小等于在惯性系中观测到的物体转动的向心力的大小,方向和向心力的方向相反. 但由于惯性离心力是个虚拟力,它只是运动物体的惯性在转动参考系中的表现,无反作用力,所以,不能说它和向心力是一对作用力和反作用力.

解 将子弹视为质点,则子弹与细杆在 P 点碰撞时,子弹和细杆的重力对轴 O 的力矩均为零,且碰撞瞬间两者之间的相互作用内力远远大于外力. 所以,由子弹和细杆组成的系统在碰撞瞬间角动量守恒. 由题意,碰后细杆和子弹将以相同的角速度逆时针转动.

细杆绕轴 O 的转动惯量 J 为

$$J = \frac{1}{3}Ml^2$$

碰前:细杆对轴 O 的角动量 $L_1 = 0$;

　　　子弹对轴 O 的角动量 $L_2 = rmv = mv(l-h)$.

碰后:细杆对轴 O 的角动量 $L_1' = J\omega$;

　　　子弹对轴 O 的角动量 $L_2' = rmv = (l-h)^2 m\omega$.

根据刚体绕定轴转动的角动量守恒定律,有

$$L_1 + L_2 = L_1' + L_2'$$

$$mv(l-h) = \left[\frac{1}{3}Ml^2 + m(l-h)^2\right]\omega$$

则碰后,杆的角速度为

$$\omega = \frac{mv(l-h)}{\frac{1}{3}Ml^2 + m(l-h)^2}$$

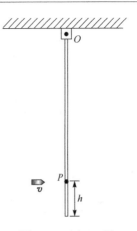

图 3.17 例 3.6 图

思 考 题

3.3-1 有两个质量相等、半径相同的圆盘和圆环平放在水平面上,如果作用在它们上面的外力矩相同,则转动的角加速度较大的是圆盘还是圆环? 如果它们以相同的角速度分别绕通过各自中心且与水平面垂直的轴转动,则动能较大的是圆盘还是圆环?

3.3-2 做匀速圆周运动的质点,其质量、速率和圆周的半径都是常数. 虽然其速度的方向时刻在改变,但总是与半径垂直. 所以,质点的角动量守恒. 这种说法对吗? 为什么?

3.4 刚体绕定轴转动的动能和动能定理

3.4.1 力矩的功

质点在力的作用下运动一段距离,力对空间的积累效应可用力对质点做的功来体现. 同样,刚体在力矩的作用下转过一定角度,力矩对空间的积累效应可用力矩对刚体做的功来体现.

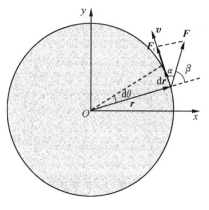

图 3.18　力矩的功

下面来计算刚体在力的作用下转过一定角度时,力矩对刚体做的功.如图 3.18 所示,刚体在合外力 $\boldsymbol{F}$ 的作用下,绕垂直于纸面指向读者方向的 z 轴转动,为计算简便,设合外力 $\boldsymbol{F}$ 的方向在垂直于 z 轴的平面内.若刚体转过一微小角度 $d\theta$,对应的元位移为 $d\boldsymbol{r}$,则有

$$dr = r\,d\theta$$

其中,r 是合外力 $\boldsymbol{F}$ 的作用点的位矢 $\boldsymbol{r}$ 的大小.设 $d\boldsymbol{r}$ 与合外力 $\boldsymbol{F}$ 的夹角为 α,则合外力 $\boldsymbol{F}$ 在这段位移上对刚体做的元功为

$$dW = \boldsymbol{F} \cdot d\boldsymbol{r} = F\cos\alpha\,dr = Fr\cos\alpha\,d\theta$$

设位矢 $\boldsymbol{r}$ 与合外力 $\boldsymbol{F}$ 的夹角为 β,由于元位移 $d\boldsymbol{r}$ 方向近似沿刚体运动的切向,所以,元位移 $d\boldsymbol{r}$ 与位矢 $\boldsymbol{r}$ 可看成是垂直的,则有 $\cos\alpha = \sin\beta$.于是,合外力 $\boldsymbol{F}$ 在这段位移上对刚体做的元功可改写为

$$dW = Fr\sin\beta\,d\theta$$

式中,$Fr\sin\beta$ 是合外力 $\boldsymbol{F}$ 对 z 轴的力矩,记为 M.则有

$$dW = M\,d\theta \tag{3-30}$$

所以,在刚体从 θ_0 转到 θ 的过程中,合外力 $\boldsymbol{F}$ 对刚体做的功为

$$W = \int dW = \int_{\theta_0}^{\theta} M\,d\theta \tag{3-31}$$

式(3-31)表明,刚体在绕定轴转动的过程中,合外力对刚体做的功等于该力对转轴的力矩与刚体的角位移的乘积.因此,将式(3-31)称为**力矩的功**.

3.4.2　转动动能

刚体在绕定轴转动时,由于刚体内部各个质点绕轴转动的线速度各不相同,所以,不能用 $E_k = \dfrac{1}{2}mv^2$ 来求刚体的动能,但可用 $E_k = \dfrac{1}{2}mv^2$ 来求刚体上每个质点的动能.设刚体绕定轴转动的角速度为 ω,任取刚体中相对于转轴的垂直距离为 r_i 的一个质元 Δm_i,则该质元的动能为

$$E_{ki} = \frac{1}{2}\Delta m_i v_i^2 = \frac{1}{2}\Delta m_i r_i^2 \omega_i^2$$

刚体的转动动能应为刚体中所有质元的动能之和.所以,有

$$E_k = \sum E_{ki} = \sum \frac{1}{2} \Delta m_i r_i^2 \omega_i^2$$

刚体定轴转动时,刚体上所有质元的角速度均相同.因此,上式可改写成

$$E_k = \frac{1}{2} \sum (\Delta m_i r_i^2) \omega^2 = \frac{1}{2} J \omega^2 \tag{3-32}$$

式中,$\sum (\Delta m_i r_i^2)$ 是刚体对转轴的转动惯量.

式(3-32)叫做**刚体的转动动能**.即刚体在转动时所具有的动能只与刚体对转轴的转动惯量及其运动的角速度有关.

3.4.3 刚体绕定轴转动的动能定理

由式(3-30),刚体在转过 $d\theta$ 过程中,合外力对转轴的力矩对刚体做的元功为

$$dW = Md\theta$$

设刚体转动的角速度为 ω,转过 $d\theta$ 所用时间为 dt,有 $d\theta = \omega dt$,则

$$dW = M\omega dt \tag{3-33}$$

根据刚体的定轴转动定律,有

$$M = J\alpha = J\frac{d\omega}{dt}$$

将上式代入式(3-33)中,整理得

$$dW = J\omega d\omega \tag{3-34}$$

设刚体从 θ_0 转到 θ 时,角速度从初始时刻的 ω_0 变为 ω,则在此过程中,合外力对转轴的力矩对刚体做的功为

$$W = \int dW = \int_{\omega_0}^{\omega} J\omega d\omega = \frac{1}{2} J\omega^2 - \frac{1}{2} J\omega_0^2 \tag{3-35}$$

上式表明,在刚体的定轴转动中,刚体所受合外力对转轴的力矩所做的功等于刚体转动动能的增量,这一结论叫做**刚体绕定轴转动的动能定理**.

例 3.7 有一质量为 m,长为 L 的均质细杆绕其一端在水平面上转动,杆与水平面之间的摩擦系数为 μ.若开始时,杆的角速度为 ω_0,求:

(1) 杆在转动过程中所受的摩擦阻力矩;

(2) 杆从开始转动到最后停下来摩擦阻力矩所做的功.

解 (1) 建立如图 3.19 所示坐标系,在 x 处任取以一微小长度 dx,其对应的质量为 dm,有

图 3.19 例 3.7 图

$$dm = \frac{m}{L} dx$$

　　由于杆上各质元与 O 点的距离不同,各质元所受的阻力矩不同,所以整个杆所受的阻力矩的计算要用积分法.质量元 $\mathrm{d}m$ 所受的摩擦阻力矩为

$$\mathrm{d}M = x\mu g\,\mathrm{d}m = \mu g\,\frac{m}{L}x\,\mathrm{d}x$$

整个杆所受的阻力矩为

$$M = \int\mathrm{d}M = \mu g\,\frac{m}{L}\int_0^L x\,\mathrm{d}x = \frac{1}{2}\mu mgL$$

　　(2) 由刚体绕定轴转动的动能定理,阻力矩所做的功等于杆的转动动能的增量,所以有

$$W = \frac{1}{2}J\omega^2 - \frac{1}{2}J\omega_0^2 = -\frac{1}{2}\left(\frac{1}{3}mL^2\right)\omega^2 = -\frac{1}{6}m\omega_0^2$$

* 3.4.4　刚体的重力势能

　　当有保守力的力矩对绕定轴转动的刚体做功时,可引入势能的概念.对质量为 m 的刚体,其重力势能等于刚体上所有质元的重力势能之和.如图 3.20 所示,设刚体上任一质元 Δm_i,距势能零点的高度为 h_i,则该质元的重力势能为

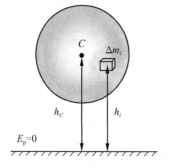

图 3.20　刚体的重力势能

$$E_{\mathrm{p}i} = \Delta m_i g h_i$$

则刚体的重力势能为

$$E_{\mathrm{p}} = \sum \Delta m_i g h_i = mg\,\frac{\sum \Delta m_i h_i}{m}$$

其中,$\sum \Delta m_i h_i/m$ 是刚体的质心[①]距势能零点的高度,记为 h_C.所以,有

$$E_{\mathrm{p}} = mgh_C \tag{3-36}$$

即**刚体的重力势能**等于刚体的重力与其质心距势能零点的高度之积.

思　考　题

　　3.4-1　质点系动能的改变与外力做功和内力做功都有关,为什么刚体绕定轴转动时转动动能的改变只与外力矩的功有关,而与内力矩的功无关?

---

　　① 质心是为研究质点系的整体运动而提出的概念.设质点系的质量为 m,其上任一质点 Δm_i 相对于参考系的位矢为 $\boldsymbol{r}_i$,则质点系的质心的位矢为 $\boldsymbol{r}_c = \dfrac{\sum \Delta m_i \boldsymbol{r}_i}{m}$.对于形状规则、质量分布均匀的圆盘、细杆和圆球等物体,其质心在物体的几何中心.

本 章 提 要

1. 刚体

内部任意两点间的距离不因力的作用而改变的理想模型.

2. 刚体的平动和转动

(1) 刚体的基本运动形式:平动和转动.

(2) 角速度矢量:
$$\omega = \frac{\mathrm{d}\theta}{\mathrm{d}t}$$

方向沿转轴方向,且与刚体的转动方向组成右手螺旋系统.

(3) 角加速度矢量:
$$\boldsymbol{\alpha} = \frac{\mathrm{d}\boldsymbol{\omega}}{\mathrm{d}t}$$

(4) 线速度和角速度的关系: $\boldsymbol{v} = \boldsymbol{\omega} \times \boldsymbol{r}$

3. 刚体的定轴转动

(1) 力 $\boldsymbol{F}$ 对参考点 O 的力矩: $\boldsymbol{M} = \boldsymbol{r} \times \boldsymbol{F}$

(2) 力 $\boldsymbol{F}$ 对 z 轴的力矩: $M_z = rF_\perp \sin\theta$

(3) 转动惯量:
$$J = \sum (\Delta m_i r_i^2)$$

质量连续分布:
$$J = \int r^2 \mathrm{d}m$$

(4) 刚体的定轴转动定律:做定轴转动的刚体,在总外力矩 M 的作用下,所获得的角加速度与总外力矩的大小成正比,与刚体的转动惯量成反比:

$$M = J\alpha$$

4. 角动量和角动量守恒定律

(1) 质点对参考点的角动量: $\boldsymbol{L} = \boldsymbol{r} \times \boldsymbol{p} = \boldsymbol{r} \times m\boldsymbol{v}$

(2) 刚体对转轴的角动量: $L_z = J\omega$

(3) 质点对参考点 O 的角动量定理:作用在质点上的合外力对某参考点 O 的力矩等于质点对该点的角动量随时间的变化率.

$$\boldsymbol{M} = \frac{\mathrm{d}\boldsymbol{L}}{\mathrm{d}t}$$

(4) 刚体绕定轴转动的角动量定理:刚体绕某固定轴转动时,刚体受到的对该轴的合外力矩等于刚体对该轴的角动量对时间的变化率.

$$\sum M_{z外} = \frac{\mathrm{d}L_z}{\mathrm{d}t}$$

(5) 质点的角动量守恒定律:当质点所受合外力对某参考点 O 的力矩 $\boldsymbol{M} = 0$ 时,质点在运动过程中对该点的角动量将保持不变.

$$(\boldsymbol{M}=0) \quad \boldsymbol{L}=恒矢量$$

（6）刚体绕定轴转动的角动量守恒定律：当刚体所受合外力对转轴的力矩 $\sum M_{z外}=0$ 时，刚体对该轴的角动量守恒．

$$\left(\sum M_{z外}=0\right) \quad L_z=J\omega=恒量$$

5. 刚体绕定轴转动的动能定理

（1）力矩的功：
$$W=\int\mathrm{d}W=\int_{\theta_0}^{\theta}M\mathrm{d}\theta$$

（2）刚体的转动动能：
$$E_k=\frac{1}{2}J\omega^2$$

（3）刚体绕定轴转动的动能定理：在刚体的定轴转动中，刚体所受合外力对转轴的力矩所做的功等于刚体转动动能的增量．

$$W=\frac{1}{2}J\omega^2-\frac{1}{2}J\omega_0^2$$

（4）刚体的重力势能：
$$E_p=mgh_C$$

习　题

3-1　当飞轮做加速转动时，对于飞轮上到轮心距离不等的两点的切向加速度 a_t 和法向加速度 a_n 有（　　）

A. a_t 相同，a_n 相同，　　　　　　　　B. a_t 相同，a_n 不同，

C. a_t 不同，a_n 相同，　　　　　　　　D. a_t 不同，a_n 不同．

3-2　一个力 $\boldsymbol{F}=3\boldsymbol{i}+5\boldsymbol{j}$ N，其作用点的矢径为 $\boldsymbol{r}=4\boldsymbol{i}-3\boldsymbol{j}$ m，则该力对坐标原点的力矩为

_____．

3-3　两个质量分布均匀的圆盘 A 和 B 的密度分别为 ρ_A 和 $\rho_B(\rho_A>\rho_B)$，且两圆盘的总质量和厚度均相同. 设两圆盘对通过盘心且垂直于盘面的轴的转动惯量分别为 J_A 和 J_B，则有（　　）

A. $J_A>J_B$，　　　　　　　　　　　　B. $J_A<J_B$，

C. $J_A=J_B$，　　　　　　　　　　　　D. 不能确定 J_A,J_B 哪个大.

3-4　如习题 3-4 图所示，两长度均为 L、质量分别为 m_1 和 m_2 的均匀细杆，首尾相连地连成一根长直细杆（其各自的质量保持分布不变）. 试计算该长直细杆对过端点 O（在 m_1 上）且垂直于长直细杆的轴的转动惯量.

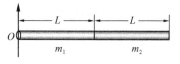

习题 3-4 图

3-5　有两个力作用在一个有固定转轴的刚体上，下列说法不正确的是（　　）

A. 这两个力都平行于轴作用时，它们对轴的合力矩一定是零，

B. 这两个力都垂直于轴作用时，它们对轴的合力矩可能是零，

C. 当这两个力对轴的合力矩为零时，它们的合力也一定是零，

D. 只有这两个力在转动平面内的分力对转轴产生的力矩，才能改变刚体绕转轴转动的运动状态.

3-6　如习题 3-6 图所示，一个飞轮的质量为 $m = 60$ kg，半径 $R = 0.25$ m，转速为 1000 r·min^{-1}. 现在要制动飞轮，要求在 $t = 5.0$ s 内使其均匀的减速而最后停下来. 设平板与飞轮间的滑动摩擦系数为 $\mu = 0.8$，飞轮的质量可看成是全部均匀分布在轮的边缘上. 求平板对轮子的压力为多大？

3-7　如习题 3-7 图所示，质量均为 m 的物体 A 和 B 叠放在水平面上，由跨过定滑轮的不可伸长的轻质细绳相互连接. 设定滑轮的质量为 m，半径为 R，且 A 与 B 之间、A 与桌面之间、滑轮与轴之间均无摩擦，绳与滑轮之间无相对滑动. 物体 A 在恒力 $\boldsymbol{F}$ 的作用下运动后，求：

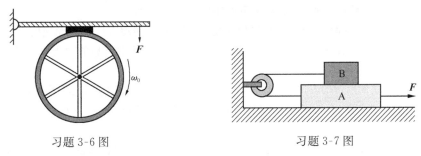

习题 3-6 图　　　　　　　　　　　　　　　　　习题 3-7 图

(1) 滑轮的角加速度；
(2) 物体 A 与滑轮之间的绳中的张力；
(3) 物体 B 与滑轮之间的绳中的张力.

3-8　如习题 3-8 图所示，质量分别为 m_1 和 m_2 的物体 A 和 B 用一根质量不计的轻绳相连，此绳跨过一半径为 R、质量为 m 的定滑轮. 若物体 A 与水平面间是光滑接触，求：绳中的张力 T_1 和 T_2 各为多少（忽略滑轮转动时与轴承间的摩擦力，且绳子相对滑轮没有滑动）？

*3-9　如习题 3-9 图所示，物体 A 和 B 分别悬挂在定滑轮的两边，该定滑轮由两个同轴的，且半径分别为 r_1 和 $r_2(r_1 > r_2)$ 的圆盘组成. 已知两物体的质量分别为 m_1 和 m_2，定滑轮的转动惯量为 J，轮与轴承间的摩擦、轮与绳子间的摩擦均忽略不计. 求两物体运动的加速度.

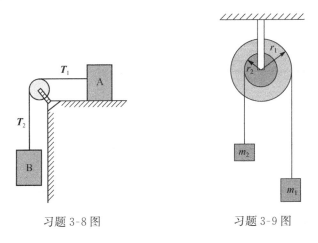

习题 3-8 图　　　　　　　　　　　　　　　　习题 3-9 图

3-10　下面说法中正确的是(　　　)

A. 物体的动量不变,动能也不变,　　　　B. 物体的动量不变,角动量也不变,

C. 物体的动量变化,角动量也一定变化,　　D. 物体的动能变化,动量却不一定变化.

3-11　一质量为 m 的质点沿着一条空间曲线运动,该曲线在直角坐标系下的定义式为 $r=a\cos\omega t\boldsymbol{i}+b\sin\omega t\boldsymbol{j}$,其中 a,b,ω 都是常数. 则此质点所受的对原点的力矩 $\boldsymbol{M}=$ _____ ;该质点对原点的角动量 $\boldsymbol{L}=$ _____ .

*3-12　在水平面上放有一质量为 m、半径为 R 的匀质圆盘,圆盘与水平面间的摩擦系数为 μ. 设 $t=0$ 时刻,圆盘以角速度 ω 开始绕其中心轴转动. 求:

(1) 圆盘在转动中所受的摩擦阻力矩;

(2) 圆盘从开始转动到停止下来所用的时间.

3-13　一人手拿两个哑铃,两臂平伸并绕右足尖旋转,转动惯量为 J,角速度为 ω. 若此人突然将两臂收回,转动惯量变为 $J/3$,如忽略摩擦力. 求此人收臂后的动能与收臂前的动能之比.

3-14　一质量为 m 的人站在一质量为 m、半径为 R 的水平圆盘上,圆盘可无摩擦地绕通过其中心的竖直轴转动. 系统原来是静止的,后来人沿着与圆盘同心,半径为 $r(r<R)$ 的圆周走动. 求当人相对于地面的走动速率为 v 时,圆盘转动的角速度为多大?

3-15　地球对自转轴的转动惯量是 $0.33m_0R^2$,其中,m_0 是地球的质量(5.98×10^{24} kg),R 是地球的半径(6370 km). 求地球的自转动能.

3-16　一转动惯量为 J 的圆盘绕一固定轴转动,起初角速度为 ω_0,设它所受阻力矩与转动角速度之间的关系为 $M=-k\omega(k$ 为正常数). 则在它的角速度从 ω_0 变为 $1/2\omega_0$ 过程中阻力矩所做的功为多少?

3-17　如习题 3-17 图所示,一根质量为 m、长为 l 的均匀细棒,可绕通过其一段的光滑轴 O 在竖直平面内转动. 设 $t=0$ 时刻,细棒从水平位置开始自由下摆. 求细棒摆到竖直位置时其中心点 C 和端点 A 的速度.

3-18　如习题 3-18 图所示,斜面倾角为 θ,位于斜面顶端的卷扬机的鼓轮半径为 r,转动惯量为 J,受到驱动力矩 $\boldsymbol{M}$ 作用,通过绳索牵引斜面上质量为 m 的物体,物体与斜面间的摩擦系数为 μ,求重物上滑的加速度(绳与斜面平行,绳的质量不计,且不可伸长).

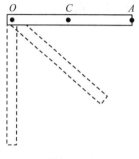

习题 3-17 图

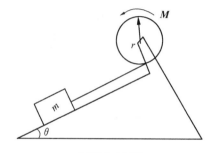

习题 3-18 图

3-19　如习题3-19图所示,将长为 l 的匀质直杆和一等长的单摆悬挂在同一点,杆和单摆摆锤的质量都是 m. 开始时直杆自然下垂,将单摆摆锤拉到高度 h_0,令摆锤自静止状态下摆,于铅锤位置与直杆发生完全弹性碰撞,求碰撞后直杆下端达到的高度.

*3-20　如习题3-20图所示,一长为 l,质量为 m 的均匀细棒,可绕光滑轴 O 在竖直面内转动,轴 O 与地面间的距离也为 l. 棒由水平位置从静止下落,转到竖直位置时与原来静止于地面上的质量也为 m 的小滑块发生弹性碰撞,碰撞时间极短. 已知滑块与地面间的摩擦系数为 μ,碰撞后,滑块移动 s 距离后停止,棒继续沿原方向转动. 问碰撞后,棒的质心 C 离地面的最大高度 h 为多少?

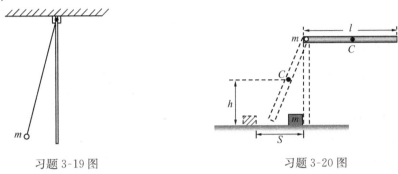

习题 3-19 图　　　　　　　　　　　习题 3-20 图

【科学家简介】

　　牛顿(Isaac Newton, 1643 — 1727),英国伟大的物理学家、数学家、天文学家,经典力学体系的奠基人. 牛顿出生于英国北部林肯郡的一个农民家庭,从小喜欢自然,喜欢动脑动手,他曾因贫困而退学,但他利用一切时间自学.1661 年牛顿考上剑桥大学特里尼蒂学校,1665 年毕业,这时正赶上鼠疫,牛顿回家避疫两年,期间几乎考虑了他一生中所研究的各个方面. 牛顿对科学的痴迷使他终生未婚. 他一生中的几个重要贡献:发现了万有引力定律、建立了经典力学、创立了微积分,在光学领域也有突出的贡献. 相比于他的理论,牛顿更伟大的贡献是使人们打破几千年来神的意志统治世界的思想,开始相信科学,开始相信没有任何东西是智慧所不能确切知道的. 牛顿是一个远远超过那个时代所有人智慧的科学巨人,他对真理的探索是如此痴迷,以至于他的理论成果都是在别人的敦促下才公诸于世的,对牛顿来说创造本身就是最大的乐趣.

第 4 章　狭义相对论

【学习目标】

理解爱因斯坦的两个假设和由此得到的洛伦兹变换,理解运动中的时胀尺缩,了解相对论力学.

19 世纪末,经典物理学理论已经发展到相当完备的阶段,力学、热力学、电磁学以及光学,都已经建立了完整的理论体系,在应用上也取得了巨大成果. 其主要标志是:物体的机械运动在其速度远小于光速的情况下,严格遵守牛顿力学的规律;电磁现象总结为麦克斯韦方程组;光现象有光的波动理论,最后也归结为麦克斯韦方程组;热现象有热力学和统计物理的理论. 在当时看来,物理学已经是一座完美的大厦. 多数物理学家认为物理学的重要定律均已找到,伟大的发现不会再有了,理论已相当完善了,以后的工作无非是在提高实验精度和理论细节上做些补充和修正,使常数测的更精确而已. 英国著名物理学家开尔文在一篇展望 20 世纪物理学的文章中,就曾谈到:"在已经基本建成的科学大厦中,后辈物理学家只要做一些零碎的修补工作就行了."然而,正当物理学界沉浸在满足的欢乐之中的时候,从实验上陆续出现了一系列重大发现,如固体比热、黑体辐射、光电效应、原子结构这些新现象都涉及物质内部的微观过程,用已经建立起来的经典理论进行解释显得无能为力. 特别是关于黑体辐射的实验规律,运用经典理论得出的瑞利-金斯公式,虽然在低频部分与实验结果符合得比较好,但是,随着频率的增加,辐射能量单调地增加,在高频部分趋于无限大,即在紫色一端发散,这一情况被埃伦菲斯特称为"紫外灾难";对迈克耳孙-莫雷实验所得出的"零结果"更是令人费解,实验结果表明,根本不存在"以太漂移". 这引起了物理学家的震惊,反映出经典物理学面临着严峻的挑战. 这两件事当时开尔文在同文中称为"在物理学晴朗的天空的远处还有两朵小小的、令人不安的乌云",然而就"两朵小小的乌云",给物理学带来了一场深刻的革命,而正是人们对这两朵乌云的思考和探究,后来形成了两门学科:相对论和量子力学,这就是现代物理学的开端.

4.1　伽利略变换式　经典力学的相对性原理

经典力学认为时间、空间和运动是彼此分离的,即绝对时空观.

伽利略相对性原理指明,一切彼此做匀速直线运动的惯性系,对于描写运动的力学规律来说是完全等价的. 就是说,不可能通过力学规律从中特别选出所谓的绝对静止的惯性系.

4.1.1　经典力学的相对性原理

为了描述物体的机械运动,需要选择适当的参考系. 牛顿运动定律适用的参考系称作惯性系,相对于某惯性系做匀速直线运动的参考系都是惯性系. 力学定律对所有的惯性系都适用,也就是说,力学现象对于不同的惯性系,都遵循同样的规律,在研究力学规律时,所有的惯性系都是等价的,没有一个参考系比别的参照系具有绝对的或优越的地位,这就是经典力学的相对性原理.

4.1.2　伽利略时空变换式

如图 4.1 所示,有两个惯性系 S、S',相应坐标轴平行,S' 相对 S 以 v 沿 x' 正向匀速运动,$t=t'=0$ 时,O 与 O' 重合.

现在考虑 P 点发生的一个事件:

S 系观察者测出这一事件时空坐标为 (x,y,z,t);

S' 系观察者测出这一事件时空坐标为 (x',y',z',t');

按经典力学观点,可得到两组坐标关系为

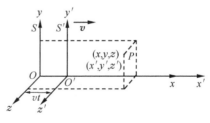

图 4.1　伽利略变换

$$\begin{cases} x' = x - vt \\ y' = y \\ z' = z \\ t' = t \end{cases} \quad 或 \quad \begin{cases} x = x' + vt' \\ y = y' \\ z = z' \\ t = t' \end{cases} \tag{4-1}$$

式(4-1)是伽利略时空变换式及逆变换公式.

4.1.3　经典力学时空观

1. 时间间隔的绝对性

设有两事件 P_1、P_2,在 S 系中测得发生时刻分别为 t_1、t_2,在 S' 系中测得发生时刻分别为 t_1'、t_2'. 在 S 系中测得两事件发生时间间隔为 $\Delta t = t_2 - t_1$,在 S' 系测得两事件发生的时间间隔为 $\Delta t' = t_2' - t_1'$. 因为 $t_1' = t_1, t_2' = t_2$,所以就有 $\Delta t' = \Delta t$. 此结果表示在经典力学中无论从哪个惯性系来测量两个事件的时间间隔,所得结果是相同的,即时间间隔是绝对的,与参考系无关.

2. 空间间隔的绝对性

设一棒,静止在 S' 系上,沿 x' 轴放置,在 S' 系中测得棒两端的坐标为 x'_1、$x'_2(x'_2>x'_1)$,棒长为 $l'=x'_2-x'_1$,在 S 系中同时测得棒两端坐标分别为 x_1、$x_2(x_2>x_1)$,则棒长为 $l=x_2-x_1=(x'_2+vt)-(x'_1+vt)=x'_2-x'_1$,即 $l'=l$. 此结果表示在不同惯性系中测量同一物体长度,所得长度相同,即空间间隔是绝对的,与参照系无关.

上述结论是经典时空观(绝对时空观)的必然结果,它认为时间和空间是彼此独立的,互不相关的、并且独立于物质和运动之外的(不受物质或运动影响的)某种东西.

4.1.4　伽利略速度变换式

下面可以看到物体的加速度做伽利略变换时是不变的. 由伽利略变换,把等式两边对时间求导数,可得

$$\begin{cases} v'_x = v_x - v \\ v'_y = v_y \\ v'_z = v_z \end{cases} \quad 及 \begin{cases} v_x = v'_x + v \\ v_y = v'_y \\ v_z = v'_z \end{cases} \quad (注意\ t'=t,\mathrm{d}t'=\mathrm{d}t) \qquad (4\text{-}2)$$

式(4-2)是伽利略变换下的速度变换公式.

把式(4-2)两边再对时间求导数,有

$$\begin{cases} a'_x = a_x \\ a'_y = a_y \\ a'_z = a_z \end{cases} \qquad (4\text{-}3)$$

式(4-3)表明,从不同的惯性系所观察到的同一质点的加速度是相同的,或者说物体的加速度对伽利略变换是不变的. 进一步可知,牛顿第二定律对伽利略变换是不变的.

4.2　迈克耳孙-莫雷实验

由于经典力学认为时间和空间都是与观测者的相对运动无关,是绝对不变的,所以可以设想,在所有惯性系中,一定存在一个与绝对空间相对静止的参考系,即绝对参考系. 但是,力学的相对性原理指明,所有的惯性系对力学现象都是等价的,因此不可能用力学方法来判断不同惯性系中哪一个是绝对静止的. 那么能不能用其他方法(如电磁方法)来判断呢?

1856 年麦克斯韦提出电磁场理论时,曾预言了电磁波的存在,并认为电磁波将以 3×10^8 m·s^{-1} 的速度在真空中传播,由于这个速度与光的传播速度相同,所以人们认为光是电磁波. 当 1888 年赫兹在实验室中产生电磁波以后,光作为电磁波的一部分,在理论上和实验上就完全确定了. 传播机械波需要介质,因此,在光的电磁理论发展初期,人们认为光和电磁波也需要一种弹性介质. 19 世纪的物理学家们称这种介质为以太,他们认为以太充满整个空间,即使真空也不例外,并且他们认为在远离天体范围内,这种以太是绝对静止的,因而可用它来作绝对参考系. 根据这种看法,如果能借助某种方法测出地球相对于以太的速度,作为绝对参考系的以太也就被确定了. 在历史上,曾有许多物理学家做了很多实验来寻求绝对参考系,但都没得出预期的结果. 其中最著名的实验是 1881 年迈克耳孙探测地球在以太中运动速度的实验,以及后来迈克耳孙和莫雷在 1887 年所做的更为精确的实验. 实验装置如图 4.2 所示,它就是对光波进行精密测量的迈克耳孙干涉仪. 整个装置可绕垂直于图面的轴线转动,并保持 $PM_1=PM_2=L$ 固定不变. 设地球相对于绝对参考系(以太)的运动自左向右,速度为 v,设以太参考系为 S 系,实验室参考系为 S' 系.

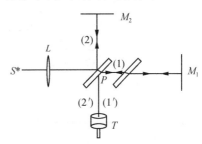

图 4.2 迈克耳孙-莫雷实验

(1) 在 S' 系中,也就是在实验室中,光从 $P\rightarrow M_1$ 再从 $M_1\rightarrow P$ 所用时间为

$$t_1 = \frac{L}{c-v} + \frac{L}{c+v} = \frac{2Lc}{c^2-v^2} = \frac{\dfrac{2L}{c}}{1-\dfrac{v^2}{c^2}}$$

$$= \frac{2L}{c}\left(1 + \frac{v^2}{c^2} + \frac{v^4}{c^4} + \cdots\right) \approx \frac{2L}{c}\left(1 + \frac{v^2}{c^2}\right), \quad (v \ll c)$$

(2) 由图 4.3 和图 4.4 在 S' 系中,光从 $P\rightarrow M_2$ 再从 $M_2\rightarrow P$ 的速度均为 $(c^2-v^2)^{\frac{1}{2}}$,所以光从 $P\rightarrow M_2\rightarrow P$ 所用时间为

$$t_2 = \frac{\dfrac{2L}{c}}{\sqrt{1-v^2/c^2}} \approx \frac{2L}{c}\left(1 + \frac{v^2}{2c^2}\right), \quad \left(\text{对} \frac{1}{\sqrt{1-\dfrac{v^2}{c^2}}} \text{做级数展开}\right)$$

从 S' 系来看(地球上或仪器上),P 点发出的两束光到达望远镜时间差为

$$\Delta t = t_1 - t_2 = \frac{2L}{c}\left(1 + \frac{v^2}{c^2}\right) - \frac{2L}{c}\left(1 + \frac{v^2}{2c^2}\right) = \frac{Lv^2}{c^3}$$

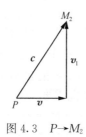

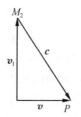

图 4.3　$P \rightarrow M_2$　　　　　　　　　　　图 4.4　$M_2 \rightarrow P$

于是,两束光光程差为 $\delta = c \Delta t = \dfrac{L v^2}{c^2}$. 若把仪器旋转 $90°$,则前、后两次的光程

差 $2\delta = \dfrac{2L v^2}{c^2}$. 在此过程中,$T$ 中应有 $\Delta N = \dfrac{2\delta}{\lambda} = \dfrac{2L v^2}{\lambda c^2}$ 条条纹移过某参考线. 式中 λ,c

均为已知,如能测出条纹移动的条数 ΔN,即可由上式算出地球相对以太的绝对速度 v,从而就可以把以太作为绝对参考系了.

在迈克耳孙-莫雷实验中,L 约为 10 m,光波波长为 500 nm,再把地球公转速度 3×10^4 m · s^{-1} 代入,则得 $\Delta N = 0.4$. 因为迈克耳孙干涉仪非常精细,它可以观察到 $1/100$ 的条纹移动,因此,迈克耳孙和莫雷应当毫无困难地观察到 0.4 条条纹移动. 但是,他们没有观察到这个现象. 迈克耳孙实验的失败告诉人们作为绝对参考系的以太是不存在的.

结论:(1)迈克耳孙实验否定了以太的存在.

(2) 迈克耳孙实验说明了地球上光速沿各个方向都是相同的(此时 $\delta = 0$,所以无条纹移动).

思　考　题

4.2-1　推翻牛顿的经典时空观的直接原因是什么? 经典电磁学与牛顿的经典时空观有哪些矛盾?

4.2-2　迈克耳孙-莫雷实验的零结果说明什么问题? 它能否作为光速不变原理的证明?

4.3　爱因斯坦狭义相对论基本假设　洛伦兹变换

4.3.1　爱因斯坦假设

1905 年爱因斯坦发表一篇关于狭义相对论的假设的论文《论动体的电动力学》,提出了两个基本假设.

1. 相对性原理

相对性原理:物理学规律在所有惯性系中都是相同的,或物理学定律与惯性系的选择无关,所有的惯性系都是等价的.

此假设肯定了一切物理规律(包括力、电、光等)都应遵从同样的相对性原理.可以看出,它是力学相对性原理的推广.它也间接地指明了,无论用什么物理实验方法都找不到绝对参考系.

2. 光速不变原理

光速不变原理指出,在所有惯性系中,测得真空中光速均有相同的量值 c. 它与经典结果恰恰相反,用它能解释迈克耳孙-莫雷实验.

4.3.2 洛伦兹坐标变换

根据狭义相对论两条基本原理,可以导出新的时空关系(爱因斯坦的假设否定了伽利略变换,所以要导出新的时空关系).如图 4.5 所示,设有一静止惯性参考系 S,另一惯性系 S' 沿 x' 轴正向相对 S 以 v 匀速运动,$t=t'=0$ 时,相应坐标轴重合.某一事件 P 在 S,S' 上时空坐标 (x,y,x,t) 与 (x',y',z',t') 变换关系将如何?

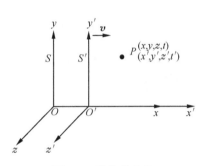

图 4.5 洛伦兹变换

用相对性原理和光速不变原理可以求出该事件在 S 系、S' 系中的时空变换关系式如下:

$$
\begin{cases}
x' = \dfrac{x - vt}{\sqrt{1-\beta^2}} \\
y' = y \\
z' = z \\
t' = \dfrac{t - \dfrac{v}{c^2}x}{\sqrt{1-\beta^2}}
\end{cases}
\quad 或 \quad
\begin{cases}
x = \dfrac{x' + vt'}{\sqrt{1-\beta^2}} \\
y = y' \\
z = z' \\
t = \dfrac{t' + \dfrac{v}{c^2}x'}{\sqrt{1-\beta^2}}
\end{cases}
\tag{4-4}
$$

式中,$\beta = v/c$.

讨论:

(1)容易看出时间与空间是相联系的,这与经典情况截然不同.

(2)因为时空坐标都是实数,所以 $\sqrt{1-\beta^2} = \sqrt{1 - \dfrac{v^2}{c^2}}$ 为实数,要求 $v < c$. v 代表选为参考系的任意两个惯性系的相对速度.可知,物体的速度上限为 c,$v \geqslant c$ 时洛伦兹变换无意义.

(3) 当 $\dfrac{v}{c} \ll 1$ 时,有

$$\begin{cases} x' = x - vt \\ y' = y \\ z' = z \\ t' = t \end{cases} \tag{4-5}$$

$$\text{或} \begin{cases} x = x' + vt' \\ y = y' \\ z = z' \\ t = t' \end{cases} \tag{4-6}$$

即洛伦兹变换变为伽利略变换,$v \ll c$ 叫做经典极限条件.

4.3.3   相对论速度变换

现在来推导相对论速度变换式,讨论在 S、S' 系上测运动中某一质点在某一瞬时的速度

S 系上

$$\begin{cases} v_x = \dfrac{\mathrm{d}x}{\mathrm{d}t} \\[2mm] v_y = \dfrac{\mathrm{d}y}{\mathrm{d}t} \\[2mm] v_z = \dfrac{\mathrm{d}z}{\mathrm{d}t} \end{cases} \tag{4-7}$$

S' 系上

$$\begin{cases} x' = \dfrac{x - vt}{\sqrt{1 - \beta^2}} \\[2mm] y' = y \\ z' = z \\[2mm] t' = \dfrac{t - \dfrac{v}{c^2}x}{\sqrt{1 - \beta^2}} \end{cases} \tag{4-8}$$

由坐标变换得到

$$\begin{cases} \mathrm{d}x' = \dfrac{\mathrm{d}x - v\,\mathrm{d}t}{\sqrt{1 - \beta^2}} \\[2mm] \mathrm{d}y' = \mathrm{d}y \\ \mathrm{d}z' = \mathrm{d}z \\[2mm] \mathrm{d}t' = \dfrac{\mathrm{d}t - \dfrac{v}{c^2}\mathrm{d}x}{\sqrt{1 - \beta^2}} \end{cases} \tag{4-9}$$

$$\begin{cases} v'_x = \dfrac{\mathrm{d}x'}{\mathrm{d}t'} = \dfrac{\mathrm{d}x - v\,\mathrm{d}t}{\mathrm{d}t - \dfrac{v}{c^2}\mathrm{d}x} = \dfrac{\dfrac{\mathrm{d}x}{\mathrm{d}t} - v}{1 - \dfrac{v}{c^2}\dfrac{\mathrm{d}x}{\mathrm{d}t}} = \dfrac{v_x - v}{1 - \dfrac{v}{c^2}v_x} \\[4mm] v'_y = \dfrac{\mathrm{d}y'}{\mathrm{d}t'} = \dfrac{\mathrm{d}y}{\dfrac{\mathrm{d}t - \dfrac{v}{c^2}\mathrm{d}x}{\sqrt{1-\beta^2}}} = \dfrac{\dfrac{\mathrm{d}y}{\mathrm{d}t}}{\dfrac{1 - \dfrac{v}{c^2}\dfrac{\mathrm{d}x}{\mathrm{d}t}}{\sqrt{1-\beta^2}}} = \dfrac{v_y}{\dfrac{1 - \dfrac{v}{c^2}v_x}{\sqrt{1-\beta^2}}} \\[4mm] v'_z = \dfrac{\mathrm{d}z'}{\mathrm{d}t'} = \dfrac{\mathrm{d}z}{\dfrac{\mathrm{d}t - \dfrac{v}{c^2}\mathrm{d}x}{\sqrt{1-\beta^2}}} = \dfrac{\dfrac{\mathrm{d}z}{\mathrm{d}t}}{\dfrac{1 - \dfrac{v}{c^2}\dfrac{\mathrm{d}x}{\mathrm{d}t}}{\sqrt{1-\beta^2}}} = \dfrac{v_z}{\dfrac{1 - \dfrac{v}{c^2}v_x}{\sqrt{1-\beta^2}}} \end{cases} \tag{4-10}$$

于是得到速度变换式,即

$$\begin{cases} v'_x = \dfrac{v_x - v}{1 - \dfrac{v}{c^2}v_x} \\[3mm] v'_y = \dfrac{v_y}{\gamma\left(1 - \dfrac{v}{c^2}v_x\right)} \\[3mm] v'_z = \dfrac{v_z}{\gamma\left(1 - \dfrac{v}{c^2}v_x\right)} \end{cases} \quad 及 \quad \begin{cases} v_x = \dfrac{v'_x + v}{1 + \dfrac{v}{c^2}v'_x} \\[3mm] v_y = \dfrac{v'_y}{\gamma\left(1 + \dfrac{v}{c^2}v'_x\right)} \\[3mm] v_z = \dfrac{v'_z}{\gamma\left(1 + \dfrac{v}{c^2}v'_x\right)} \end{cases} \tag{4-11}$$

式中,$\gamma = \dfrac{1}{\sqrt{1-\beta^2}}$.

讨论:$v/c \ll 1$ 时,$\gamma \to 1$,洛伦兹变换退变为伽利略变换,也就是

$$\begin{cases} v'_x = v_x - v \\ v'_y = v_y \\ v'_z = v_z \end{cases} \quad 及 \quad \begin{cases} v_x = v'_x + v \\ v_y = v'_y \\ v_z = v'_z \end{cases}$$

例 4.1 试求下列情况下,光子 A 与 B 的相对速度.

(1) A,B 反向而行;

(2) A,B 相向而行;

(3) A,B 同向而行.

解 如图 4.6 所示,取 S 系为实验室坐标系,S' 系是固定在 B 上的坐标系,S,S' 相

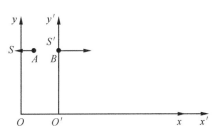

图 4.6 S 系和 S' 系

应的坐标轴平行，$x(x')$ 轴与 A,B 运动方向平行.

（1）如图 4.7 所示 A,B 反向而行

$$\begin{cases} v = v_B = c \\ v_A = -c \end{cases}, \quad v'_A = \frac{v_A - v}{1 - \dfrac{vv_A}{c^2}} = \frac{-c-c}{1 - \dfrac{c(-c)}{c^2}} = -c$$

（2）如图 4.8 所示 A,B 相向而行

$$\begin{cases} v = v_B = -c \\ v_A = c \end{cases}, \quad v'_A = \frac{v_A - v}{1 - \dfrac{vv_A}{c^2}} = \frac{c-(-c)}{1 - \dfrac{(-c)c}{c^2}} = c$$

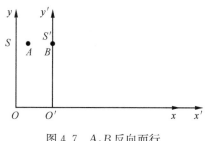

图 4.7　A,B 反向而行

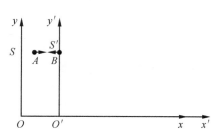

图 4.8　A,B 相向而行

（3）A,B 同向而行，有

$$\begin{cases} v = v_B = c \\ v_A = c \end{cases}$$

$$v'_A = \lim_{v \to c} \frac{v_A - v}{1 - \dfrac{vv_A}{c^2}} = \lim_{v \to c} \frac{c-v}{1 - \dfrac{v}{c}} = \frac{\dfrac{\mathrm{d}(c-v)}{\mathrm{d}v}}{\dfrac{\mathrm{d}}{\mathrm{d}v}\left(1 - \dfrac{v}{c}\right)} = \frac{-1}{-\dfrac{1}{c}} = c$$

上述结果是光速不变原理的必然结果.

4.3.4　洛伦兹变换的推导

设有一静止惯性参考系 S，另一惯性系 S' 沿 x' 轴正向相对 S 以 v 匀速运动，$t=t'=0$ 时，相应坐标轴重合. 一事件 P 在 S、S' 上时空坐标为 (x,y,x,t) 与 (x',y',z',t'). 容易看出，$y'=y$，$z'=z$. 所以问题就简化为只需要看 (x,t) 和 (x',t') 之间的关系就足够了.

我们用下面两式描述这两组坐标的关系：

$$x' = \alpha x + \beta t \tag{4-12}$$

$$t' = \kappa x + \lambda t \tag{4-13}$$

其中，α、β、κ 和 λ 是四个待定系数. 又因为这两个坐标系以匀速 v 作相对运动，所

以问题还可以简化为：对 $x'=0$ 的点有

$$x=vt \tag{4-14}$$

同理，对于 $x=0$ 的点，有

$$x'=-vt' \tag{4-15}$$

所以，可以推导出 $\beta=-\alpha v$ 和 $\lambda=\alpha$. 这样式(4-12)和式(4-13)可写为

$$x'=\alpha(x-vt)$$
$$t'=\kappa x+\alpha t \tag{4-16}$$

现在可以用爱因斯坦的两个假设来确定这两个系数.

对于一个事件，对它可以用爱因斯坦的两个假设. 假设在 $t=t'=0$ 的时候，这两坐标系的原点重合. 就在这时，在原点处有一个光脉冲发出. 按照光学原理，在 S 系中的波前是

$$x^2+y^2+z^2=c^2t^2 \tag{4-17}$$

又根据相对性原理，在所有惯性系中，光学定律都是一样的，那么，在 S' 系中，此波前为

$$x'^2+y'^2+z'^2=c'^2t'^2 \tag{4-18}$$

根据光速不变原理 $c=c'$，所以

$$x^2+y^2+z^2=c^2t^2$$
$$x'^2+y'^2+z'^2=c^2t'^2 \tag{4-19}$$

把式(4-18)代入式(4-16)，最后得到

$$\begin{cases} x'=\dfrac{x-vt}{\sqrt{1-\beta^2}} \\ y'=y \\ z'=z \\ t'=\dfrac{t-\dfrac{v}{c^2}x}{\sqrt{1-\beta^2}} \end{cases} \tag{4-20}$$

从上式出发得到逆变换

$$\begin{cases} x=\dfrac{x'+vt'}{\sqrt{1-\beta^2}} \\ y=y' \\ z=z' \\ t=\dfrac{t'+\dfrac{v}{c^2}x'}{\sqrt{1-\beta^2}} \end{cases} \tag{4-21}$$

（波前的概念在后面的机械波章节中）

思　考　题

4.3-1　爱因斯坦为狭义相对论提出了哪几条基本假设? 他所提出的光速不变原理附有什么限制?

4.3-2　洛伦兹变换对伽利略变换作了哪些重要的修正?

4.3-3　如果 S 系到 S' 系是洛伦兹变换, S 系到 S'' 系也是洛伦兹变换, 那么 S' 系到 S'' 系是什么变换?

4.3-4　依据洛伦兹变换, 狭义相对论的时空观包含了哪些重要的结论?

4.4　相对论中的长度、时间和同时性

在本节中, 将从洛伦兹变换出发, 讨论长度、时间和同时性等基本概念. 从所得结果, 可以更清楚地认识到, 狭义相对论对经典的时空观进行了一次十分深刻的变革.

4.4.1　长度收缩

如图 4.9 所示, 取惯性系 S, S', 有一杆静止在 S' 系中的 x' 轴上, 在 S' 系中测得杆长为 $l_0 = x_2' - x_1'$, 在 S 系中测得杆长为 $l = x_2 - x_1$ (x_2, x_1 在同一 t 时刻测得). 根据洛伦兹变换, 得

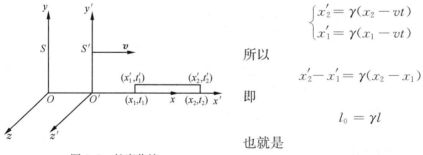

图 4.9　长度收缩

$$\begin{cases} x_2' = \gamma(x_2 - vt) \\ x_1' = \gamma(x_1 - vt) \end{cases}$$

所以

$$x_2' - x_1' = \gamma(x_2 - x_1)$$

即

$$l_0 = \gamma l$$

也就是

$$l = \frac{l_0}{\gamma} = l_0 \sqrt{1 - \frac{v^2}{c^2}} \quad (4\text{-}22)$$

式中, l_0 为相对观察者静止时物体的长度, 称为静止长度或固有长度, l 为相对于观察者运动的物体在运动方向上的长度. 可见, 相对于观察者运动的物体, 在运动方向上的长度比相对观察者静止时物体的长度缩短了.

说明:(1) 长度缩短是纯粹的相对论效应, 并非物体发生了形变或者发生了结构性质的变化;

(2) 在狭义相对论中, 所有惯性系都是等价的, 所以, 在 S 系中 x 轴上静止的

杆,在 S' 系上测得的长度也缩短了;

(3) 相对论长度收缩只发生在物体运动方向上(因为 $y'=y,z'=z$);

(4) $v\ll c$ 时,$l=l_0$,即为经典情况.

例 4.2 有惯性系 S 和 S',S' 相对于 S 以速率 v 沿 x 轴正向运动. $t=t'=0$ 时,S 与 S' 的相应坐标轴重合,有一固定长度为 1 m 的棒静止在 S' 系的 x'-y' 平面上,在 S' 系上测得与 x' 轴正向夹角为 θ'. 在 S 系上测量时,问:

(1) 棒与 x 轴正向夹角为多少?

(2) 棒的长度为多少?

解 (1) 设 l_x,l_y 为 S 系中测得杆长在 x、y 方向的分量,l'_x、l'_y 为 S' 系中测得杆长在 x'、y' 方向的分量. 分别标注在图 4.10 中.

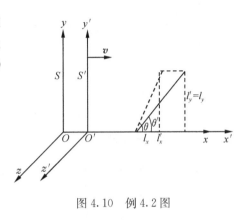

图 4.10 例 4.2 图

$$\tan\theta = \frac{l_y}{l_x} = \frac{l'_y}{l'_x\sqrt{1-\dfrac{v^2}{c^2}}} = \frac{\tan\theta'}{\sqrt{1-\dfrac{v^2}{c^2}}}$$

就得到棒与 x 轴正向夹角为

$$\theta = \arctan\left[\frac{\tan\theta'}{\sqrt{1-\dfrac{v^2}{c^2}}}\right]$$

(2) 棒的长度为

$$l = \sqrt{l_x^2 + l_y^2} = \sqrt{l'^2_x\left(1-\frac{v^2}{c^2}\right)+l'^2_y} = l'\sqrt{1-\frac{v^2}{c^2}\cos^2\theta'}$$

可见,长度缩短只发生在运动方向上.

4.4.2 时间膨胀(或运动的钟变慢)

在与前面相同的 S 和 S' 系中,讨论时间膨胀问题. 设在 S' 系中同一地点不同时刻发生两事件(如自 S' 系中某一坐标 x'_0 处沿 y 方向竖直上抛物体,之后又落回抛物处,那么抛出的时刻和落回抛出点的时刻分别对应两个事件),时空坐标为 $(x'_0,t'_1),(x'_0,t'_2)$,时间间隔为 $\Delta t'=t'_2-t'_1$. 在 S 系上测得两个事件的时空坐标为 $(x_1,t_1),(x_2,t_2)$(这里 $x_2\neq x_1$,S' 系在运动). 在 S 系上测得此两个事件发生的时间间隔为

$$\Delta t = t_2 - t_1 = \gamma\left(t'_2+\frac{v}{c^2}x'_0\right) - \gamma\left(t'_1+\frac{v}{c^2}x'_0\right) = \gamma(t'_2-t'_1) = \gamma\Delta t' = \frac{\Delta t'}{\sqrt{1-\dfrac{v^2}{c^2}}}$$

即

$$\Delta t = \frac{\Delta t'}{\sqrt{1 - \dfrac{v^2}{c^2}}} \tag{4-23}$$

相对观察者静止时测得的时间间隔为固有时间. 由上可知, 相对于事件发生地点做相对运动的惯性系 S 中测得的时间比相对于事件发生地点为静止的惯性系 S' 中测得的时间要长. 换句话说, 一时钟由一个与它做相对运动的观察者来观察时, 就比由与它相对静止的观察者观察时走得慢.

说明:

(1) 时间膨胀纯粹是一种相对论效应, 时间本身的固有规律(如钟的结构)并没有改变;

(2) 在 S 系中测得 S' 系中的钟慢了, 同样在 S' 系中测得 S 系中的钟也慢了, 它是相对论的结果;

(3) $v \ll c$ 时, $\Delta t = \Delta t'$ 为经典结果.

4.4.3　同时的相对性

按牛顿力学, 时间是绝对的, 因而同时性也是绝对的, 这就是说, 在同一个惯性系 S 中观察的两个事件是同时发生的, 在惯性系 S' 看来也是同时发生的. 但按相对论, 正如长度和时间不是绝对的一样, 同时性也不是绝对的. 下面讨论此问题.

如前面所取的坐标系 S 和 S', 在 S' 系中发生两个事件, 时空坐标为 (x'_1, t'_1) 和 (x'_2, t'_2), 此两个事件在 S 系中时空坐标为 (x_1, t_1) 和 (x_2, t_2), 当 $t'_1 = t'_2 = t'_0$, 则在 S' 系中是同时发生的, 在 S 系看来此两个事件发生的时间间隔为

$$\Delta t = t_2 - t_1 = \gamma\left(t'_2 + \frac{v}{c^2}x'_2\right) - \gamma\left(t'_1 + \frac{v}{c^2}x'_1\right) = \gamma\left[(t'_2 - t'_1) + \frac{v}{c^2}(x'_2 - x'_1)\right]$$

若 $t'_2 = t'_1, x'_1 \neq x'_2$, 则 $\Delta t = \gamma \dfrac{v}{c^2}(x'_2 - x'_1) \neq 0$, 即 S 系中测得此两个事件一定不是同时发生的.

若 $t'_2 = t'_1, x'_1 = x'_2$, 则 $\Delta t = 0$, 即 S 系中测得此两个事件一定是同时发生的.

若 $t'_2 \neq t'_1, x'_1 \neq x'_2$, 则 Δt 是否为零不一定, 即 S 系中测得此两个事件是否同时发生不一定.

从以上讨论中看到了"同时"是相对的, 这与经典力学截然不同.

思　考　题

4.4-1　一根杆子, 静止时其长度超过门宽, 因此横着拿不进门. 有人认为, 如果让它在门前沿着长度方向运动, 则在门的参考系看来, 杆子缩短了, 就可以拿进门; 另一个人则认为, 在杆的

参考系看来,门变窄了,因此横着更拿不进去.你认为这根杆子能拿进门吗?

4.4-2　S 系和 S' 系是两个惯性参考系,彼此以匀速做相对运动.S 系中的人观测到 S' 系的钟慢了,S' 系中的人观测到 S 系的钟慢了,究竟谁的钟慢了? 如何解决这一矛盾?

4.4-3　同时性的相对性是什么意思? 如果光速无限大,是否还有同时性的相对性?

4.5　相对论动力学基础

4.5.1　质量与速度的关系

理论上可以证明,以速率 v 运动的物体,其质量为

$$m = \frac{m_0}{\sqrt{1 - \dfrac{v^2}{c^2}}} \tag{4-24}$$

式中,m_0 为相对观察者静止时测得的质量,称为静止质量,m 为物体以速率 v 运动时的质量.

说明:(1) 物体质量随它的速率增加而增加,这与经典力学不同. 实际上质量随速度增加的关系,早在相对论出现之前,就已经从 β 射线的实验中观察到了,近年在高能电子实验中,可以把电子加速到只比光速小三百亿分之一,这时电子质量达到静止质量的 4×10^5 倍.

(2) 当物体运动速率 $v \rightarrow c$ 时,$m \rightarrow \infty (m_0 \neq 0)$,这就是说,实物体不能以光速运动,它与洛伦兹变换是一致的.

(3) 对于 $v \ll c$ 时,$m = m_0$ 与经典情况一致.

4.5.2　相对论力学的基本方程

1. 质点动量

质点动量为

$$\boldsymbol{P} = m\boldsymbol{v} = \frac{m_0 \boldsymbol{v}}{\sqrt{1 - \dfrac{v^2}{c^2}}} \tag{4-25}$$

2. 牛顿第二定律(相对论下力学基本方程)

$$\boldsymbol{F} = \frac{\mathrm{d}\boldsymbol{P}}{\mathrm{d}t} = \frac{\mathrm{d}}{\mathrm{d}t}(m\boldsymbol{v}) = \frac{\mathrm{d}m}{\mathrm{d}t}\boldsymbol{v} + m\frac{\mathrm{d}\boldsymbol{v}}{\mathrm{d}t} \tag{4-26}$$

当 $\boldsymbol{F} = 0$ 时,$\boldsymbol{P} =$ 常矢量.

讨论:系统动量守恒表达式.

$$\sum_i \boldsymbol{P}_i = \sum_i m_i \boldsymbol{v}_i = \sum_i \frac{m_0 \boldsymbol{v}}{\sqrt{1-\dfrac{v_i^2}{c^2}}} = 常矢量$$

说明:(1) 相对论下力学基本方程在洛伦兹变换下是不变的.

(2) $v \ll c$ 时,$\boldsymbol{P} = m_0 \boldsymbol{v}$,$\boldsymbol{F} = m_0 \dfrac{\mathrm{d}\boldsymbol{v}}{\mathrm{d}t}$(经典情况).

(3) 相对论中的 $m = \dfrac{m_0}{\sqrt{1-\dfrac{v^2}{c^2}}}$,$\boldsymbol{P} = m\boldsymbol{v} = \dfrac{m_0 \boldsymbol{v}}{\sqrt{1-\dfrac{v^2}{c^2}}}$,$\boldsymbol{F} = \dfrac{\mathrm{d}\boldsymbol{P}}{\mathrm{d}t}$ 普遍成立,而牛顿

定律只是在低速情况下成立.

4.5.3 质量与能量的关系

1. 相对论中动能

如同牛顿力学那样,元功仍定义为 $\mathrm{d}W = \boldsymbol{F} \cdot \mathrm{d}\boldsymbol{r}$,为讨论简单起见,设一质点在变力作用下,由静止开始沿 x 轴做一维运动. 当质点的速率为 v 时,它所具有的动能等于外力所做的功

$$E_k = \int F_x \mathrm{d}x = \int \frac{\mathrm{d}p}{\mathrm{d}t} \mathrm{d}x = \int v \mathrm{d}p$$

利用 $\mathrm{d}(pv) = p\mathrm{d}v + v\mathrm{d}p$ 上式变为

$$E_k = pv - \int_0^v p\mathrm{d}v$$

将式(4-25)代入上式得

$$E_k = \frac{m_0 v^2}{\sqrt{1-\dfrac{v^2}{c^2}}} - \int_0^v \frac{m_0 v}{\sqrt{1-\dfrac{v^2}{c^2}}} \mathrm{d}v$$

积分后得

$$E_k = \frac{m_0 v^2}{\sqrt{1-\dfrac{v^2}{c^2}}} + m_0 c^2 \sqrt{1-\frac{v^2}{c^2}} - m_0 c^2$$

$$= mv^2 + mc^2 \left(1-\frac{v^2}{c^2}\right) - m_0 c^2 = mc^2 - m_0 c^2$$

可见物体动能等于 mc^2 与 $m_0 c^2$ 之差,mc^2 与 $m_0 c^2$ 有能量的含义. 爱因斯坦引入经典力学中从未有过的独特见解,把 $m_0 c^2$ 称为物体的静止能量 E_0,把 mc^2 称为

物体总能量 E,即

$$\begin{cases} E_0 = m_0 c^2 \\ E = mc^2 \end{cases} \tag{4-27}$$

$$E_k = E - E_0 = mc^2 - m_0 c^2 \tag{4-28}$$

即:物体动能=总能量-静止能量.

2. 质能关系式

物体总能量为

$$E = mc^2 \tag{4-29}$$

说明:(1) 质量和能量都是物质的重要性质,质能关系式给出了它们之间的联系,说明任何能量的改变同时有相应的质量的改变 $(\Delta E = c^2 \Delta m)$,而任何质量改变的同时,有相应的能量的改变,两种改变总是同时发生的. 决不能把质能关系式错误地理解为"质量转化为能量"或"能量转化为质量".

(2) 物体的动能为

$$E_k = (m - m_0)c^2 = \left[\frac{1}{\sqrt{1 - \dfrac{v^2}{c^2}}} - 1 \right] m_0 c^2$$

$$= \left\{ \left[1 + \frac{1}{2}\left(\frac{v}{c}\right)^2 + \frac{3}{8}\left(\frac{v}{c}\right)^4 + \cdots \right] - 1 \right\} m_0 c^2$$

$$\approx \left[\left(1 + \frac{1}{2}\frac{v^2}{c^2}\right) - 1 \right] m_0 c^2 = \frac{1}{2} m_0 v^2 \quad (v \ll c)(经典情况)$$

4.5.4 动量与能量之间的关系

已知 $E = mc^2 = \dfrac{m_0 c^2}{\sqrt{1 - \dfrac{v^2}{c^2}}}$,$P = mv = \dfrac{m_0 v}{\sqrt{1 - \dfrac{v^2}{c^2}}}$

即 $\qquad \left(\dfrac{E}{m_0 c^2}\right)^2 = \dfrac{1}{1 - \dfrac{v^2}{c^2}} \qquad \left(\dfrac{P}{m_0 c}\right)^2 = \left(\dfrac{v}{c}\right)^2 \dfrac{1}{1 - \dfrac{v^2}{c^2}}$

有 $\qquad \left(\dfrac{E}{m_0 c^2}\right)^2 - \left(\dfrac{P}{m_0 c}\right)^2 = 1, \quad E^2 - P^2 c^2 = m_0^2 c^4$

$$E^2 = P^2 c^2 + m_0^2 c^4 \tag{4-30}$$

上式为能量与动量关系式.

4.5.5　光子情况

光子静止质量为零(由 $m = \dfrac{m_0}{\sqrt{1 - \dfrac{v^2}{c^2}}}$ 可得出),因为能量 $E = h\nu$,所以质量为

$$m = \frac{E}{c^2} = \frac{h\nu}{c^2} \tag{4-31}$$

动量为

$$P = \frac{E}{c} = \frac{h\nu}{c} = \frac{h}{\lambda} \tag{4-32}$$

例 4.3　一原子核相对于实验室以 $0.6c$ 运动,在运动方向上向前发射一电子,电子相对于核的速率为 $0.8c$,当实验室中测量时,(1)电子速率? (2)电子质量? (3)电子动能? (4)电子的动量大小?

解　S 系固连在实验室上,S' 系固连在原子核上,S,S' 相应坐标轴平行. x 轴正向取为沿原子核运动方向上,如图 4.11 所示.

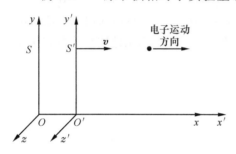

图 4.11　例 4.3 图

(1) $\begin{cases} v = 0.6c \\ v_x' = 0.8c \end{cases}$,　$v_x = \dfrac{v_x' + v}{1 + \dfrac{vv_x}{c^2}} = \dfrac{0.8c + 0.6c}{1 + \dfrac{0.6c \times 0.8c}{c^2}} = \dfrac{35}{37}c \approx 0.94c$

(2) $m = \dfrac{m_0}{\sqrt{1 - \dfrac{v_x^2}{c^2}}} = \dfrac{m_0}{\sqrt{1 - \dfrac{35^2 c^2}{37^2 c^2}}} = \dfrac{37}{12}m_0$

(3) $E_k = E - E_0 = mc^2 - m_0 c^2 = \dfrac{37}{12}m_0 c^2 - m_0 c^2 = \dfrac{25}{12}m_0 c^2$

(4) $P = mv = \dfrac{37}{12}m_0 v_x = \dfrac{37}{12}m_0 \dfrac{35}{37}c = \dfrac{35}{12}m_0 c$

本章讨论了狭义相对论的时空观和相对论力学的一些重要结论,可以看出相对论揭示了时间和空间以及时空与运动物质之间的深刻联系,带来了时空观念的一次深刻变革,使物理学的根本观念以及物理理论发生了深刻的变化,相对论已被大量的科学实验所证实,是当代科学技术的基础,随着科学技术的发展,其深远影响将会更加明显.

思 考 题

4.5-1 一个质点的动量矢量与其速度矢量平行吗? 这个质点的动量变化与其速度的变化平行吗? 试用经典和相对论两种观点讨论这一问题.

4.5-2 相对论的质量-速率关系是否违背质量守恒?

4.5-3 能量是不变量吗? 能量守恒定律是否为不变的定律?

本 章 提 要

1. 伽利略时空变换式及逆变换公式

$$
\begin{cases} x' = x - vt \\ y' = y \\ z' = z \\ t' = t \end{cases}
\quad \text{或} \quad
\begin{cases} x = x' + vt' \\ y = y' \\ z = z' \\ t = t' \end{cases}
$$

2. 迈克耳孙-莫雷的结论:(1)迈克耳孙实验否定了以太的存在;(2)迈克耳孙实验说明了地球上光速沿各个方向都是相同的(此时 $\delta = 0$,所以无条纹移动).

3. 爱因斯坦提出的两个基本假设(1)相对性原理;(2)光速不变原理. 和由此导出的洛伦兹变换

$$
\begin{cases} x' = \dfrac{x - vt}{\sqrt{1 - \beta^2}} \\[2ex] y' = y \\ z' = z \\[1ex] t' = \dfrac{t - \dfrac{v}{c^2}x}{\sqrt{1 - \beta^2}} \end{cases}
\quad \text{或} \quad
\begin{cases} x = \dfrac{x' + vt'}{\sqrt{1 - \beta^2}} \\[2ex] y = y' \\ z = z' \\[1ex] t = \dfrac{t' + \dfrac{v}{c^2}x'}{\sqrt{1 - \beta^2}} \end{cases}
$$

洛伦兹速度变换式

$$\begin{cases} v'_x = \dfrac{\mathrm{d}x'}{\mathrm{d}t'} = \dfrac{\mathrm{d}x - v\,\mathrm{d}t}{\mathrm{d}t - \dfrac{v}{c^2}\mathrm{d}x} = \dfrac{\dfrac{\mathrm{d}x}{\mathrm{d}t} - v}{1 - \dfrac{v}{c^2}\dfrac{\mathrm{d}x}{\mathrm{d}t}} = \dfrac{v_x - v}{1 - \dfrac{v}{c^2}v_x} \\[4mm] v'_y = \dfrac{\mathrm{d}y'}{\mathrm{d}t'} = \dfrac{\mathrm{d}y}{\dfrac{\mathrm{d}t - \dfrac{v}{c^2}\mathrm{d}x}{\sqrt{1-\beta^2}}} = \dfrac{\dfrac{\mathrm{d}y}{\mathrm{d}t}}{\dfrac{1 - \dfrac{v}{c^2}\dfrac{\mathrm{d}x}{\mathrm{d}t}}{\sqrt{1-\beta^2}}} = \dfrac{v_y}{\dfrac{1 - \dfrac{v}{c^2}v_x}{\sqrt{1-\beta^2}}} \\[4mm] v'_z = \dfrac{\mathrm{d}z'}{\mathrm{d}t'} = \dfrac{\mathrm{d}z}{\dfrac{\mathrm{d}t - \dfrac{v}{c^2}\mathrm{d}x}{\sqrt{1-\beta^2}}} = \dfrac{\dfrac{\mathrm{d}z}{\mathrm{d}t}}{\dfrac{1 - \dfrac{v}{c^2}\dfrac{\mathrm{d}x}{\mathrm{d}t}}{\sqrt{1-\beta^2}}} = \dfrac{v_z}{\dfrac{1 - \dfrac{v}{c^2}v_x}{\sqrt{1-\beta^2}}} \end{cases}$$

4. 在运动方向上的长度比相对观察者静止时物体的长度缩短了

$$l = \frac{l_0}{\gamma} = l_0 \sqrt{1 - \frac{v^2}{c^2}}$$

相对于事件发生地点做相对运动的惯性系 S 中测得的时间比相对于事件发生地点为静止的惯性系 S' 中测得的时间要长

$$\Delta t = \frac{\Delta t'}{\sqrt{1 - \dfrac{v^2}{c^2}}}$$

5. 相对论动力学中的基本公式

质量公式
$$m = \frac{m_0}{\sqrt{1 - \dfrac{v^2}{c^2}}}$$

牛顿第二定律 $\qquad \boldsymbol{F} = \dfrac{\mathrm{d}\boldsymbol{P}}{\mathrm{d}t} = \dfrac{\mathrm{d}}{\mathrm{d}t}(m\boldsymbol{v}) = \dfrac{\mathrm{d}m}{\mathrm{d}t}\boldsymbol{v} + m\dfrac{\mathrm{d}\boldsymbol{v}}{\mathrm{d}t}$

质能关系式 $\qquad\qquad\qquad E = mc^2$

能量与动量关系式 $\qquad\quad E^2 = P^2 c^2 + m_0^2 c^4$

习　题

4-1　若质点在 S' 系中的速度为 $v'_x = c\cos\theta, v'_y = c\sin\theta$,试证明在 S 系中有 $v_x^2 + v_y^2 = c^2$.

4-2　一艘飞船以 $v = 0.6c$ 的速率沿平行于地面的轨道飞行. 站在地面上的人测得飞船的长度为 l,求此飞船发射前在地面上时的长度 l_0.

4-3　两个事件先后发生于惯性系甲中的同一地点,其时间间隔为 0.4 s,而在惯性系乙中测得这两个时间发生的时间间隔为 0.5 s,求甲、乙两惯性系之间的相对运动速率.

4-4　S' 系相对 S 系以恒速率沿 x 轴运动,在 S 系中同一时刻发生的两事件,沿 x 轴相距 2400 m. 而在 S' 系中的观测者测得这两事件的空间间隔为 3000 m,试求这两事件在 S' 系中测得的时间间隔是多少?

4-5　静长度为 l_0 的车厢,以恒定的速率 v 沿直线向前运动.一光信号从车厢的后端 A 发出,经前端 B 的平面镜反射后回到后端.

(1) 在地面上的人看来,光信号经过多少时间 Δt_1 到达 B 端? 从 A 发出经 B 反射后回到 A 端所需时间 Δt 是多少?

(2) 在车厢内的人看来,光信号经过多少时间 $\Delta t_1'$ 到达 B 端? 从 A 发出经 B 反射后回到 A 端所需时间 $\Delta t'$ 是多少?

4-6　π 介子在静止参考系中的平均寿命为 $\tau_0 = 2.5 \times 10^{-8}$ 秒,在实验室内测得某一 π 介子在它一生中行进的距离为 375 m. 求此 π 介子相对实验室参考系的运动速度.

4-7　位于恒星际站上的观测者测得两枚宇宙火箭以 $0.99c$ 的速率沿相反方向离去,问在一火箭上的观测者测得的另一火箭的速率.

4-8　美国伯克利实验室的回旋加速器可使质子获得 5.4×10^{-11} J 的动能,问质子的质量可达其静止质量的多少倍? 质子的速率可达多少?

4-9　一个物体的速度使其质量增加 10%,试问此物体在运动方向上缩短了百分之几?

4-10　在 S 系中有一静止的正方形,其面积为 100 m^2,观察者 S' 系以 $0.8c$ 的速度沿正方形的对角线运动,观察者 S' 测得的该面积是多少?

第 5 章　机 械 振 动

【学习目标】

掌握描述简谐振动的各物理量及各量间的关系. 掌握旋转矢量法. 掌握简谐振动的基本特征, 能根据给定的初始条件写出简谐振动的运动方程, 并理解其物理意义. 理解同方向、同频率两个简谐振动的合成规律. 阻尼振动、受迫振动、共振及两个同方向不同频率简谐运动的合成等内容, 根据专业选讲或作为课外阅读内容.

振动是自然界中普遍存在的一种现象和运动方式. 在机械运动中, 物体或物体的一部分往复通过其平衡位置所做的持续运动, 称为机械振动. 例如, 像钟摆、弦线、鼓膜等的运动都属于机械振动. 在一定条件下, 描述物体运动状态的物理量常常在某一值附近变化, 这种变化与物体做机械振动时状态参量的变化特征相同时, 人们也把这种变化称为振动. 例如, 交变电磁场中的电场强度、磁场强度; 交流电中的电流、电压, 这些量都在一定的最大值和最小值之间往复变化. 因此, 广义地说, 在自然科学的各个领域中都存在着振动的现象. 虽然不同运动形态中的振动具有不同的方式和性质, 但它们具有一些共同的基本特征, 其振动规律可用相似或相同的数学方程来描述. 机械振动的基本规律是其他振动和各种波动的基础, 在生产技术中被广泛应用. 本章主要研究简谐振动, 并简要介绍阻尼振动、受迫振动和共振.

5.1　简 谐 振 动

5.1.1　简谐振动方程

在各种振动中, 简谐振动是最简单、最基本的振动. 任何复杂的周期振动都可看成是一系列简谐振动的合成. 下面以弹簧振子为例, 研究简谐振动规律.

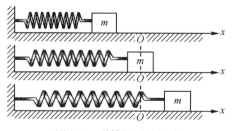

图 5.1　弹簧振子的振动

弹簧振子如图 5.1 所示, 质量为 m 的物体系于一端固定的轻弹簧末端, 物体被置于光滑的平面上. 当物体处在坐标原点 O 的位置时, 弹簧恰好处于自然长度, 物体受合力为零, O 点称为平衡位

置. 当物体离开平衡位置,并且坐标为 x 时,在弹簧的弹性范围内,物体所受的合力(空气阻力忽略不计)为

$$F = -kx \tag{5-1}$$

其中,k 是弹簧的劲度系数,它由弹簧本身的性质决定,x 是物体离开平衡位置的位移,负号表示力的方向和位移的方向相反. 根据牛顿第二定律,物体加速度为

$$a = \frac{F}{m} = -\frac{k}{m}x \tag{5-2}$$

当弹簧和物体确定后,k 和 m 是大于零的常数,设

$$\frac{k}{m} = \omega^2 \tag{5-3}$$

再将加速度表示为

$$a = \frac{\mathrm{d}^2 x}{\mathrm{d}t^2} \tag{5-4}$$

将式(5-3)、式(5-5)代入式(5-2),得

$$\frac{\mathrm{d}^2 x}{\mathrm{d}t^2} + \omega^2 x = 0 \tag{5-5}$$

该式即为简谐振动的微分方程,其解为

$$x = A\cos(\omega t + \varphi) \tag{5-6}$$

式(5-6)称为**简谐振动方程**,其中,A 和 φ 是积分常数,由初始条件决定.

由式(5-1)可见,简谐振动物体所受的力与物体离开平衡位置的位移成正比,且方向相反,称这种力为恢复力. 由式(5-2)可见,简谐振动物体的加速度也与物体离开平衡位置的位移成正比,且方向相反.

简谐振动物体的速度和加速度分别为

$$v = \frac{\mathrm{d}x}{\mathrm{d}t} = -\omega A\sin(\omega t + \varphi) \tag{5-7}$$

$$a = \frac{\mathrm{d}^2 x}{\mathrm{d}t^2} = -\omega^2 A\cos(\omega t + \varphi) \tag{5-8}$$

可见物体做简谐振动时,其位移、速度和加速度都随时间做周期性变化. 物体的位移、速度相同时,称为其振动状态相同.

5.1.2 描述简谐振动的基本物理量

简谐振动是一种周期运动,简谐振动方程由 A、ω 和 φ 三个参量决定.

1. 周期 T　频率 ν　圆频率 ω

以弹簧振子为例,物体由某一状态(如 $x=A,v=0$),经一系列不同的中间状态,再回到相同的振动状态($x=A,v=0$),叫做物体完成一次完全振动. 物体完成一次完全振动所需要的时间定义为**周期**,用 T 表示,其国际单位为秒,符号为 s.

单位时间内物体所做的完全振动的次数为**频率**,用 ν 表示,其国际单位为赫兹,符号为 Hz. $\omega=2\pi\nu$ 称为角频率或**圆频率**,其国际单位是弧度每秒,符号为 rad·s^{-1}.

由简谐振动的周期性可知,物体在任意时刻 t 的位移和速度,应与物体在时刻 $t+T$ 的位移和速度完全相同,即

$$x = A\cos(\omega t + \varphi) = A\cos[\omega(t+T) + \varphi] = A\cos(\omega t + \varphi + \omega T)$$

而余弦函数的周期为 2π,所以应有 $\omega T=2\pi$,于是得周期和频率为

$$T = \frac{2\pi}{\omega}, \quad \nu = \frac{\omega}{2\pi} \tag{5-9}$$

对于弹簧振子,由于 $\omega=\sqrt{\dfrac{k}{m}}$,所以

$$T = 2\pi\sqrt{\frac{m}{k}} \tag{5-10}$$

$$\nu = \frac{1}{2\pi}\sqrt{\frac{k}{m}} \tag{5-11}$$

由此可见,弹簧振子的振动周期、频率取决于弹簧振子的固有性质,即弹簧的劲度系数和物体的质量.

2. 振幅 A　相位($\omega t+\varphi$)

由式(5-6)可知,简谐振动物体的最大位移为 $x_m=\pm A$,我们把物体离开平衡位置的最大位移的绝对值 $|x_m|$ 称为**振幅**,用 A 表示.

量值($\omega t+\varphi$)称为振动的**相位**. 由式(5-6)和式(5-7)可知,当振幅 A 和角频率 ω 一定时,($\omega t+\varphi$)是决定简谐振动状态的物理量,即相位决定任意时刻简谐振动物体的位移 x 和速度 v. 当振动经历一个周期时,相位由($\omega t+\varphi$)变为[$\omega(t+T)+\varphi$],振动物体的状态又恢复到 t 时刻的状态. 可见,用相位描述物体的运动状态,能充分体现出简谐振动的周期性.

$t=0$ 时的相位是 φ,称为初相位,简称**初相**. 它是决定初始时刻振动物体运动状态的物理量. 初相 φ 的取值范围为 $0\leqslant\varphi<2\pi$ 或 $-\pi<\varphi\leqslant\pi$,本书采用后一种取值方式.

3. 振幅 A 和初相 φ 的确定

在振动系统一定的情况下,将 $t=0$ 代入式(5-6)和式(5-7),得

$$x_0 = A\cos\varphi$$

$$v_0 = -\omega A\sin\varphi$$

此两式联立得

$$A = \sqrt{x_0^2 + \frac{v_0^2}{\omega^2}} \tag{5-12}$$

$$\tan\varphi = \frac{-v_0}{\omega x_0} \tag{5-13}$$

其中 φ 所在象限由 x_0 和 v_0 的正负号决定.

可见,振幅 A 和初相 φ 是由 $t=0$ 时的位移 x_0 和速度 v_0(称为初始条件)决定.

5.1.3 旋转矢量

简谐振动可以用旋转矢量的方法来表示. 如图 5.2 所示,物体在 x 轴上做简谐振动,原点 O 是振动物体的平衡位置,以原点 O 作一矢量 $\mathbf{A}$,$\mathbf{A}$ 的模等于简谐振动的振幅,矢量 $\mathbf{A}$ 在 Oxy 平面内绕 O 点以恒定角速度 ω 逆时针旋转,其角速度与简谐振动的角频率 ω 相等,这个矢量叫做旋转矢量. $t=0$ 时旋转矢量与 x 轴之间的夹角 φ 等于初相,则 t 时刻 $\mathbf{A}$ 与 x 轴之间的夹角($\omega t + \varphi$)即等于 t 时刻的相位. 由图可见,t 时刻 $\mathbf{A}$ 的矢端 S 在 x 轴上的投影点 P 的 x 坐标为 $x = A\cos(\omega t + \varphi)$,这就说明旋转矢量的矢

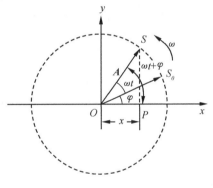

图 5.2 旋转矢量图

端在 x 轴上的投影点在做简谐振动,振动的平衡位置为 O 点. 当旋转矢量转过 2π 角度时,其矢端在 x 轴上的投影点刚好在 x 轴上做一次完全振动.

值得注意的是,旋转矢量本身并不做简谐振动,我们是利用旋转矢量的矢端在 x 轴上的投影点的运动,来形象地展示简谐振动的规律.

利用旋转矢量,可以方便的确定一些特殊位置的初相,研究简谐振动的合成问题,以及讨论两个简谐振动的相位差等. 例如,两个简谐振动分别为

$$x_1 = A_1\cos(\omega t + \varphi_1)$$

$$x_2 = A_2\cos(\omega t + \varphi_2)$$

我们将两个振动的相位之差称为相位差,用 $\Delta\varphi$ 表示. 他们在任意时刻的相位差 $\Delta\varphi = \varphi_2 - \varphi_1 > 0$ 时,我们称 x_2 振动超前于 x_1 振动 $\Delta\varphi$,或者称 x_1 振动落后于 x_2

振动 $\Delta\varphi$. 如图 5.3(a)所示.

　　由于简谐振动的周期性,为简便计,通常 $\Delta\varphi$ 的取值范围为 $-\pi<\Delta\varphi\leqslant\pi$,当 $\Delta\varphi$ <0 时,如图 5.3(b)情况. $\Delta\varphi=\varphi_2-\varphi_1=-\pi/3$,则称 x_2 振动落后于 x_1 振动 $\pi/3$, 或者称 x_1 振动超前于 x_2 振动 $\pi/3$.

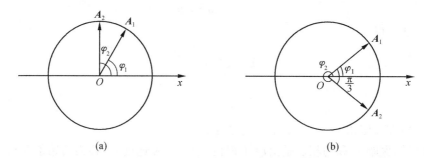

图 5.3　两个简谐振动的相位差

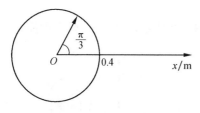

图 5.4　例 5.1 $t=0$ 时的旋转矢量图

　　例 5.1　弹簧振子沿 x 轴做简谐振动,振幅为 0.4 m,周期为 2 s,当 $t=0$ 时,位移为 0.2 m,且向 x 轴负方向运动.求简谐振动的运动方程,并画出 $t=0$ 时的旋转矢量图.

　　解　设此简谐振动的振动方程为

$$x = A\cos(\omega t + \varphi)$$

则其速度为

$$v = \frac{\mathrm{d}x}{\mathrm{d}t} = -\omega A\sin(\omega t + \varphi)$$

将 $A=0.4$ m, $\omega=\dfrac{2\pi}{T}=\pi$ 和 $t=0$ 时, $x_0=0.2$ m,代入 $x=A\cos(\omega t+\varphi)$ 得

$$0.2 = 0.4\cos\varphi$$

解得

$$\varphi = \pm\frac{\pi}{3}$$

再由 $t=0$ 时, $v_0<0$ 的条件,得

$$v_0 = -0.4\pi\sin\varphi < 0$$

这要求

$$\sin\varphi > 0$$

即

$$\varphi = \frac{\pi}{3}$$

此简谐振动的振动方程为

$$x = 0.4\cos\left(\pi t + \frac{\pi}{3}\right)\text{m}$$

旋转矢量图如图 5.4 所示.

例 5.2 如图 5.5(a)所示,一轻弹簧在 60 N 的拉力下伸长 30 cm. 现把质量为 4 kg 的物体悬挂在该弹簧的下端并使之静止,再把物体向下拉 10 cm,然后由静止释放并开始计时. 求:

(1) 物体的振动方程;

(2) 物体在平衡位置上方 5 cm 时弹簧对物体的拉力;

(3) 物体从第一次越过平衡位置时刻起,到它运动到平衡位置上方 5 cm 处所需要的最短时间.

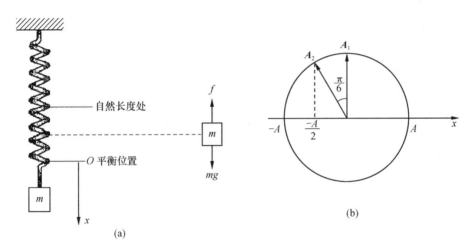

图 5.5 例 5.2 图

解 (1) 选平衡位置为坐标原点 O, x 轴向下为正方向,在任意位置 x 处,对物体受力分析(图 5.4(a)),根据牛顿第二定律列方程得

$$mg - k(l_0 + x) = m\frac{\mathrm{d}^2 x}{\mathrm{d}t^2}$$

其中,l_0 是物体处于平衡位置处弹簧的伸长量,所以 $mg - kl_0 = 0$,将该方程代入上式,得

$$-kx = m\frac{\mathrm{d}^2 x}{\mathrm{d}t^2}$$

设

$$\omega = \sqrt{\frac{k}{m}}$$

得

$$\frac{\mathrm{d}^2 x}{\mathrm{d}t^2} + \omega^2 x = 0$$

这是简谐振动标准微分方程形式,可见物体在做简谐振动. 物体的振动方程为 $x =$ $A\cos(\omega t + \varphi)$. 下面确定方程中的常数,利用已知条件弹簧伸长 0.3 m 时,其弹性力为 60 N,由胡克定律得

$$k = \frac{f}{l} = \frac{60}{0.3} = 200 \, (\mathrm{N \cdot m^{-1}})$$

$$\omega = \sqrt{\frac{k}{m}} = \sqrt{\frac{200}{4}} \approx 7.07 \, (\mathrm{rad \cdot s^{-1}})$$

由 $t = 0$ 时,$x_0 = 0.10 = A\cos\varphi$,$v_0 = 0 = -A\omega\sin\varphi$,根据

$$A = \sqrt{x_0^2 + \frac{v_0^2}{\omega^2}}, \quad \tan\varphi = \frac{-v_0}{\omega x_0}$$

得

$$A = 0.10 \, \mathrm{m}$$

$$\varphi = 0$$

所以,振动方程为

$$x = 0.10\cos(7.07t) \, \mathrm{m}$$

(2) 由于物体在平衡位置上方 5 cm 时,所以不知道它是在自然长度处的上方还是下方,若处于自然长度处的上方,弹簧对物体的拉力 f 向下,反之则向上. 可以先假设物体受拉力 f 向上,作图 5.5(a)中的受力分析图,利用牛顿第二定律得

$$ma = mg - f$$

将 $a = -\omega^2 x = 2.5 \, \mathrm{m \cdot s^{-2}}$ 代入上式,得弹簧对物体的拉力

$$f = 4 \times (9.8 - 2.5) = 29.2 \, (\mathrm{N})$$

f 所得值为正,说明与假设方向相同.

(3) 设 t_1 时刻物体在平衡位置,此时 $x = 0$,即

$$0 = A\cos\omega t_1$$

或

$$\cos\omega t_1 = 0$$

因为此时物体向上运动,故

$$v < 0$$

所以

$$\omega t_1 = \frac{\pi}{2}$$

$$t_1 = \frac{\pi}{2\omega} = 0.222 \, (\text{s})$$

再设 t_2 时物体在平衡位置上方 5 cm 处,此时 $x = -0.05$ m,即

$$-0.05 = 0.10\cos\omega t_2, \quad \cos\omega t_2 = -1/2$$

因为 $v < 0$,得

$$\omega t_2 = \frac{2\pi}{3}$$

$$t_2 = \frac{2\pi}{3\omega} = 0.296(\text{s})$$

$$\Delta t = t_2 - t_1 = (0.296 - 0.222) \, \text{s} = 0.074(\text{s})$$

Δt 也可以利用旋转矢量法很方便地求得,其求法如下:

设物体第一次通过平衡位置的时刻为 t_1,此时 $x_1 = 0, v_1 < 0$,可以确定 t_1 时刻对应的旋转矢量 $\boldsymbol{A}_1$,如图 5.5(b)所示,设物体运动到上方 5 cm 处的时刻为 t_2,此时 $x_2 = -A/2, v_2 < 0$,可以确定 t_2 时刻对应的旋转矢量 $\boldsymbol{A}_2$,如图 5.5(b)所示,根据此旋转矢量图得

$$\frac{t_2 - t_1}{\pi/6} = \frac{T}{2\pi}$$

解得

$$\Delta t = t_2 - t_1 = \frac{T}{12} = \frac{\pi}{6\omega} = 0.074 \, \text{s}$$

例 5.3 两个质点各自做简谐振动,它们的振幅相同、周期相同. 第一个质点的振动方程为 $x_1 = A\cos[(2\pi/T)t + \pi/3]$. 当第一个质点从其平衡位置运动到位移为 $-A/2$ 时,求:

(1) 若第二个质点从正位移处回到其平衡位置,画出对应的旋转矢量图,并指出 x_1 振动超前于 x_2 振动的相位,写出第二个质点的振动方程;

(2) 若第二个质点正从负位移处回到其平衡位置,画出对应的旋转矢量图,并写出第二个质点的振动方程.

解 $A_1 = A_2 = A$

(1) 根据题意画出旋转矢量图(图 5.6(a)).

由图 5.6(a)很容易看出 x_1 振动超前于 x_2 振动的相位为 $\pi/6$. x_2 振动的初相为

$$\varphi_2 = \varphi_1 - \frac{\pi}{6} = \frac{\pi}{3} - \frac{\pi}{6} = \frac{\pi}{6}$$

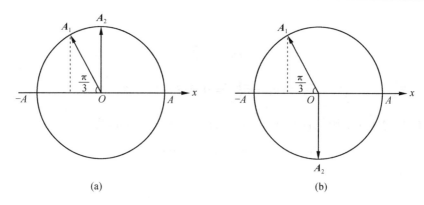

图 5.6　例 5.3 图

所以,第二个质点的振动方程为

$$x_2 = A\cos\left(\frac{2\pi}{T}t + \frac{\pi}{6}\right)$$

(2) 根据题意画出旋转矢量图(5.6 图(b)).

由图 5.6(b)很容易看出 x_1 振动超前于 x_2 振动的相位为 $-5\pi/6$,也即 x_1 振动落后于 x_2 振动的相位为 $5\pi/6$,x_2 振动的初相为

$$\varphi_2 = \varphi_1 + \frac{5\pi}{6} = \frac{\pi}{3} + \frac{5\pi}{6} = \frac{7\pi}{6}$$

由于 $7\pi/6$ 介于 π 与 2π 之间,根据 5.1.2 节所述,一般常记为 $\varphi_2 = -\left(2\pi - \frac{7\pi}{6}\right) = -\frac{5\pi}{6}$.所以,第二个质点的振动方程为

$$x_2 = A\cos\left(\frac{2\pi}{T}t - \frac{5\pi}{6}\right)$$

5.1.4　复摆

如图 5.7 所示,质量为 m 的任意形状的物体,挂在无摩擦的水平轴 O 上. 将它拉开一个角度 θ 后释放,物体将绕轴 O 自由摆动. 这样的装置叫**复摆**. 设复摆对轴 O 的转动惯量为 J,复摆的质心 C 到 O 的距离$|OC| = l$. 显然,OC 在图 5.7 中的虚线位置时,复摆为稳定平衡状态.

当复摆摆角(OC 与铅直线间的夹角)为任意角度 θ 时,复摆受重力矩 $M = -mgl\sin\theta$,当摆角 $\theta < 5°$时,$\sin\theta \approx \theta$.若不计空气阻力,根据转动定律得

$$\frac{\mathrm{d}^2\theta}{\mathrm{d}t^2} = -\frac{mgl}{J}\theta \tag{5-14}$$

其中,负号表示力矩的作用总是使其偏离平衡位置的角度减小.

设 $\omega = \sqrt{\dfrac{mgl}{J}}$,则式(5-14)改写为

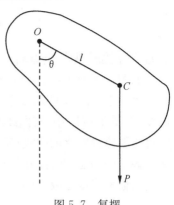

$$\frac{\mathrm{d}^2\theta}{\mathrm{d}t^2} + \omega^2\theta = 0 \qquad (5\text{-}15)$$

这是简谐振动的微分方程标准形式.说明在摆角小于 5°时,复摆可视为做简谐振动.其角频率和周期分别为

$$\omega = \sqrt{\frac{mgl}{J}}$$

$$T = 2\pi\sqrt{\frac{J}{mgl}} \qquad (5\text{-}16)$$

图 5.7 复摆

当 $J = ml^2$ 时,即对应单摆的情况.由式(5-16)得单摆的角频率和周期分别为

$$\omega = \sqrt{\frac{g}{l}}$$

$$T = 2\pi\sqrt{\frac{l}{g}} \qquad (5\text{-}17)$$

可见,单摆和复摆的角频率和周期也只由振动系统本身性质决定.

任何简谐振动的周期、频率都由其系统的固有特性决定,这种只由固有特性决定的周期和频率称为振动系统的**固有周期**和**固有频率**.

5.1.5 简谐振动的能量

以弹簧振子为例分析简谐振动系统的能量.对任意时刻 t,物体的速率为 v,离开平衡位置的位移为 x,由于 $x = A\cos(\omega t + \varphi)$ 和 $v = -\omega A\sin(\omega t + \varphi)$,可得系统的动能为

$$E_k = \frac{1}{2}mv^2 = \frac{1}{2}m\omega^2 A^2\sin^2(\omega t + \varphi) \qquad (5\text{-}18)$$

系统的势能为

$$E_p = \frac{1}{2}kx^2 = \frac{1}{2}kA^2\cos^2(\omega t + \varphi) \qquad (5\text{-}19)$$

系统的总能量为

$$E = E_k + E_p = \frac{1}{2}m\omega^2 A^2\sin^2(\omega t + \varphi) + \frac{1}{2}kA^2\cos^2(\omega t + \varphi)$$

将 $\omega^2 = k/m$ 代入上式,得

$$E = \frac{1}{2}m\omega^2 A^2 = \frac{1}{2}kA^2 \tag{5-20}$$

显然,弹簧振子做简谐振动时,其总能量与振幅的平方成正比.

　　如图 5.8 所示,图 5.8(a)中,虚的直线对应系统的总能量随时间的变化曲线;实线对应系统的势能随时间的变化曲线;虚的曲线对应系统的动能随时间的变化曲线.在图 5.8(b)中,实曲线对应系统的动能随位置的变化曲线;虚曲线对应系统的势能随位置变化的曲线;实的直线对应系统的总能量随位置变化的曲线.可见,弹簧振子的动能和势能互相转化,系统的总能量等于一个常数.该结论对做简谐振动的其他系统也是成立的.

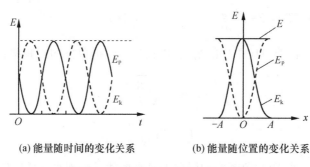

(a) 能量随时间的变化关系　　　　(b) 能量随位置的变化关系

图 5.8　简谐振动的总能量等于常数

思 考 题

　　5.1-1　简谐振动物体所受的合力 $f = -kx$ 为什么叫恢复力?其中负号和 x 分别表示什么意思?

　　5.1-2　简谐振动方程中的哪些量和坐标选取有关?

　　5.1-3　弹簧的劲度系数为 k,挂一个质量为 m 的物体,它的振动周期多大?若把弹簧切去一半,仍将原物体挂在上面,它的振动周期又为何值?

　　5.1-4　单摆的周期受什么影响?把某一单摆由赤道拿到北极去,它们的周期是否变化?

　　5.1-5　把单摆从平衡位置拉开,使摆线与竖直方向成 θ_0 角,然后放手任其作微小的摆动.若以放手时刻为开始观察的时刻,则其振动的初相位为何值?摆角的振幅是多少?

　　5.1-6　弹簧振子的振幅增大到原振幅的 2 倍时,其振动周期、振动能量、最大速度和最大加速度等物理量将如何变化?

　　5.1-7　如何测量不规则物体的转动惯量?

5.2 简谐振动的合成

当一个质点同时受到多个弹性力作用时,该质点将同时参与多个独立的简谐振动,质点的运动将是这几个简谐振动的叠加,即多个简谐振动的合成.

5.2.1 同方向同频率的简谐振动的合成

"同方向"指的是质点的位移在同一直线上.设两个简谐振动具有相同的频率,它们分别为

$$x_1 = A_1 \cos(\omega t + \varphi_1)$$
$$x_2 = A_2 \cos(\omega t + \varphi_2)$$

则合振动的位移

$$x = x_1 + x_2$$

下面利用旋转矢量法求合位移 x. 如图 5.9 所示,设两个简谐振动的旋转矢量分别为 $\boldsymbol{A}_1$ 和 $\boldsymbol{A}_2$,$t=0$ 时,它们与 Ox 的夹角分别为 φ_1 和 φ_2,两矢量的矢量和为 $\boldsymbol{A}$,由于 $\boldsymbol{A}_1$ 和 $\boldsymbol{A}_2$ 以相同的角速度 ω 逆时针旋转,所以 $\varphi_2 - \varphi_1$ 始终不变,这就使得由 $\boldsymbol{A}_1$ 和 $\boldsymbol{A}_2$ 组成的平行四边形的形状大小始终不变,即 $\boldsymbol{A}$ 与 $\boldsymbol{A}_1$ 和 $\boldsymbol{A}_2$ 以相同的角速度 ω 逆时针旋转,其大小在旋转过程中不变.由图 5.9 可见,$\boldsymbol{A}$ 的矢端在 x 轴上的投影点的坐标 $x = x_1 + x_2$,所以 $\boldsymbol{A}$ 是代表合振动的旋转矢量,合振动的位移 x 为

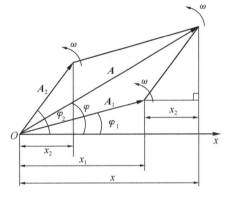

图 5.9 同方向同频率简谐振动的合成

$$x = A\cos(\omega t + \varphi)$$

由图 5.9 所示,利用余弦定理可得

$$A = \sqrt{A_1^2 + A_2^2 + 2A_1 A_2 \cos(\varphi_2 - \varphi_1)} \tag{5-21}$$

$$\tan\varphi = \frac{A_1 \sin\varphi_1 + A_2 \sin\varphi_2}{A_1 \cos\varphi_1 + A_2 \cos\varphi_2} \tag{5-22}$$

可见,两个同方向同频率的简谐振动的合振动,仍是同方向同频率的简谐振动.在这种振动合成中,两个振动的相位差 $\Delta\varphi = \varphi_2 - \varphi_1$ 决定合成振动振幅的大小.

当相位差为下述两种情况尤为重要:

（1）同相振动，即相位差 $\varphi_2-\varphi_1=2k\pi(k=0,\pm1,\pm2,\cdots)$，这时 $\cos(\varphi_2-\varphi_1)=1$，则

$$A = A_1 + A_2 \qquad (5\text{-}23)$$

振动合成结果为互相加强.

（2）反相振动，即相位差 $\varphi_2-\varphi_1=(2k+1)\pi(k=0,\pm1,\pm2,\cdots)$，这时 $\cos(\varphi_2-\varphi_1)=-1$，则

$$A = |A_1 - A_2| \qquad (5\text{-}24)$$

振动合成结果为互相减弱.

一般情况，相位差 $\Delta\varphi=\varphi_2-\varphi_1$ 为任意值，这时合振幅介于 $|A_1-A_2|$ 与 A_1+A_2 之间.

多个同方向同频率的简谐振动合成时，利用上面旋转矢量求两个简谐振动合成的方法，可以推得：多个同方向同频率的简谐振动合成，其合振动仍为同方向同频率的简谐振动，其表达式为 $x=A\cos(\omega t+\varphi)$，振幅及初相这里不作讨论.

* 5.2.2　同方向不同频率的简谐振动的合成

同方向、不同频率的简谐振动合成时，在图 5.9 中，$\varphi_2-\varphi_1$ 不为常数，所以合振动的振幅也不再是常数，这时合振动是同方向的非简谐振动. 下面仅讨论两个简谐振动的频率 ν_1 和 ν_2 都比较大，而两频率之差却很小的情况.

当两频率相差很小的音叉放在一起振动时，我们能听到时而加强和时而减弱的声音，称"拍音". 为方便讨论，我们设两个简谐振动的振幅相同，且初相都为零，频率分别为 ν_1 和 ν_2，如图 5.10(a)，(b)所示，它们的运动方程分别为

$$x_1 = A\cos 2\pi\nu_1 t$$
$$x_2 = A\cos 2\pi\nu_2 t$$

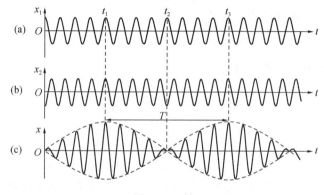

图 5.10　拍

合振动位移为

$$x = x_1 + x_2 = A(\cos 2\pi\nu_1 t + \cos 2\pi\nu_2 t)$$

利用和差化积公式,得

$$x = \left(2A\cos 2\pi \frac{\nu_2 - \nu_1}{2} t\right)\cos 2\pi \frac{\nu_2 + \nu_1}{2} t \tag{5-25}$$

式中可将 $\frac{\nu_2 + \nu_1}{2}$ 看成是合振动的频率,$\left|2A\cos 2\pi \frac{\nu_2 - \nu_1}{2} t\right|$ 看成是合振动的振幅,图 5.10(c)是合振动的位移随时间变化的曲线.

由于 $|\nu_2 - \nu_1| \ll \nu_2 + \nu_1$,所以,合振动的频率与两个分振动的频率很接近,合振动的振幅按 $\left|\cos 2\pi \frac{\nu_2 - \nu_1}{2} t\right|$ 规律随时间缓慢变化,振幅最大值为 $2A$,最小值为 0,由式(5-25)决定的这种振幅时大时小的振动现象称为"拍".

合振幅每变化一个周期称为一拍,单位时间拍出现的次数为

$$\nu = |\nu_2 - \nu_1| \tag{5-26}$$

称为拍频.

拍是一种很重要的现象,无论是声振动,还是电磁振动,都常见拍现象.例如,在校准钢琴时,由于待校钢琴发出的频率与标准音叉发出的频率间存在微小差别,所以它们所激发的声波在空间叠加后会产生拍音,调节钢琴的频率使拍音消失,就校准了钢琴的一个琴音.又如,在外差式收音机中也利用了拍的特性.

对于两个频率相接近的振动,若其中一个频率为已知,则通过拍频的测量就可以知道另一个待测振动的频率.这种方法常用于声学、速度测量、无线电技术和卫星跟踪等领域.

*5.2.3 两个互相垂直的简谐振动的合成

当一个质点同时参与两个不同方向的振动时,它的合位移是两个分位移的矢量和.这时质点在两个运动方向所决定的平面上运动,它的轨迹一般为平面曲线,曲线形状取决于两个振动的周期、振幅和相位差.

1. 两个相互垂直的同频率简谐振动的合成

设两个相互垂直的同频率简谐振动的振动表达式为

$$x = A_1\cos(\omega t + \varphi_1)$$
$$y = A_2\cos(\omega t + \varphi_2)$$

以上两式是质点运动轨迹的参数方程.如果把参数 t 消去,就得到轨迹方程.

从以上两式可得

$$\frac{x^2}{A_1^2} + \frac{y^2}{A_2^2} - \frac{2xy}{A_1A_2}\cos(\varphi_2 - \varphi_1) = \sin^2(\varphi_2 - \varphi_1)$$

这是一椭圆方程,其形状由两个分振动的相位差和振幅决定.下面讨论几种特殊情况:

(1) 相位差为 0 或 π.

当 $\varphi_2 - \varphi_1 = 0$ 时,$\dfrac{x}{A_1} - \dfrac{y}{A_2} = 0$(图 5.11(a));

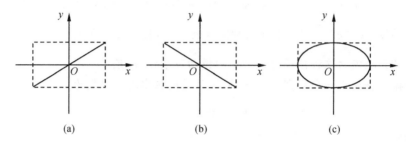

图 5.11 两个相互垂直的同频率简谐振动的合成

当 $\varphi_2 - \varphi_1 = \pi$ 时,$\dfrac{x}{A_1} + \dfrac{y}{A_2} = 0$(图 5.11(b)).

也就是说,相位差为 0 或 π 时,振动的轨迹是过原点的直线.

(2) 相位差为 $\pm\dfrac{\pi}{2}$.

当 $\varphi_2 - \varphi_1 = \pm\dfrac{\pi}{2}$ 时,$\dfrac{x^2}{A_1^2} + \dfrac{y^2}{A_2^2} = 1$(图 5.11(c)),合振动的轨迹是正椭圆.

2. 两个相互垂直的不同频率简谐振动的合成

两个相互垂直的简谐振动,由于具有不同频率,其相位差将随时间而变化,因而其合成振动的轨迹一般不能形成稳定的图形.如果两个分振动的频率具有简单的整数比,则合成振动的轨迹为稳定的封闭曲线,曲线的形状与分振动的频率比及相位差有关,这种曲线叫做李萨如图形.在图 5.12 中,给出的是不同频率比,且 $\varphi_1 = 0$,$\varphi_2 = 0, \pi/4, \pi/2$ 的合成运动轨迹图.利用电子示波器,调整输入信号的频率比,可以在荧光屏上观察到不同的李萨如图形.因此,可由合成振动中的一个已知振动的频率,通过测量求出合成振动中的另一个未知振动的频率.工程上常用这种方法来测定未知频率和确定相位.

由上面的讨论可知,弹簧振子做简谐振动的运动方程给出了振子位移随时

间 t 变化的规律,是一个二阶一维线性微分方程,这样的振子简称一维谐振子.物理学中有许多类型的系统,它们的运动也可用谐振子的振动方程来描述,即它们也都做简谐振动.如果描述该系统的"位移"变量是一维的,则和一维弹簧振子的情况相同,也可称为一维谐振子;若需用二维或三维变量来描述,则这种系统称为二维或三维谐振子.下面以晶体中原子或离子的振动为例简介这些概念.构成晶体的原子(或离子)非常规则地排列成晶格,每个原子在其他原子的共同作用下在平衡位置附近振动,其激烈程度与晶体的温度有关.当温度较低时,原子在平衡位置附近做微小振动,则可用谐振子的理论描写.但是考虑到原

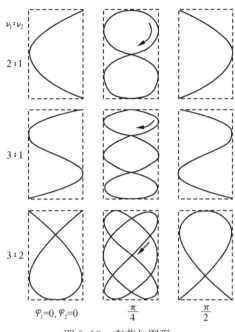

图 5.12　李萨如图形

子可以沿 x,y 和 z 三个轴的方向做振动,因而这是三维谐振子的问题,每个原子都是一个三维谐振子. N 个原子构成的晶体可以看成是 N 个三维谐振子的集合.晶体的这种振动模式对于了解晶体的性质,特别是热学性质,光学和电学性质有重要意义.实验表明,利用这种模型得到的理论结果在温度较低时是相当准确的.谐振子的概念在近代物理,如量子力学、热力学、凝聚态物理等各学科中都有重要的应用.

思　考　题

5.2-1　两个同方向同频率简谐振动合成时,合振动的振幅与两个振动的相位差有何关系?两个振动同相、反相的条件是什么? 若两个振动的振幅均为 A,你能试画出同相、反相时的旋转矢量图.

5.2-2　拍现象是由怎样的两个简谐振动合成的?

*5.3　阻尼振动　受迫振动　共振

*5.3.1　阻尼振动

简谐振动只是理想的情形,其振动系统的能量为一常数,称为无阻尼自由振

动. 在实际振动中,由于阻力的存在,振动系统的能量在振动过程中因不断克服阻力做功而减小,振幅也就越来越小. 同时,由于振动系统引起邻近介质中各质元的振动,振动向外传播出去,使能量以波动形式向四周辐射出去,这虽然只是机械能的转移,但对振动系统本身来说,其能量也因不断输出而在衰减,最后停止振动. 这种振动称为阻尼振动. 例如,音叉在振动时,不仅要克服空气阻力做功而消耗能量,同时还因辐射声波而损失能量.

实验指出,在物体运动速度不太大的情况下,黏滞阻力为

$$f = -\gamma v$$

其中,γ 叫做阻力系数,它是与物体的形状、大小及介质的性质有关的常数,负号表示阻力与速度方向相反. 当弹簧振子受到 $f = -\gamma v$ 的黏滞阻力时,根据牛顿第二定律,得

$$-kx - \gamma \frac{\mathrm{d}x}{\mathrm{d}t} = m \frac{\mathrm{d}^2 x}{\mathrm{d}t^2} \tag{5-27}$$

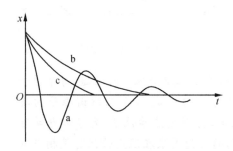

图 5.13　阻尼振动

a. 欠阻尼;b. 过阻尼;c. 临界阻尼

令 $\omega_0 = \sqrt{k/m}$,称为固有角频率,$2\beta = \gamma/m$,β 称为阻尼系数,表征阻尼的强弱. 则式(5-27)改写为

$$\frac{\mathrm{d}^2 x}{\mathrm{d}t^2} + 2\beta \frac{\mathrm{d}x}{\mathrm{d}t} + \omega_0^2 x = 0 \tag{5-28}$$

当 $\beta < \omega_0$ 时,称为欠阻尼,$\beta > \omega_0$ 称为过阻尼,$\beta = \omega_0$ 则称为临界阻尼. 图 5.13 分别是阻尼为上述三种情况的位移-时间曲线. 在欠阻尼的情况下,设 $\omega = \sqrt{\omega_0^2 - \beta^2}$,则方程(5-28)的解为

$$x = A e^{-\beta t} \cos(\omega t + \varphi) \tag{5-29}$$

*5.3.2　受迫振动　共振

阻尼振动消耗系统能量,要维持等幅振动,需要在 $F = F_0 \cos\omega t$ 的驱动力作用下不断地对系统做功,来保持系统能量不变. 若系统的固有角频率为 ω_0,它受上述简谐力的同时,还受弹性力 $-kx$、阻力 $-\gamma \frac{\mathrm{d}x}{\mathrm{d}t}$,根据牛顿第二定律,得

$$-kx - \gamma \frac{\mathrm{d}x}{\mathrm{d}t} + F_0 \cos\omega t = m \frac{\mathrm{d}^2 x}{\mathrm{d}t^2} \tag{5-30}$$

方程(5-30)是受迫振动的微分方程形式,其解是阻尼振动的位移与简谐振动的位移之和,经过不太长的时间,阻尼振动的振幅 $A_0 e^{-\gamma t}$ 衰减为零. 即

$$x = A\cos(\omega t + \varphi) \tag{5-31}$$

其中，ω 是驱动力的角频率，振幅和初相位为

$$A = \frac{F_0}{m\sqrt{(\omega_0^2 - \omega^2)^2 + (2\beta\omega)^2}} \tag{5-32}$$

$$\varphi = \arctan\frac{2\beta\omega}{\omega^2 - \omega_0^2} \tag{5-33}$$

由 $\dfrac{\mathrm{d}A}{\mathrm{d}\omega} = 0$，可求得当 $\omega = \sqrt{\omega_0^2 - 2\beta^2}$ 时，振幅 A 有极大值，这时系统发生共振。在小阻尼的情况下，系统的共振频率接近固有频率。生活中有许多共振的现象：工厂中车床的转动频率与车床本身的固有频率比较接近时，车床会剧烈抖动；风吹高压电线发出的尖啸声等，都是共振现象。

很多技术都利用了共振现象。例如，只有当收音机、电视机与电台、电视台所发射的电磁波产生共振，才能接收到相应的电磁信号；钢琴、小提琴等乐器的木质琴身的制造，就是利用共振现象来提高音响效果。共振能充当地球生物的保护神，当紫外线经过大气层时，臭氧层的振动频率恰好能与紫外线产生共振，因而就使这种振动吸收了大部分的紫外线。

共振有时会造成严重危害，如 1940 年 11 月 7 日，世界上第一座悬索桥——美国的塔科马海峡吊桥(Tacoma Narrows Bridge)，因大风引起扭转振动，又因振动频率接近于大桥的共振频率而坍塌了（图 5.14），该桥仅使用了 4 个月零 6 天。[1]

图 5.14　塔科马大桥因发生共振而坍塌

---

① Billah K，Scanlan R. 1991. Resonance，Tacoma Narrows Bridge failure，and undergraduate physics textbooks. American Journal of Physics，59(2)：118～124.

本 章 提 要

1. 简谐振动物体受力特征

恢复力,形式为 $f = -kx$,x 是物体离开平衡位置的位移.

2. 简谐振动的微分方程

$$\frac{\mathrm{d}^2 x}{\mathrm{d}t^2} + \omega^2 x = 0$$

3. 简谐振动的运动方程

$$x = A\cos(\omega t + \varphi)$$

4. 三个特征量

A 振幅,由振动的能量决定;ω 角频率,由振动系统本身的固有性质决定;φ 初相位,由初始条件决定.

振动的相位:$\omega t + \varphi$,决定简谐振动的状态.

5. 由固有性质决定的量(T, ν, ω)

$$T = \frac{1}{\nu} = \frac{2\pi}{\omega}$$

弹簧振子:　　　　　　$\omega = \sqrt{\dfrac{k}{m}}$,　　$T = 2\pi\sqrt{\dfrac{m}{k}}$

单摆$(\theta < 5°)$:　　　　$\omega = \sqrt{\dfrac{g}{l}}$,　　$T = 2\pi\sqrt{\dfrac{l}{g}}$

6. 由初始条件决定的量

$$A = \sqrt{x_0^2 + \frac{v_0^2}{\omega^2}}, \quad \varphi = \arctan\frac{-v_0}{\omega x_0}$$

7. 简谐振动的能量

$$E = E_{\mathrm{k}} + E_{\mathrm{p}} = \frac{1}{2}kA^2$$

8. 两个简谐振动的合成

(1) 两个同方向同频率简谐振动的合成

合振动还是一个同方向同频率的简谐振动

振幅　　　　　　$A = \sqrt{A_1^2 + A_2^2 + 2A_1 A_2 \cos(\varphi_2 - \varphi_1)}$

初相位　　　　　　$\tan\varphi = \dfrac{A_1 \sin\varphi_1 + A_2 \sin\varphi_2}{A_1 \cos\varphi_1 + A_2 \cos\varphi_2}$

同相振动　　$(\varphi_2 - \varphi_1) = \pm 2k\pi$,　　$A = A_1 + A_2$,　　其中 $k = 0, 1, 2, \cdots$

反相振动 　$(\varphi_2-\varphi_1)=\pm(2k+1)\pi$，　$A=|A_2-A_1|$，　其中 $k=0,1,2,\cdots$

（2）两个同方向不同频率简谐振动的合成：ν_1、ν_2 都很大且 $|\nu_2-\nu_1|$ 很小时，产生拍.

拍频：　　　　　　　　　　$\nu=|\nu_2-\nu_1|$

（3）互相垂直的两个同频率简谐振动的合成：合振动轨迹一般为椭圆，其具体形状取决于两分振动的相差和振幅.

（4）互相垂直的两个不同频率振动的合成：两分振动频率为简单整数比时合振动轨迹为李萨如图形.

阻尼振动：欠阻尼情况下，有

$$x=Ae^{-\beta t}\cos(\omega t+\varphi)$$

9. 受迫振动及共振

受迫振动是在驱动力作用下的振动. 稳态时的振动频率等于驱动力的频率；当驱动力的频率等于振动系统的固有频率时发生共振现象.

习　　题

5-1　对同一简谐振动的研究，两个人都选平衡位置为坐标原点，但其中一人选铅直向上的 Ox 轴为坐标系，而另一个人选铅直向下的 OX 轴为坐标系，如题 5-1 图所示，则振动方程中不同的量是（　　）

A. 振幅，　　　　　　　　B. 圆频率，

C. 初相位，　　　　　　　D. 振幅、圆频率.

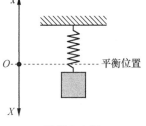

习题 5-1 图

5-2　三个相同的弹簧（质量均忽略不计）都一端固定，另一端连接质量为 m 的物体，但放置情况不同. 如习题 5-2 图所示，其中一个平放，一个斜放，另一个竖直放置. 如果忽略阻力影响，当它们振动起来时，则三者的（　　）

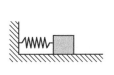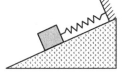

习题 5-2 图

A. 周期和平衡位置都不相同，　　　　　　B. 周期和平衡位置都相同，

C. 周期相同，平衡位置不同，　　　　　　D. 周期不同，平衡位置相同.

5-3　一轻弹簧，上端固定，下端挂有质量为 m 的重物，其自由振动的周期为 T. 今已知振子离开平衡位置为 x 时，其振动速度为 v，加速度为 a. 则下列计算该振子劲度系数的公式中，错误的是（　　）

A. $k=mv_{max}^2/x_{max}^2$，　　　　B. $k=mg/x$，　　　　C. $k=4\pi^2m/T^2$，　　　　D. $k=ma/x$.

5-4　某物体按余弦函数规律做简谐振动,它的初相位为 $-\pi/2$,则该物体振动的初始状态为(　　)

A. $x_0=0, v_0>0$,　　　　　　　　　　　　B. $x_0=0, v_0<0$,

C. $x_0=0, v_0=0$,　　　　　　　　　　　　D. $x_0=-A, v_0=0$.

5-5　一个质点做简谐振动,振幅为 A,周期为 T,在起始时刻

(1) 质点的位移为 $A/2$,且向 x 轴的负方向运动;

(2) 质点的位移为 $-A/2$,且向 x 轴的正方向运动;

(3) 质点在平衡位置,且其速度为负;

(4) 质点在负的最大位移处;

写出简谐振动方程,并画出 $t=0$ 时的旋转矢量图.

5-6　两个质点各自做简谐振动,它们的振幅相同、周期相同. 第一个质点的振动方程为 $x_1=A\cos(\omega t+\alpha)$,其中 $0\leqslant\alpha<\dfrac{\pi}{2}$. 当第一个质点从相对于其平衡位置负的位移处回到平衡位置时,第二个质点正处在正的最大位移处. 则第二个质点的振动方程为(　　)

A. $x_2=A\cos\left(\omega t+\alpha+\dfrac{\pi}{2}\right)$,　　　　　　B. $x_2=A\cos\left(\omega t+\alpha-\dfrac{\pi}{2}\right)$,

C. $x_2=A\cos\left(\omega t+\alpha-\dfrac{3\pi}{2}\right)$,　　　　　　D. $x_2=A\cos(\omega t+\alpha+\pi)$.

5-7　一简谐振动曲线如习题 5-7 图所示,则由图确定质点的振动方程为_____,在 $t=2$ s时质点的位移为_____,速度为_____,加速度为_____.

5-8　一简谐振动的曲线如习题 5-8 图所示,则该振动的周期为_____,简谐振动方程为_____.

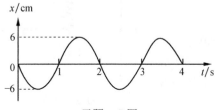

习题 5-7 图

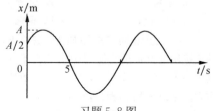

习题 5-8 图

5-9　一质点沿 x 轴做简谐振动,其角频率 $\omega=10$ rad·s^{-1}. 其初始位移 $x_0=7.5$ cm,初始速度 $v_0=75.0$ cm·s^{-1}. 试写出该质点的振动方程.

5-10　质量为 2 kg 的质点,按方程 $x=0.2\cos(0.8\pi t-\pi/3)$(SI)沿着 x 轴振动. 求:

(1) 振动的周期、初相位、最大速度和最大加速度;

(2) $t=1$ s 时振动的相位和离开平衡位置的位移.

5-11　一质点做简谐振动,振动方程为 $x=6\cos(100\pi t+0.7\pi)$ cm,在 t(单位:s)时刻它 $x=3\sqrt{2}$ cm 处,且向 x 轴负方向运动. 求它重新回到该位置所需要的最短时间.

5-12　两条水平轻弹簧(劲度系数分别为 k_1 和 k_2)与质量为 m 的物体相连,如习题 5-12 图所示,不计摩擦力,试证此振动系统沿水平面振动时的周期为

$$T=2\pi\left(\dfrac{m}{k_1+k_2}\right)^{\frac{1}{2}}$$

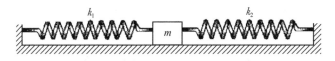

习题 5-12 图

5-13　一质量为 $0.20\,\text{kg}$ 的质点做简谐振动,其振动方程为

$$x = 0.6\cos\left(5t - \frac{1}{2}\pi\right)(\text{SI})$$

求:(1) 质点的初速度;(2) 质点在正向最大位移一半处所受的力.

5-14　汽车相对地面上下做简谐振动,振动表达式为 $x_1 = 0.04\cos(2\pi t + \pi/4)(\text{SI})$;车内的物体相对于汽车也上下做简谐振动,振动表达式为 $x_2 = 0.03\cos(2\pi t + \pi/2)(\text{SI})$.问:在地面上的人看来,该物体如何运动? 写出合振动表达式.

5-15　一弹簧振子做简谐振动,总能量为 E_1,如果简谐振动振幅增加为原来的两倍,重物的质量增为原来的四倍,则它的总能量 E_2 变为(　　　)

A. $E_1/4$,　　　　　　　B. $E_1/2$,　　　　　　　C. $2E_1$,　　　　　　　D. $4E_1$.

5-16　一质点做简谐振动,其振动方程为

$$x = 6.0 \times 10^{-2}\cos\left(\frac{1}{3}\pi t - \frac{1}{4}\pi\right)(\text{SI})$$

(1) 当 x 值为多大时,系统的势能为总能量的一半?

(2) 质点从平衡位置移动到上述位置所需最短时间为多少?

5-17　一摆钟,在北京走得很准,如果把它拿到广州,它一昼夜走时的误差为多少? 已知北京的重力加速度为 $g_p = 9.800\,\text{m} \cdot \text{s}^{-2}$,广州的重力加速度为 $g_g = 9.764\,\text{m} \cdot \text{s}^{-2}$.

第6章 机 械 波

【学习目标】

理解机械波产生的条件.掌握由已知质点的简谐振动方程得出平面简谐波的波函数的方法及波函数的物理意义.理解波形图.会利用波函数求质点的振动方程和波形方程.了解波的能量传递特征及能流、能流密度概念.了解惠更斯原理和波的叠加原理.理解波的相干条件,能应用相位差分析、确定相干波叠加后振幅加强减弱的条件.理解驻波及其形成条件.了解驻波和行波的区别.理解机械波的多普勒效应.

波是自然界中一种常见的物质运动的形式,如果在介质中某处发生振动,由于介质中质点间的相互联系,介质的其他部分也会相继振动起来,并以有限的速度向四周传播,这种传播着的振动称为波动,简称波.可见,振动是波动的基础,波动是振动的传播过程.

本章讨论机械振动在介质中的传播过程,即讨论机械波.机械波比较直观,与生活联系也很大,如抖动绳子产生的绳波、投石子入水产生的水波,空气中传播的声波等.除机械波外,还有电磁波,如无线电波、可见光、微波和各种射线等.机械波与电磁波在本质上是不同的,但它们在空间的传播规律却具有共性.

6.1 机械波的形成 波长 周期和波速

6.1.1 机械波的形成

先看两个常见的实例:拉紧一根绳,同时使一端做垂直于绳子的振动,这个振动就沿着绳子向另一端传播,形成绳子上的波;小石子投入静止的水中时,引起落石处水的振动,这个振动就向周围水面传播出去,形成水面波.而设想若算盘各个杆上只有一个珠,让其中的某个珠沿杆往复运动,其他杆上的珠是不随之运动的.

可见机械波的产生,首先要有做机械振动的物体,它称为机械波的波源;另外要有能够传播这种机械振动的弹性介质.

6.1.2 横波和纵波

按照质元振动方向与波传播方向之间的关系,可将机械波分为横波和纵波.

质元的振动方向与波的传播方向相互垂直的波叫横波(图 6.1),横波的外形特征是具有波峰和波谷,由于每个质元都在不断的振动,波峰和波谷的位置将随时间而转移,即整个波形在向前推移,这就是横波的传播过程.横波只能在固体中传播.

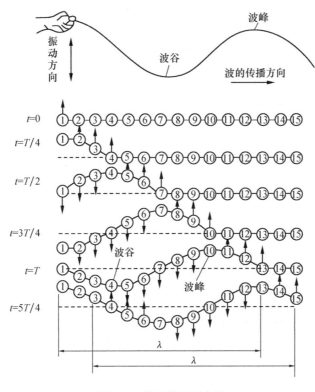

图 6.1 横波传播示意图

质元振动方向与波的传播方向互相平行的波叫纵波(图 6.2),纵波的外形特征是具有疏区和密区,这种质元分布的疏密状态,将随时间而沿波的传播方向转移出去.纵波在固体、液体和气体中都能传播.

密 疏 密

图 6.2 弹簧中的纵波

无论是横波还是纵波,它们都只是振动状态(即振动相位)的传播,弹性介质中各质点仅在它们各自的平衡位置附近振动,并没有随振动的传播而迁移.

6.1.3　波线　波面　波前

当波源在介质中振动时,由于介质中质元之间的相互作用,引起波源周围各质元相对于自己的平衡位置相继振动.这样,振动从波源开始,由近及远传播出去.为形象地描述波,把波的传播方向称为**波线**或射线.把传播过程中振动相位相同的各点所组成的曲面,称为**波面**,最前面的波面称为**波前**,在各向同性的介质中,波线与波面处处垂直.图 6.3 对应平面波和球面波情形.

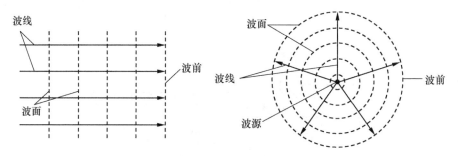

图 6.3　平面波和球面波

6.1.4　波长　波的周期和频率　波速

波长、波的周期(或频率)和波速是描述波的基本物理量.波线上两个相邻的、相位相差 2π 的振动质点间的距离,叫做**波长**,用 λ 表示.对于横波,相邻波峰或相邻波谷之间的距离即为波长 λ;对纵波而言,相邻疏区或相邻密区对应点间的距离也是一个波长.

波前进一个波长 λ 的距离所用的时间定义为**周期**,用 T 表示.单位时间波向前传播的完整波的数目,称为**频率**,以 ν 表示.显然 $\nu = 1/T$.由于质点进行一次完全的振动,波即向前传播一个完整的波形,所以波的周期、频率与质点振动的周期频率相等.

单位时间内某一振动状态(即振动相位)所传播的距离称为波速(也称相速),用 u 表示.波速描述了振动状态在介质中传播的方向和快慢程度.机械波的波速取决于介质的性质,与波源无关.在理论上可以证明,横波和纵波在固态介质中的波速 u 可表示为

$$u = \sqrt{\frac{G}{\rho}} \quad (横波), \quad u = \sqrt{\frac{Y}{\rho}} \quad (纵波)$$

其中,G 和 Y 分别是介质的切变弹性模量和杨氏弹性模量,ρ 是介质的密度.纵波在无限大的固态介质中传播时,上述纵波公式是近似的,但在固态细棒中沿着棒的长度方向传播时是准确的.

液体和气体中只能传播纵波,波速可用下式计算,即

$$u = \sqrt{\frac{B}{\rho}} \quad \text{(纵波)}$$

其中,B 是体变弹性模量,ρ 是介质的密度.对于理想气体,则声波的波速为

$$u = \sqrt{\frac{\gamma R T}{\mu}}$$

其中,γ 是气体的摩尔热容比,R 是普适气体常量,T 是热力学温度,μ 是气体的摩尔质量.表 6.1 给出了几种介质中的声速.

表 6.1 在一些介质中的声速

介 质	温度/℃	声速/(m·s^{-1})
空气(1.013×10^5 Pa)	0	331
空气(1.013×10^5 Pa)	20	343
氢(1.013×10^5 Pa)	0	1270
玻璃	0	3500
冰	0	5100
水	20	1460
铝	20	5100

波长、波的周期、频率和波速间的关系如下:

$$u = \frac{\lambda}{T} = \lambda \nu \tag{6-1}$$

由于波速 u 是由介质的性质决定,根据式(6-1)可知,波长 λ 也是由介质的性质决定的物理量.

思 考 题

6.1-1 产生机械波的条件是什么?

6.1-2 横波在各种介质中都能传播吗?

6.2 平面简谐波的波函数

6.2.1 平面简谐波的波函数的形式

描述波沿波线传播的解析表达式,通常称为**波函数**或**波动方程**.当波源在均匀、无吸收的介质中做简谐振动时形成的波,叫**简谐波**.平面简谐波即波面为平面

的简谐波.简谐波是一种理想化的波,因为任何介质都会有吸收.实际中的波往往是很复杂的,但是,任何复杂波都是若干个振幅、频率不同的简谐波叠加而成的(图 6.4).所以,讨论简谐波是非常必要的.

下面讨论沿 Ox 轴正方向传播的平面简谐波.

在图 6.5 中,x 表示质元的平衡位置,y 表示质元在任意时刻 t 相对平衡位置的位移.设原点处质元的振动方程为

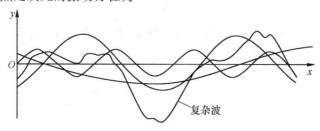

图 6.4 三个不同的简谐波叠加成复杂波

$$y_O = A\cos(\omega t + \varphi) \tag{6-2}$$

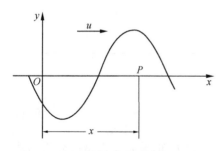

图 6.5 沿 Ox 轴正方向传播的简谐波

P 为波线上任一点,坐标为 x.当振动从 O 点传播到任意点 P 时,P 点处的质元将重复 O 点处质元的振动.由于振动从 O 点传到 P 点需要 x/u 的时间(u 为波速),P 点处的质元在 t 时刻的振动状态,等于 O 点处的质元在 $t-x/u$ 时刻的振动状态.因此,如果波在传播时,各点处质元振动的振幅相等,则有

P 点处质元 t 时刻的位移$=O$ 点处质元 $t-\dfrac{x}{u}$ 时刻的位移

所以 P 点处质元在时刻 t 的位移为

$$y_P = A\cos\left[\omega\left(t - \frac{x}{u}\right) + \varphi\right] \tag{6-3}$$

由于 P 点的任意性,即可知 Ox 轴上所有点的位移随时间变化的函数关系为

$$y = A\cos\left[\omega\left(t - \frac{x}{u}\right) + \varphi\right] \tag{6-4a}$$

将 $\omega=2\pi/T=2\pi\nu,u=\lambda\nu=\lambda/T$ 代入式(6-4a),可得

$$y = A\cos\left[2\pi\left(\frac{t}{T} - \frac{x}{\lambda}\right) + \varphi\right] \tag{6-4b}$$

式(6-4a)和式(6-4b)即为原点初相为 φ 时,沿 Ox 轴正向传播的平面简谐波的波函数.

同理,如果波沿 Ox 轴负方向传播,当 O 点处的质元振动了 t 时间,P 点处的质元已经振动了 $t+x/u$ 时间,波沿 Ox 轴负方向传播的平面简谐波的波函数为

$$y = A\cos\left[\omega\left(t+\frac{x}{u}\right)+\varphi\right] \tag{6-5a}$$

和

$$y = A\cos\left[2\pi\left(\frac{t}{T}+\frac{x}{\lambda}\right)+\varphi\right] \tag{6-5b}$$

6.2.2 波函数的物理意义

为更好的理解波函数的物理意义,以式(6-4a)为例,且取 $\varphi=0$.分三种情况讨论.

1. 质元固定($x=x_0$)

将 $x=x_0$ 和 $\varphi=0$ 代入式(6-4a),得 $y_{x=x_0}=A\cos(\omega t+\varphi_1)$,其中 $\varphi_1=-\omega x_0/u$ 是该质元振动的初相,也是 x_0 处的质元超前于原点 O 的相位.$x_0>0$,则 $\varphi_1<0$,说明 x_0 处的质元在相位上落后于原点 $x_0\omega/u$;$x_0<0$,则 $\varphi_1>0$,说明 x_0 处的质元在相位上超前于原点 $x_0\omega/u$,即当质元给定后,位移 y 只是时间 t 的函数,波函数给出已知点的简谐振动方程,并反映出该质元比原点处的质元超前或落后的相位.

2. 时间固定($t=t_0$)

这时波函数变为 $y(x)_{t=t_0}=A\cos 2\pi\left(\dfrac{t_0}{T}-\dfrac{x}{\lambda}\right)$,$y$ 只是质元平衡位置坐标 x 的函数,如以 x 为横坐标,y 为纵坐标,也得到一条余弦曲线,这条余弦曲线表示在给定时刻简谐波的波形,称为波形方程.它显示出波峰和波谷的分布情况.就像在给定时刻给波动所拍摄的一张照片.下一时刻,波形虽仍是余弦曲线,但波形以波速 u 向前移动了一段距离(图 6.6),在一个周期内,波形正好向波的传播方向移动一个波长,这种波称为行波.上面讨论的波函数虽然是在横波的情况下导出的,但也适用于纵波.

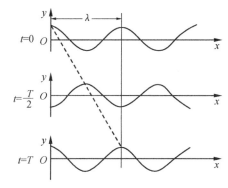

图 6.6 不同时刻波线上各质点的位移分布——波形图

3. x 和 t 都变化

这时波函数表示沿波的传播方向各质元位移随时间变化的整体情况. 即已知波函数,就可以得到波线上所有质元的位移随时间的变化规律. 由于 t 时刻 x 处质元的相位经 Δt 时间传到了 $x+\Delta x$ 处,所以,根据相位的关系,很容易得 $\Delta x=u\Delta t$. 这使我们可以很方便地利用 $t=0$ 的波形曲线,通过平移的方式得到 t 时刻的波形曲线,如图 6.7 所示.

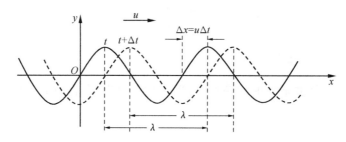

图 6.7 简谐波的波形曲线及其随时间的平移

例 6.1 设平面简谐波的波函数为 $y=4\cos(0.5\pi t-100\pi x)$ cm. 求振幅、波长、波速及波的频率.

解 将题中的波函数与波函数标准形式 $y=A\cos 2\pi\left(\dfrac{t}{T}-\dfrac{x}{\lambda}\right)$ 比较,得

$$A = 4\times 10^{-2}\text{ m},\quad 0.5 = 2/T$$

即

$$\nu = 1/T = 0.25\text{ Hz},\quad 100 = 2/\lambda$$

即

$$\lambda = 0.02\text{ m}$$

由 $u=\lambda\nu$ 得,$u=5.0\times 10^{-3}$ m $\cdot$ s^{-1}.

例 6.2 一平面简谐波沿 Ox 轴负方向传播,$t=0$ 时的波形如图 6.8(a)所示,已知其频率为 1.0 Hz. 求:

(1) 波函数;

(2) $t=T/4$ 时的波形方程;

(3) $x=0.5$ m 处质点的振动方程,并以该点为坐标原点 O,在 OX 系下写出波函数;

(4) $x=2.5$ m 处质点的振动方程,以及 $x=2.5$ m 处的质点与 $x=0$ 处的质点振动的相位差.

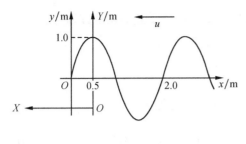

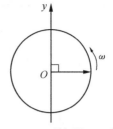

(a) 在 $t=0$ 时刻的波形图　　　　　(b) $y_0=0,v_0>0$ 的初相 $\varphi=-\pi/2$

图 6.8　例 6.2 图

解　(1) 由图 6.8(a)可知,振幅 $A=1.0$ m, $\lambda=2.0$ m, $t=0$ 时, $x=0$ 处质点的位移 $y_0=0,v_0>0$,根据旋转矢量法(图 6.8(b)),容易得出 $x=0$ 处质点的初相位为

$$\varphi=-\pi/2$$

由于波沿 Ox 轴负方向传播,所以波函数标准形式为

$$y = A\cos\left[2\pi\left(\frac{t}{T}+\frac{x}{\lambda}\right)+\varphi\right]$$

将已知的各量代入上式,得在 Ox 系下波函数为

$$y = 1.0\cos\left[2\pi\left(t+\frac{x}{2.0}\right)-\frac{\pi}{2}\right]\ (\text{m}) \tag{1}$$

(2) 将 $t=T/4=0.25$ s 代入式(1),得波形方程

$$y = 1.0\cos\pi x\ (\text{m}) \tag{2}$$

(3) 将 $x=0.5$ m 代入式(1),得该质点的振动方程

$$y = 1.0\cos\left[2\pi\left(t+\frac{0.5}{2.0}\right)-\frac{\pi}{2}\right] = 1.0\cos 2\pi t\ (\text{m})$$

在 OX 系下,波沿 OX 轴正向传播,其波函数的标准形式为

$$y = A\cos\left[2\pi\left(\frac{t}{T}-\frac{X}{\lambda}\right)+\varphi\right]$$

由于坐标原点 O 处的振动方程为

$$y = 1.0\cos 2\pi t\ \text{m}$$

所以,在 OX 系下的波函数为

$$y = 1.0\cos\left[2\pi\left(t-\frac{X}{2.0}\right)\right]\ \text{m} \tag{3}$$

（4）将 $x=2.5\,\mathrm{m}$ 代入式（1），得 $x=2.5\,\mathrm{m}$ 处质点的振动方程为

$$y=1.0\cos\left[2\pi\left(t+\frac{2.5}{2.0}\right)-\frac{\pi}{2}\right]=1.0\cos(2\pi t+2\pi)\,(\mathrm{m})$$

将 $x=2.5\,\mathrm{m}$ 和 $x=0$ 代入式（1），得

$$\varphi_{2.5}-\varphi_{0}=2\pi\frac{x_{2.5}-x_{0}}{\lambda}=2\pi\frac{2.5-0}{2.0}=2.5\pi$$

若在 OX 系考虑，$x=0$ 对应 $X=0.5\,\mathrm{m}$；$x=2.5\,\mathrm{m}$ 对应 $X=-2\,\mathrm{m}$，利用式（3）得 $x=2.5\,\mathrm{m}(X=-2\,\mathrm{m})$ 处质点的振动方程为

$$Y=1.0\cos\left[2\pi\left(t-\frac{-2}{2.0}\right)\right]=1.0\cos(2\pi t+2\pi)\,(\mathrm{m})$$

将 $X=-2\,\mathrm{m}$ 和 $X=0.5$ 代入式（3），得

$$\varphi_{-2}-\varphi_{0.5}=-2\pi\frac{X_{-2}-X_{0.5}}{\lambda}=-2\pi\frac{-2.0-0.5}{2.0}=2.5\pi$$

可见，由于坐标系的选取不同，导致波函数的形式不同，但描述波线上各个质点的振动规律以及各质点之间的相位差是相同的.

思　考　题

6.2-1　波长、波速、周期和频率这四个物理量中，哪些量随传播介质改变？写出它们与圆频率的关系式.

6.2-2　波速和质元的振动速度相同吗？它们各表示什么意思？波的能量是以什么速度传播的？

6.2-3　波速 $u=\lambda/T$，改变周期 T，能否达到改变波速的目的？在已知波的频率的情况下，若知波速的增量，能否知道波长的增量？

6.2-4　简谐振动曲线和简谐波的波形曲线都是余弦曲线，它们有何不同？在这两个余弦曲线中，对应余弦函数值为零的两个相邻的点之间的距离分别表示什么意思？

6.2-5　已知位于原点处质点的简谐振动，求平面简谐波的波函数时，原点处必须是波源吗？

6.2-6　对于波长有如下说法，它们是否表达相同的意思？(1)同一波线上相位差为 2π 的两个质点之间的距离；(2)一个周期内，波所传播的距离；(3)在同一波线上，相邻的振动状态相同的两点之间的距离；(4)两个相邻的波峰（或波谷）之间的距离，或相邻的两个密区（或疏区）对应点之间的距离.

6.3　波 的 能 量

6.3.1　波动能量的传播

当波动传播到弹性介质中的各质元时，由于质元发生位移和具有速率，所以质

元具有势能和动能. 设平面简谐波在密度为 ρ 的弹性介质中沿 Ox 轴正方向传播, x 处质元的质量为 $\mathrm{d}m = \rho \mathrm{d}V$. 当质元在 t 时刻的位移为

$$y = A\cos\omega\left(t - \frac{x}{u}\right)$$

时, 速率为

$$v = \frac{\partial y}{\partial t} = -\omega A \sin\omega\left(t - \frac{x}{u}\right)$$

可以证明其动能、势能形式相同, 其表达式为

$$\mathrm{d}E_{\mathrm{k}} = \frac{1}{2}(\mathrm{d}m)v^2 = \frac{1}{2}(\rho \mathrm{d}V)A^2\omega^2\sin^2\omega\left(t - \frac{x}{u}\right) = \mathrm{d}E_{\mathrm{p}} \qquad (6\text{-}6)$$

质元的总能量 $\mathrm{d}E = \mathrm{d}E_{\mathrm{k}} + \mathrm{d}E_{\mathrm{p}}$, 其表达式为

$$\mathrm{d}E = (\rho \mathrm{d}V)A^2\omega^2\sin^2\omega\left(t - \frac{x}{u}\right) \qquad (6\text{-}7)$$

将介质单位体积中波的能量称为波的**能量密度**, 用 w 表示. 由式(6-7)可得波的能量密度为

$$w = \frac{\mathrm{d}E}{\mathrm{d}V} = \rho A^2\omega^2\sin^2\omega\left(t - \frac{x}{u}\right) \qquad (6\text{-}8)$$

w 在一个周期内的平均值 $\overline{w}$ 叫平均能量密度, 由于 $\sin^2\omega(t-x/u)$ 在一个周期内的平均值是 $1/2$, 所以平均能量密度为

$$\overline{w} = \frac{1}{2}\rho A^2\omega^2 \qquad (6\text{-}9)$$

可见, 波动的能量和简谐振动的能量有着显著的不同. 波动中机械能不守恒, 沿着波的传播方向, 质元不断地从后面介质获得能量, 传给前面的介质, 使能量不断地向远离波源方向传递. 所以, 波动是能量传递的一种方式.

6.3.2 波动的能流 能流密度

波的能量来自波源, 能量流动的方向就是波传播的方向. 能量传播的速率就是波速 u, 为了描述波的能量传播, 引入能流和能流密度的概念.

单位时间内通过垂直于波传播方向的某一面积的能量, 叫做通过该面积的**能流**, 用 P 表示. 如图 6.9 所示, 设想在介质内取垂直于波速 $\boldsymbol{u}$ 的面积 S, 单位时间内通过面积 S 的能量应等于体积 uS 中的能量 wuS, 即能流的表达式为

$$P = wuS \qquad (6\text{-}10)$$

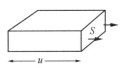

图 6.9 能量密度与能流的关系

将平均能量密度代入式(6-10),得平均能流为

$$\overline{P} = \overline{w}uS = \frac{1}{2}\rho A^2 \omega^2 uS \tag{6-11}$$

能流的国际单位为瓦特(W).

单位时间内通过垂直于波传播方向的单位面积上的平均能量,称为**能流密度**(或波的强度),通常以 I 表示

$$I = \frac{\overline{P}}{S} = \frac{1}{2}\rho A^2 \omega^2 u \tag{6-12}$$

其中,ρ 是介质的密度,u 是波速,A 是振幅,ω 是波的角频率. 能流密度 I 的国际单位是瓦特每平方米($\mathrm{W \cdot m^{-2}}$).

*6.3.3　声强和声强级

声波的强度简称**声强**,由式(6-12)知,声强与振幅的平方成正比. 因此声音越响,声波振幅就越大,声强越大,所以声强是描述声音强弱的一个物理量. 声波频率为 1000 Hz 时,声强约为 $I_0 = 10^{-12}\ \mathrm{W \cdot m^{-2}}$ 的声音,才可听到. 由于声强的变化范围过大,直接用声强 I 表示不方便,规定声强 $I_0 = 10^{-12}\ \mathrm{W \cdot m^{-2}}$ 作为测定声强的标准,采用比值 I/I_0 的常用对数表征声波的强度,叫做**声强级**,声强 I 的声强级(用 L_I 表示)为

$$L_I = 10\lg \frac{I}{I_0} \tag{6-13}$$

L_I 的单位是分贝(dB). 表 6.2 是几种常见声音的声强、声强级和响度.

表 6.2　几种声音的声强、声强级和响度

声　源	声强/($\mathrm{W \cdot m^{-2}}$)	声强级/dB	响　度
聚集超声波	10^9	210	
炮声	1	120	
痛觉阈	1	120	
铆钉机	10^{-2}	100	震耳
闹市车声	10^{-5}	70	响
通常谈话	10^{-6}	60	正常
室内轻声收音机	10^{-8}	40	较轻
耳语	10^{-10}	20	轻
树叶沙沙声	10^{-11}	10	极轻
听觉阈	10^{-12}	0	

单个频率或者由少数几个谐频合成的声波,如果强度不太大,听起来是悦耳的乐音. 不同频率和不同强度的声波无规律的组合在一起,听起来就是噪音. 随着工

业生产、交通运输、城市建筑的发展,以及人口密度的增加,家庭设施(音响、空调、电视机等)的增多,环境噪声日益严重,它已成为污染人类社会环境的一大公害.

控制噪声的基本途径是:控制噪声源、阻断噪声传播和在人耳处减弱噪声.在工程上常采用穿孔板的共振将噪声的能量转变成热能而耗散,从而达到消除噪声的目的.

噪声也有可利用的一面.一种激光听力诊断装置,就是利用噪声诊病.它先由微型噪声发生器产生微弱短促的噪声振动耳膜,然后微型电脑就会根据回声,把耳膜功能的数据显示出来,供医生诊断.科学家还发现,不同的植物对不同的噪声敏感程度不一样.根据这个道理,人们制造出噪声除草器.这种噪声除草器发出的噪声能使杂草的种子提前萌发,这样就可以在作物生长之前用药物除掉杂草,保证作物的顺利生长.此外,还可以利用噪声发电.

思 考 题

6.3-1 弹簧振子和传播机械波的质元都作简谐振动,它们的能量有何不同?

6.4 波的衍射 惠更斯原理

6.4.1 波的衍射

生活中能见到水波可以通过障碍物的小缝,在缝后面出现,如图 6.10 所示.由此图可见,原来的波前、波面都将改变,波在向前传播过程中遇到障碍物时,波前形状发生变化并绕过障碍物边缘的现象称为**波的衍射**.例如,人在屋内能听到屋外的声音,这就是由于声波能够绕过窗缝和门缝产生衍射的原因.实验证明,衍射现象是否显著,取决于孔(或缝)的宽度 d 和波长 λ 的比值 λ/d,d 愈小或波长 λ 愈大,则衍射现象愈明显.波的衍射在声学和光学中非常重要.

6.4.2 惠更斯原理

当波在传播过程中遇到障碍物时,或当波从一种介质传播到另一种介质时,波面的形状和波的传播方向(即波线方向)将发生改变.总结大量的事实,惠更斯提出:介质中,波传到的各点都可看成是发射子波的波源.在其后的任一时刻,这些子波的包络就是新的波前,这就是**惠更斯原理**.

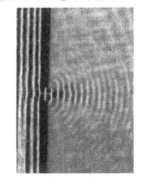

图 6.10 水波通过狭缝后的衍射现象

对任何波动过程,只要知道某一时刻的波前,根据惠更斯原理,容易利用几何作图确定下一时刻的波前,从而决定波的传播方向. 图 6.11、图 6.12 是根据惠更斯原理画出的平面波波前、球面波波前及波的衍射图.

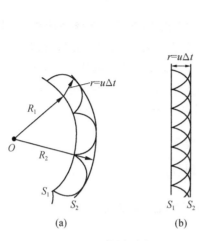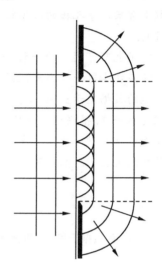

图 6.11 用惠更斯原理求波前   图 6.12   波的衍射

利用惠更斯原理作图,通过几何关系也可以证明反射定律和折射定律.

思 考 题

6.4-1 为什么有时波的衍射明显,而有时却看不到其衍射?

6.5 波的叠加与干涉

6.5.1 波的叠加原理

观察和研究表明,波的叠加遵从如下规律:

(1) 当几列波同时在一种介质中传播时,每列波的特征量(振幅、频率、波长、振动方向)都不会因为有其他波的存在而改变,并按照原来的方向继续前进.

(2) 当几列波在空间的某一点相遇时,该处质元实际的振动位移,就是各列波单独存在时所引起该质元的振动位移的矢量和.

这就是**波的叠加原理**.

例如,从两个探照灯射出的光波,交叉后仍然按原来方向传播,彼此互不影响. 声波也是这样,学生对授课老师单独讲话的声音是熟悉的,从没发现课堂上因有同学小声讲话时而老师声音发生变化. 即声波也并不因在空间互相交叠而改变其特征,所以能够辨别出老师的声音来.

6.5.2　波的干涉

在波的重叠区域内,介质中出现某些地方的振动始终明显加强,而在另一些地方的振动始终明显减弱或完全不动.这种现象称为**波的干涉**.

不是任何波相遇都能发生干涉,只有满足相干条件的波才能发生干涉.波的相干条件为:波的频率相同,振动方向一致,波源之间有恒定的相位差.

现在讨论在空间某点 P 发生干涉加强或减弱的条件.如图 6.13 所示,设有两个相干波源,位于 S_1 和 S_2 点,它们的振动表达式分别为

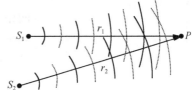

图 6.13　波的干涉用图

$$y_{10} = A_1\cos(\omega t + \varphi_1) \qquad (6\text{-}14)$$

$$y_{20} = A_2\cos(\omega t + \varphi_2) \qquad (6\text{-}15)$$

设两波经相同介质(介质无吸收)在 P 点相遇, S_1 和 S_2 到 P 点的距离分别为 r_1 和 r_2 ,则 P 点同时参与的两个同方向、同频率的分振动分别为

$$y_1 = A_1\cos\left(\omega t + \varphi_1 - \frac{2\pi r_1}{\lambda}\right) \qquad (6\text{-}16)$$

$$y_2 = A_2\cos\left(\omega t + \varphi_2 - \frac{2\pi r_2}{\lambda}\right) \qquad (6\text{-}17)$$

由 5.2 节的讨论可知, P 点的振动为

$$y = y_1 + y_2 = A\cos(\omega t + \varphi) \qquad (6\text{-}18)$$

其中,合振动的初相 φ 满足

$$\tan\varphi = \frac{A_1\sin\left(\varphi_1 - \dfrac{2\pi r_1}{\lambda}\right) + A_2\sin\left(\varphi_2 - \dfrac{2\pi r_2}{\lambda}\right)}{A_1\cos\left(\varphi_1 - \dfrac{2\pi r_1}{\lambda}\right) + A_2\cos\left(\varphi_2 - \dfrac{2\pi r_2}{\lambda}\right)} \qquad (6\text{-}19)$$

合振动的振幅为

$$A = \sqrt{A_1^2 + A_2^2 + 2A_1A_2\cos\Delta\varphi} \qquad (6\text{-}20)$$

其中, $\Delta\varphi$ 为

$$\Delta\varphi = \left(\varphi_2 - \frac{2\pi r_2}{\lambda}\right) - \left(\varphi_1 - \frac{2\pi r_1}{\lambda}\right) = \varphi_2 - \varphi_1 - 2\pi\frac{r_2 - r_1}{\lambda} = 常量$$

由式(6-20)可知,波的干涉加强,即合振幅最大($A = A_1 + A_2$)时, $\Delta\varphi$ 需满足

$$\Delta\varphi = \varphi_2 - \varphi_1 - 2\pi \frac{r_2 - r_1}{\lambda} = \pm 2k\pi, \quad k = 0,1,2,\cdots \quad (6\text{-}21a)$$

波的干涉减弱条件,即合振幅最小时,$A = |A_1 - A_2|$,$\Delta\varphi$ 需满足

$$\Delta\varphi = \varphi_2 - \varphi_1 - 2\pi \frac{r_2 - r_1}{\lambda} = \pm(2k+1)\pi, \quad k = 0,1,2,\cdots \quad (6\text{-}21b)$$

若 $\Delta\varphi$ 不满足(6-21)式,则 $|A_1 - A_2| < A < A_1 + A_2$.

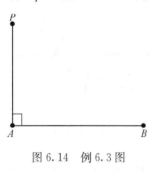

图 6.14 例 6.3 图

例 6.3 如图 6.14 所示,A,B 两点为同一介质中两相干波源,已知 $AP = 15$ m,$AB = 20$ m,其振幅相同,频率皆为 100 Hz,但当点 A 为波峰时,点 B 恰为波谷,且波速为 200 m·s^{-1},试写出由 A,B 发出的两列波传到点 P 时干涉的结果.

解 由图 6.14 知

$$BP = \sqrt{AP^2 + AB^2} = \sqrt{15^2 + 20^2} = 25 \ (\text{m})$$

又已知 $\nu = 100$ Hz,$u = 200$ m·s^{-1},因此

$$\lambda = \frac{u}{\nu} = 2 \ (\text{m})$$

设 B 的相位较 A 超前,则

$$\Delta\varphi = \varphi_A - \varphi_B - 2\pi \frac{AP - BP}{\lambda} = -\pi - 2\pi \frac{15 - 25}{2} = 9\pi$$

这样的 $\Delta\varphi$ 值符合式(6-21b)所指出的合振幅最小的条件,如若介质不吸收波的能量,则两波振幅相同,因而合振幅 $A = |A_1 - A_2| = 0$. 故在点 P 处因两波干涉减弱而不振动.

例 6.4 如图 6.15 所示,两相干波源在 x 轴上的位置为 S_1 和 S_2,其间距离为 $L = 30$ m,S_1 位于坐标原点 O. 设波只沿 x 轴正负方向传播,单独传播时强度保持不变.$x_1 = 9$ m 和 $x_2 = 12$ m 处的两点是相邻的两个因干涉而静止的点. 求两波的波长.

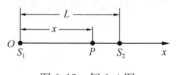

图 6.15 例 6.4 图

解 设 S_1 和 S_2 的振动相位分别为 φ_1 和 φ_2. 当 P 点的坐标为 $x = x_1$ 时,两波引起的振动相位差为

$$\varphi_2 - \varphi_1 - 2\pi \frac{(L - x_1) - x_1}{\lambda} = (2k+1)\pi \quad (1)$$

当 P 点的坐标为 $x = x_2$ 时,两波引起的振动相位差为

$$\varphi_2 - \varphi_1 - 2\pi \frac{(L - x_2) - x_2}{\lambda} = [2(k+1)+1]\pi$$

即

$$(\varphi_2 - \varphi_1) - 2\pi \frac{L - 2x_2}{\lambda} = (2k+3)\pi \tag{2}$$

(2)-(1)得

$$\frac{4\pi(x_2 - x_1)}{\lambda} = 2\pi$$

$$\lambda = 2(x_2 - x_1) = 6 \,(\text{m})$$

6.6 驻 波

6.6.1 驻波的形成

在前面学习到的波有相位、波形和能量的传播,把这种波叫行波. 两列振幅相同的相干波在同一直线上沿相反方向传播时叠加而成的波称为**驻波**. 驻波是波的干涉特例,在声学和光学中都有重要的应用.

图 6.16 是用弦线做驻波实验的示意图. 当音叉振动时,调节劈尖移到适当的位置,弦 AB 间就出现分段振动的现象,有些点的振幅始终为零,有些点振幅始终最大,这就是驻波.

图 6.16 弦线驻波实验示意图

6.6.2 驻波方程

设沿 x 轴正向和负向传播的简谐波传至 $x=0$ 处时,均为正的最大位移,此时开始计时(即 $t=0$),因此,它们的表达式分别为

$$y_1 = A\cos 2\pi\left(\nu t - \frac{x}{\lambda}\right)$$

$$y_2 = A\cos 2\pi\left(\nu t + \frac{x}{\lambda}\right)$$

根据波的叠加原理,再利用三角函数的和差化积公式,得

$$y = y_1 + y_2 = 2A\cos 2\pi \frac{x}{\lambda}\cos 2\pi\nu t \tag{6-22}$$

此式即为驻波方程. 由该方程可见,驻波传到的各点都做简谐振动,其振幅随位置

不同,按 $\left|2A\cos2\pi\dfrac{x}{\lambda}\right|$ 规律变化.

下面讨论对应振幅最大和最小时各点的位置,以及各点的相位关系.

1. 波节

振幅的最小值(等于零)发生在 $\left|2A\cos2\pi\dfrac{x}{\lambda}\right|=0$ 的点,这些点称为**波节**,对应 $\left|\cos2\pi\dfrac{x}{\lambda}\right|=0$,即 $2\pi\dfrac{x}{\lambda}=(2k+1)\dfrac{\pi}{2}$ 的各点.因此波节的位置为

$$x=(2k+1)\frac{\lambda}{4},\quad k=0,\pm1,\pm2,\cdots \tag{6-23}$$

2. 波腹

振幅的最大值(等于 $2A$)发生在 $\left|2A\cos2\pi\dfrac{x}{\lambda}\right|=2A$ 的点,这些点称为**波腹**,对应于使 $\left|\cos2\pi\dfrac{x}{\lambda}\right|=1$ 的点,即 $2\pi\dfrac{x}{\lambda}=k\pi$ 的各点.其波腹位置为

$$x=k\frac{\lambda}{2},\quad k=0,\pm1,\pm2,\cdots \tag{6-24}$$

由式(6-23)、式(6-24)可得,相邻的两个波节和相邻的两个波腹之间的距离都是 $\lambda/2$.这为我们提供了一种测量行波波长的方法.

3. 各点的相位

在驻波表达式中,由于因子 $\cos2\pi x/\lambda$ 在波节处为零,在波节两边符号相反.因此在驻波中,两波节之间的各点有相同的相位,它们同时达到最大位移,同时通过平衡位置;同一波节两侧的各点相位是相反的.

总之,在驻波中,两相邻波节间各质元振幅不同,但具有相同的相位;每一波节两侧的各质元振幅也不同,但其振动相位相反.驻波没有相位、波形及能量的传播.

6.6.3　半波损失

驻波实验表明,当入射波垂直入射到界面,且界面为固定端(其位移始终为零)时,端点处一定为波节,即入射波与反射波在端点的振动相位差一定是 π,说明入射波在固定端反射时其相位有 π 的突变,它相当于半个波长的波程差,把入射波反射时发生相位突变 π 的现象叫**半波损失**.当界面为自由端时,该处出现波腹,入射波和反射波同相位,说明反射时没有相位突变,不产生半波损失.一般情况下,入射波在两种介质的分界面上反射时是否产生半波损失,取决于介质的密度

与波速的乘积 ρu，ρu 相对较大的称为波密介质，相对较小的称为波疏介质. 当波从波疏介质向波密介质垂直入射时，反射波就出现半波损失；反之，无半波损失.

思 考 题

6.6-1 行波和驻波有何区别？满足什么条件的两列波才能叠加后形成驻波？

6.6-2 波疏波密是绝对的吗？在什么情况下才会出现半波损失？

6.6-3 如思考题 6.6-3 图所示，若不知 A，B 两点间距，当(1)曲线是平面简谐波某时刻的波形图，能否知道 A、B 两点的相位差？C 点的位移是否随时间变化？(2)曲线是驻波某时刻的波形图，能否知道 A、B 两点的相位差？C 点的位移是否随时间变化？

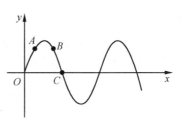

思考题 6.6-3 图

6.7 多普勒效应

本章中上述各节是在波源与观察者相对于介质均为静止的情况下研究了波. 这时，观察者接收到的频率与波源的频率相同. 若波源与观察者或两者同时相对于介质运动，观察者接收到的频率就会不同于波源频率，这种现象称为**多普勒效应**. 下面分几种情况讨论.

6.7.1 波源不动，观察者以速度 v_B 运动

如图 6.17 所示，S 为波源，波在介质中的波速为 u，观察者 B 以 v_B 迎着声波的传播方向向左运动，这相当于声波相对于运动的观察者传播了距离 $u+v_B$. 由于波长 λ 不变，故观察者接受到的波的频率为

$$\nu' = \frac{u+v_B}{\lambda} = \frac{u+v_B}{\dfrac{u}{\nu}}$$

$$= \frac{u+v_B}{u}\nu = \left(1+\frac{v_B}{u}\right)\nu \quad (6\text{-}25)$$

上式表明，当观察者迎波而行时，所听到的频率 ν' 为声源频率的 $1+v_B/u$ 倍. 同理，观察者 B 背离声源 S 运动时，观察者接收到的频率将减小，即

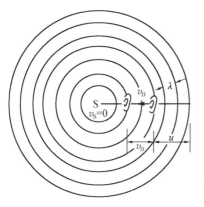

图 6.17 波源静止观察者运动时的多普勒效应

$$\nu' = \left(1 - \frac{v_B}{u}\right)\nu \tag{6-26}$$

6.7.2　观察者不动,波源以速度 v_S 运动

讨论波源 S 向着观察者 B 运动的情形(图 6.18(a)). 波源运动时,波的频率不再等于波源的频率. 原因是当波源运动时,它发出的相邻的两个相位相同的状态不是在同一地点发出的,这两个地点间距为 $v_S T_S$, T_S 是波源的周期. 若波源静止时介质中的波长为 λ_0,现在介质中的波长为(图 6.18(b))

$$\lambda = \lambda_0 - v_S T_S = (u - v_S) T_S = \frac{u - v_S}{\nu_S}$$

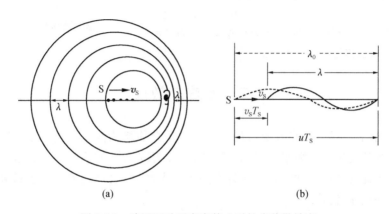

图 6.18　波源运动观察者静止时的多普勒效应

现在波的频率为

$$\nu = \frac{u}{\lambda} = \frac{u}{u - v_S}\nu_S$$

由于观察者是静止的,所以他接收到的频率就等于波的频率,即

$$\nu' = \frac{u}{\lambda} = \frac{u}{u - v_S}\nu_S \tag{6-27}$$

接收到的频率是波源频率的 $u/(u - v_S)$ 倍, $\nu' > \nu_S$. 当波源远离观察者运动时,类似上面的分析,可得

$$\nu' = \frac{u}{\lambda} = \frac{u}{u + v_S}\nu_S \tag{6-28}$$

6.7.3　观察者和波源同时相对于介质运动

综合上面两种情况的讨论,可得观察者和波源相向运动时,观察者接收到的频

率为

$$\nu' = \frac{u+v_{\rm B}}{u-v_{\rm S}}\nu_{\rm S} \quad (\text{即 } \nu' > \nu_{\rm S}) \tag{6-29}$$

观察者和波源相互远离时,观察者接收到的频率为

$$\nu' = \frac{u-v_{\rm B}}{u+v_{\rm S}}\nu_{\rm S} \quad (\text{即 } \nu' < \nu_{\rm S}) \tag{6-30}$$

下面来分析如何利用机械波的多普勒效应测速. 如图 6.19 所示,静止的测速仪发射一束频率为 ν 的超声波,该波在空气中的波速为 u,汽车以速率 v 接近测速仪,首先汽车作为以速率 v 接近波源的接收者,根据式(6-25),得接收到的超声波的频率为

$$\nu' = \left(1 + \frac{v}{u}\right)\nu$$

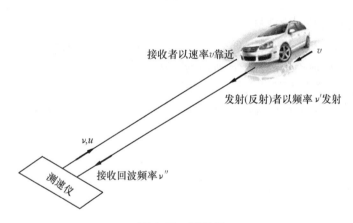

接收者以速率 v 靠近

发射(反射)者以频率 ν' 发射

ν, u

接收回波频率 ν''

测速仪

图 6.19 测速仪

然后,汽车作为以速率 v 运动的波源发射(反射)超声波给接收器(测速仪),这时相当于波源运动,接收者静止. 利用式(6-27)得测速仪接收到的频率为

$$\nu'' = \frac{u}{u-v}\nu'$$

将 ν' 的表达式代入上式,得测速仪接收到的反射超声波的频率为

$$\nu'' = \frac{u+v}{u-v}\nu$$

由测速仪内的混频器将发射波与反射波合成而产生拍. 拍频为

$$\nu'' - \nu = \frac{2v}{u-v}\nu$$

由于拍频是低频,所以容易测得.这样通过 ν、$\nu'' - \nu$ 和 u 利用上式可知车速 v.

如果是雷达测速仪,需用狭义相对论中多普勒效应涉及的公式计算.

多普勒效应应用广泛,如船舶上的多普勒声呐导航系统,就是根据多普勒效应研制的一种用水声波来测速和计程的精密仪器,它可以随时显示船舶的准确地理位置和航行状态,使船舶在大海中沿既定的航线前进.利用超声波的多普勒效应或激光的多普勒效应可以测量血液的流动速度,从而可以判断心脏、血管的病变.多普勒效应不仅适用于声波,它也适用于所有类型的波,包括电磁波.科学家爱德文·哈勃(Edwin Hubble)利用多普勒效应得出宇宙正在膨胀的结论.他发现远离银河系的天体发射的光线频率变低,即移向光谱的红端,称为红移,天体离开银河系的速度越快红移越大,这说明这些天体在远离银河系.

多普勒效应在测定人造卫星的位置变化、报警等方面也有重要应用.

本 章 提 要

1. 描述波的基本物理量

(1) 波长 λ:波线上两个相邻的、相位相差 2π 的振动质点间的距离.

(2) 周期 T:波前进一个波长所用的时间.

(3) 频率 ν:单位时间波向前传播的完整波的数目.

(4) 波速 u:单位时间内某一振动状态(即振动相位)所传播的距离.

各基本物理量之间的关系:

$$u = \frac{\lambda}{T} = \lambda\nu$$

2. 平面简谐波的波函数

$$y = A\cos\left[\omega\left(t \pm \frac{x}{u}\right) + \varphi\right]$$

其中,"$-$"对应沿 Ox 轴正方向传播的简谐波,"$+$"对应沿 Ox 轴负方向传播的简谐波,φ 是坐标原点处质点的初相.

(1) x 固定时,波函数变为 x 处质点的振动方程;

(2) t 固定时,波函数变为 t 时刻的波形方程.

3. 做简谐振动的质元总能量

$$dE = dE_k + dE_p = (\rho \, dv) A^2 \omega^2 \sin^2\omega\left(t - \frac{x}{u}\right)$$

4. 能流密度(或波的强度)

单位时间内通过垂直于波传播方向的单位面积上的平均能量

$$I = \frac{1}{2}\rho A^2 \omega^2 u \quad (\text{即 } I \propto A^2)$$

5. 声强 I 的声强级

$$L_1 = 10\lg\frac{I}{I_0}\ \mathrm{dB}$$

6. 惠更斯原理

介质中,波传到的各点都可看成是发射子波的波源. 在其后的任一时刻,这些子波的包络就是新的波前.

7. 波的叠加原理

(1) 当几列波同时在一种介质中传播时,每列波的特征量(振幅、频率、波长、振动方向)都不会因为有其他波的存在而改变,并按照原来的方向继续前进;

(2) 当几列波在空间的某一点相遇时,该处质元实际的振动位移,就是各列波单独存在时所引起该质元的振动位移的矢量和.

8. 干涉时合振动的振幅

$$A = \sqrt{A_1^2 + A_2^2 + 2A_1A_2\cos\Delta\varphi}$$

其中 $\qquad\qquad \Delta\varphi = \varphi_2 - \varphi_1 - 2\pi\dfrac{r_2 - r_1}{\lambda}$

(1) 干涉加强条件

$$\Delta\varphi = \varphi_2 - \varphi_1 - 2\pi\frac{r_2 - r_1}{\lambda} = \pm 2k\pi, \quad k = 0, 1, 2, \cdots$$

(2) 干涉减弱条件

$$\Delta\varphi = \varphi_2 - \varphi_1 - 2\pi\frac{r_2 - r_1}{\lambda} = \pm(2k+1)\pi, \quad k = 0, 1, 2, \cdots$$

9. 驻波

两列振幅相同的相干波在同一直线上相向传播时叠加而成的波.

(1) 波节的位置为

$$x = (2k+1)\frac{\lambda}{4}, \quad k = 0, \pm 1, \pm 2, \cdots$$

(2) 波腹的位置为

$$x = k\frac{\lambda}{2}, \quad k = 0, \pm 1, \pm 2, \cdots$$

(3) 两相邻波节间各质元振幅不同,但具有相同的相位;在同一波节两侧的各质元振幅也不同,但其振动相位相反.

10. 半波损失

波从波疏介质向波密介质入射时,入射波与反射波在反射点的振动相位差 π.

11. 多普勒效应

波源与观察者或两者同时相对于介质运动,观察者接收到的频率就会不同于波源频率.

(1)观察者和波源相向运动时,观察者接收到的频率为

$$\nu' = \frac{u + v_B}{u - v_S}\nu_S \quad (即\ \nu' > \nu_S)$$

(2)观察者和波源相互远离时,观察者接收到的频率为

$$\nu' = \frac{u - v_B}{u + v_S}\nu_S \quad (即\ \nu' < \nu_S)$$

习　　题

6-1　一个余弦横波以速率 u 沿 x 轴正向传播, t 时刻波形曲线如习题 6-1 图所示. 试分别指出图中 A、B、C 各质点在该时刻的运动方向.

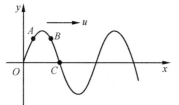

习题 6-1 图

A _____ ; B _____ ; C _____ .

6-2　关于振动和波,下面几句叙述中正确的是

(　　)

A. 有机械振动就一定有机械波,

B. 机械波的频率与波源的振动频率相同,

C. 机械波的波速与波源的振动速度相同,

D. 机械波的波速与波源的振动速度总是不相等的.

6-3　一平面简谐波的表达式为 $y=0.25\cos(125t-0.37x)$(SI),其角频率 $\omega=$ _____ ,波速 $u=$ _____ ,波长 $\lambda=$ _____ .

6-4　频率为 500 Hz 的波,其波速为 350 m·s^{-1},相位差为 $2\pi/3$ 的两点之间的距离为 _____ .

6-5　一平面简谐波沿 x 轴负方向传播. 已知在 $x=-1$ m 处质点的振动方程为 $y=A\cos(\omega t+\varphi)$(SI),若波速为 u,则此波的表达式为 _____ .

6-6　一平面简谐波的表达式为 $y=A\cos[\omega(t-x/u)]$,其中, $-x/u$ 表示 _____ ; $-\omega x/u$ 表示 _____ ; y 表示 _____ .

6-7　已知波源的振动周期为 4.00×10^{-2} s,波的传播速率为 300 m·s^{-1},波沿 x 轴正方向传播,则位于 $x_1=10.0$ m 和 $x_2=16.0$ m 的两质点振动相位差的大小为 _____ .

6-8　一列平面简谐波沿 x 轴正向无衰减地传播,波的振幅为 2×10^{-3} m,周期为 0.01 s,波速为 400 m·s^{-1}. 当 $t=0$ 时 x 轴原点处的质元正通过平衡位置向 y 轴正方向运动,则该简谐波的表达式为 _____ .

6-9　一简谐波,振动周期 $T=1/2$ s,波长 $\lambda=10$ m,振幅 $A=0.1$ m. 当 $t=0$ 时刻,波源振动的位移恰好为正方向的最大值. 若坐标原点和波源重合,且波沿 Ox 轴正方向传播. 求:

(1)此波的表达式;

（2）$t_1 = T/4$ 时刻，$x_1 = \lambda/4$ 处质点的位移；

（3）$t_2 = T/2$ 时刻，$x_1 = \lambda/4$ 处质点振动速度.

6-10　如习题 6-10 图所示，一平面波在介质中以波速 $u = 10$ m·s^{-1} 沿 x 轴负方向传播，已知 A 点的振动方程为 $y = 4 \times 10^{-2}\cos(3\pi t + \pi/3)$ [SI].

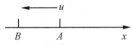

习题 6-10 图

（1）以 A 点为坐标原点，写出波函数；

（2）以距 A 点 5 m 处的 B 点为坐标原点，写出波函数；

（3）A 点左侧 2 m 处质点的振动方程，该点超前于 A 点的相位.

6-11　如习题 6-11 图所示，一平面简谐波在 $t = 1.0$ s 时刻的波形图，波的振幅为 0.20 m，周期为 4.0 s. 求：

（1）坐标原点处质点的振动方程；

（2）若 $OP = 5.0$ m，写出波函数；

（3）写出图中 P 点处质点的振动方程.

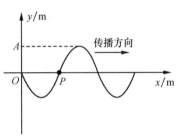

习题 6-11 图

6-12　已知一列机械波的波速为 u，频率为 ν，沿着 x 轴负方向传播. 在 x 轴的正坐标上有两个点 x_1 和 x_2. 如果 $x_1 < x_2$，则 x_1 和 x_2 的相位差 $\varphi_1 - \varphi_2$ 为（　　）

A. 0，　　　　　　　B. $\dfrac{2\pi\nu}{u}(x_1 - x_2)$，

C. π，　　　　　　D. $\dfrac{2\pi\nu}{u}(x_2 - x_1)$.

6-13　如习题 6-13 图所示，一简谐波沿 BP 方向传播，它在 B 点引起的振动方程为 $y_1 = A_1\cos 2\pi t$. 另一简谐波沿 CP 方向传播，它在 C 点引起的振动方程为 $y_2 = A_2\cos(2\pi t + \pi)$. P 点与 B 点相距 0.40 m，与 C 点相距 0.50 m. 波速均为 $u = 0.20$ m·s^{-1}. 则两波在 P 的相位差为_____.

6-14　如习题 6-14 图所示，S_1 和 S_2 为两相干波源，它们的振动方向均垂直于图面，发出波长为 λ 的简谐波，P 点是两列波相遇区域中的一点，已知 $\overline{S_1P} = 2\lambda$，$\overline{S_2P} = 2.2\lambda$，两列波在 P 点发生相消干涉. 若 S_1 的振动方程为 $y_1 = A\cos(t + \pi/2)$，则 S_2 的振动方程为（　　）

A. $y_2 = A\cos\left(t - \dfrac{\pi}{2}\right)$，　　　　　　　　　B. $y_2 = A\cos(t - \pi)$，

C. $y_2 = A\cos\left(t + \dfrac{\pi}{2}\right)$，　　　　　　　　　D. $y_2 = A\cos(t - 0.1\pi)$.

习题 6-13 图

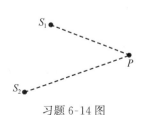

习题 6-14 图

6-15　如习题 6-15 图所示，S 为点波源，振动方向垂直于纸面，S_1 和 S_2 是屏 AB 上的两个狭缝，$S_1 S_2 = a$. $SS_1 \perp AB$，并且 $SS_1 = b$. x 轴以 S_2 为坐标原点，并且垂直于 AB. 在 AB 左侧，波长为 λ_1；在 AB 右侧，波长为 λ_2. 求 x 轴上两波相遇点的相位差.

6-16　如习题 6-16 图所示，两列波长均为 λ 的相干简谐波分别通过图中的 O_1 和 O_2 点，通过 O_1 点的简谐波在 $M_1 M_2$ 平面反射后，与通过 O_2 点的简谐波在 P 点相遇. 假定波在 $M_1 M_2$ 平面反射时有半波损失. O_1 和 O_2 两点的振动方程为 $y_{10} = A \cos \pi t$ 和 $y_{20} = A \cos \pi t$，且 $\overline{O_1 m} + \overline{m P} = 8\lambda$，$\overline{O_2 P} = 3\lambda$（$\lambda$ 为波长），求：

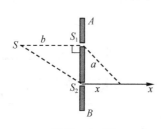

习题 6-15 图

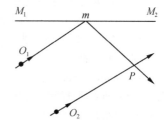

习题 6-16 图

(1) 两列波分别在 P 点引起的振动的方程；

(2) 两列波在 P 点合振动的强度（假定两列波在传播或反射过程中均不衰减）.

6-17　在驻波中，两个相邻波节间各质点的振动（　　　）

A. 相位相同，振幅一般情况下相同，　　　　B. 相位相同，振幅一般情况下不同，

C. 相位不同，振幅一般情况下相同，　　　　D. 相位不同，振幅一般情况下不同.

6-18　在波长为 λ 的驻波中，相对同一波节距离为 $\lambda/8$ 两点的振幅和相位差分别为（　　　）

A. 相等和 0，　　　　B. 相等和 π，　　　　C. 不等和 0，　　　　D. 不等和 π.

6-19　一静止的报警器，其频率为 1000 Hz，有一汽车以 79.2 km 的时速驶向和背离报警器时，坐在汽车里的人听到报警声的频率分别是_____和_____（设空气中声速为 340 m·s^{-1}）.

【科学家简介】

惠更斯（Christian Haygen，1629～1695），荷兰物理学家、数学家、天文学家. 1629 年出生于海牙. 1655 年获得法学博士学位. 1663 年成为伦敦皇家学会的第一位外国会员.

他的重要贡献有：

(1) 建立了光的波动学说，打破了当时流行的光的微粒学说，提出了光波在媒体中传播的惠更斯原理；

(2) 1673 年他解决了物理摆的摆动中心问题，测定了重力加速度之值，改进了摆钟，得出了离心力公式，还发明了测微计；

（3）他首先发现了双折射光束的偏振性，并用波动观点作了解释；

（4）在天文学方面，他借助自己设计和制造的望远镜于 1665 年，发现了土星卫星，并且观察到了土星环.

惠更斯的主要著作是 1690 年出版的《论光》，共有 22 卷.

爱因斯坦（Albert Einstein，1879～1955），现代物理学的开创者和奠基人. 1900 年毕业于瑞士苏黎世工业大学，并入瑞士籍. 1902 年被伯尔尼瑞士专利局录用为技术员，从事发明专利申请的技术鉴定工作. 他利用业余时间开展科学研究，于 1905 年在物理学三个不同领域中取得了历史性成就，特别是狭义相对论的建立和光量子论的提出. 19 世纪末期是物理学的变革时期，爱因斯坦从实验事实出发，重新考查了物理学的基本概念，在理论上作出了根本性的突破. 他的一些成就大大推动了天文学的发展. 他的相对论对天体物理学，
特别是理论天体物理学具有很大的影响. 爱因斯坦的狭义相对论成功地揭示了能量与质量之间的关系，解决了长期存在的恒星能源来源的难题. 近年来发现越来越多的高能物理现象，都可以用狭义相对论成功地解释，狭义相对论是研究这些现象的最基本的理论工具. 其广义相对论也解决了一个天文学上多年的不解之谜，并推断出后来被验证了的光线弯曲现象，还成为后来许多天文概念的理论基础. 爱因斯坦对天文学最大的贡献莫过于他的宇宙学理论. 他创立了相对论宇宙学，建立了静态有限无边的自洽的动力学宇宙模型，并引进了宇宙学原理、弯曲空间等新概念，大大推动了现代天文学的发展. 他所作的光线经过太阳引力场要弯曲的预言，于 1919 年由英国天文学家 A. S. 爱丁顿等的日全食观测结果所证实，全世界为之轰动.

爱因斯坦的光量子理论完满地解释光电效应、辐射过程、固体比热，发展了量子统计，推动了近代物理的发展. 1921 年，爱因斯坦获诺贝尔物理学奖.

第7章 流体力学

【学习目标】

理解理想流体、黏滞流体及定常流动的基本概念,会应用连续性方程与理想流体伯努利方程进行计算;理解泊肃叶公式与斯托克斯公式的含义;了解层流与湍流的概念,了解雷诺数对层流和湍流的判断.

流体无固定形状,具有流动性,如液体和气体均是流体. 流动性是流体在切向力作用下,容易发生连续不断变形运动的特性. 根据其力学特征可以将流体定义为受到任何微小剪切力的作用都能够导致其连续变形的物质. 流体具有流动性的原因,是流体既不能承受拉力、也不能承受切向力. 由于流体具有易流性,所以流体没有固定的形状,如液体随其所在容器的形状而变,气体总能充满它所到达的全部空间. 物体内各部分之间可能存在着相互作用力,某点单位面积上的相互作用力称为物体在该点的应力. 静止状态的流体只能承受正压力,所以流体内部任意方向的平面上,应力均与平面垂直.

流体力学是研究流体运动规律的科学. 因为流体力学中考察的现象是宏观的,所以不考虑分子间存在的间隙,而把流体看成是由无数连续分布的流体微团或质点组成的连续介质. 这就意味着对流体的任何小体元,它仍然包含非常大量的分子(又称流体微团). 对于流体质点和流体中的某点等术语,都指包含大量分子的流体微团. 流体力学不研究分子的瞬时状态,而把流体看成是连续介质. 连续介质的假设是表征流体属性的物理量,如流体内的密度、压力(压强)、温度、速度、黏度、应力等都可以看成是连续分布的,可以用时间、空间的单值连续函数来表示,从而就可以用微分方程来描述流体的运动规律了. 本章通过引出流体的理想模型——理想流体的概念,给出理想流体定常流动的基本规律,即理想流体的连续性方程和伯努力方程. 给出黏滞性流体的流动特点和基本规律.

7.1 理想流体的定常流动

7.1.1 理想流体的定常流动

自然界中存在的实际流体都具有可压缩性和黏滞性,研究实际流体的运动规律是一个复杂的过程.为了使研究问题简化,忽略次要因素,从而求出流体运动的基本规律,提出理想流体模型.

所谓理想流体就是绝对不可压缩的、没有黏滞性的流体.压缩性是在外力的作用下流体体积可以变化的性质.在质量不变时,流体被压缩意味着它的密度加大.理想流体没有压缩性,无论外界施加多大的压力,它的体积都不会改变.实际流体都有压缩性,一般液体的压缩性不大,而气体的压缩性比较大.被压缩后,液体内的分子间距减小、相互间的斥力加大.液体内部压强大小随其分子间距变化,而且变化十分明显.例如,水在常温常压下体积减小约 5% 时,压强增加到 10^8 Pa 的数量级,所以,在通常的压强下,液体的可压缩性很小.虽然气体的压缩性大,但它的流动性很好,在很小的压强差下,气体就会迅速地流动起来,使各处的密度差异很小.因此,在许多问题中可以忽略气体的可压缩性.流体的黏滞性是流体在流动过程中由于流体之间的内摩擦力而引起的阻碍流体运动的性质.这是由于流体各层之间的流速不同造成的,使流体各层间存在相对运动从而产生阻碍相对运动的内摩擦力.实际流体或多或少地存在着黏滞现象.当流体各层间速度差异很小时,内摩擦力就很小,其黏滞性就可忽略不计.实际流体在局部小范围内,各层速度的差异很小,可以忽略其黏滞性.因此,理想流体的运动规律近似反映了实际流体的运动情况.

一般情况下,流体内空间位置不同,流体的速度会不相同,且每一固定位置处的流速可能会随时间变化,将这种流动称为非定常流动.若流体在流动过程中,空间各点的流速不随时间变化,则称为定常流动.定常流动情况下,不仅速度不随时间变化,密度和压强也不随时间变化.

为了形象地描述流体流动的情况,在流体空间中画出一簇曲线,曲线上每一点的切线方向,代表该处流体微团的速度方向,将这些曲线称为流线.由于流体微团不能同时具有两种运动方向,因此流线不相交.实际上,流线又是流体微团运动的轨迹.如果流体做定常流动,那么流线的形状就不随时间改变.定常流动的流体微团的运动轨迹是无旋的.图 7.1 示出了流体经过圆球与薄板做定常流动时的流线.

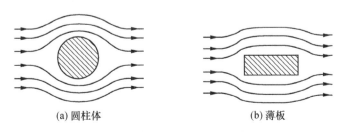

(a) 圆柱体   (b) 薄板

图 7.1 流体流过障碍物时的流线

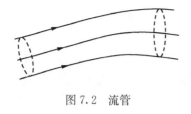

图 7.2　流管

用一束流线围成的管子称为流管,如图 7.2 所示.由于流线不相交,所以流管内的流体不会流出管外,管外的流体也不会流入管内.在研究流体运动时,常将流体划分为细流管,又称微流管.通过研究微流管中的流体运动规律,从而了解流体整体的运动情况.

7.1.2　连续性方程

如图 7.3 所示的微流管中,1、2 两处的横截面积分别为 S_1, S_2,流速分别为 v_1, v_2.由于流管很细且为理想流体,所以同一截面上流体微团的流速相同,并且压强相同.定义单位时间内流体通过流管中某一截面的体积为体积流量.则 1,2 两处横截面的体积流量分别为 $S_1 v_1$, $S_2 v_2$,由于理想流体的不可压缩性,使单位时间内流过两个截面的体积相同,即有

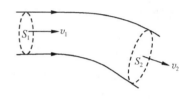

图 7.3　连续性方程

$$S_1 v_1 = S_2 v_2$$

上式适用于不可压缩性流体在同一流管中的任意截面.所以**连续性方程**可表述为:单位时间内流过同一流管中任意横截面的体积相同.其数学形式为

$$Sv = 恒量 \tag{7-1}$$

其中,S 是流管中任意位置处的横截面积,v 是横截面处流体的流速,Sv 是体积流量.

对于不可压缩的流体,内部各点的密度相同.若将式(7-1)乘以流体密度,连续性方程可表述为单位时间内流过同一流管中任意横截面的流体的质量相同,或同一流管中任意截面上的质量流量相同.可见连续性方程是质量守恒定律在不可压缩的流体定常流动中的具体体现.

7.1.3　伯努利方程

伯努利方程是理想流体定常流动的动力学方程,是流体动力学的基本规律之一,是能量守恒定律在流体中的具体体现.下面将用质点力学的功能原理推导伯努利方程.

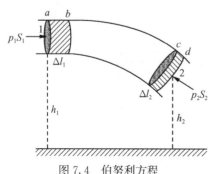

图 7.4　伯努利方程

设理想流体在重力场中做定常流动,在流体中任取一定长度微流管 ac,如图 7.4 所示.流管中心位置距离参考水平面的高度用符号 h 表示.设 a 端相对参考面的高度为 h_1,横截面积为 S_1,流体的压强为 p_1,流速

为 v_1. 经过一小段时间, 流管中的流体流动到 bd 位置处, d 处相对参考面的高为 h_2, 横截面积为 S_2, 流速为 v_2, 压强为 p_2. 在这一过程中, a 端移动的距离为 Δl_1, c 端移动的距离为 Δl_2. 由于流管外侧的液体对流管的作用力垂直于流管, 所以外侧液体对这段流管中的液体不做功, 只有该流管内的两侧液体对流管中液体做功; 又因为流体是理想流体, 没有黏滞力, 所以流体在移动过程中没有耗散力做功, 所以总功为

$$A_{总} = p_1 S_1 \Delta l_1 - p_2 S_2 \Delta l_2$$

由于是不可压缩的流体, 所以有 $\Delta l_1 S_1 = \Delta l_2 S_2 = \Delta V$. 则上式可写为

$$A_{总} = (p_1 - p_2)\Delta V \tag{7-2}$$

由质点力学的功能原理, 流管中的流体和地球组成的系统中, 式(7-2)的功等于这段流管中的流体机械能的增量, 即

$$A_{总} = \Delta E \tag{7-3}$$

将式(7-2)代入式(7-3)得

$$\Delta E = (p_1 - p_2)\Delta V \tag{7-4}$$

由于 bc 段的流体机械能不变, 所以这段流管中流体机械能的增量 ΔE 相当于 ab 段的流体微团由 a 处运动到 c 处的过程中机械能的增量, 即

$$\Delta E = \left(\frac{1}{2}\Delta m_2 v_2^2 + \Delta m_2 g h_2\right) - \left(\frac{1}{2}\Delta m_1 v_1^2 + \Delta m_1 g h_1\right) \tag{7-5}$$

其中, $\Delta m_1 = \Delta m_2 = \rho \Delta V$.

由于是不可压缩的流体, 假设流体流动过程中温度不变, 流体各处的密度 ρ 相等. 则式(7-5)可变为

$$\Delta E = \left(\frac{1}{2}v_2^2 + g h_2 - \frac{1}{2}v_1^2 - g h_1\right)\rho \Delta V \tag{7-6}$$

将式(7-6)代入式(7-4), 得

$$\frac{1}{2}\rho v_1^2 + \rho g h_1 + p_1 = \frac{1}{2}\rho v_2^2 + \rho g h_2 + p_2$$

由于流管是任取的, 所以对于同一流管中的任意位置有

$$\frac{1}{2}\rho v^2 + \rho g h + p = 常量 \tag{7-7}$$

其中, p 是流管中流体某处的压强, v 是同一位置处流体的流速, h 是该处流管中心相对参考面的铅垂高度, ρ 是流体的密度, g 是重力加速度.

式(7-7)称为伯努利方程. 方程只适用于作定常流动的理想液体; 同一流管中

的各点. 式中 ρgh 和 $\frac{1}{2}\rho v^2$ 分别表示单位体积流体的重力势能和动能. 流管中的理想流体在沿流线运动过程中, 式(7-7)中三项的总和保持不变. 显然, 在水平流管中, 或气体中高度差的影响不显著时, 流动速度增大, 压强就减小; 速度减小, 压强就增大; 速度降为零, 压强就达到最大. 飞机机翼产生举力, 就在于下翼面空气流动速度低而压强大, 上翼面空气流动速度高而压强小, 因而合力向上. 据此方程可给出测量流体速度或流量的表达式. 在黏性流动中, 黏性摩擦力消耗机械能而产生热, 机械能不守恒, 推广使用伯努利方程时, 应加进机械能损失项.

7.1.4 伯努利方程的应用

伯努利方程在很多领域有广泛的应用, 如水利、航空、化工、建筑等. 下面我们举几个例子加以说明.

1. 空吸管

如图 7.5 所示水平流管, 带有活塞的气缸一端接有直径很小的细管, 下端一细管插入装有液体的容器中. 1 处位于气缸中, 2 处位于细管处, 可见 1 处管的横截面积远大于 2 处. 向右推动活塞, 当 1 中空气的压强 p_1 大到一定程度时, 活塞只能缓慢移动, 即 v_1 较小. 由连续性方程, 得

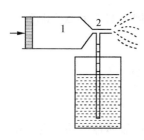

$$S_1 v_1 = S_2 v_2$$

由于 $S_1 \gg S_2$, 所以 $v_2 \gg v_1$.

由伯努利方程, 得

图 7.5 空吸管

$$\frac{1}{2}\rho v_2^2 + p_2 = p_1 + \frac{1}{2}\rho v_1^2 \tag{7-8}$$

则由式(7-8)可知, $p_1 \gg p_2$, 当 2 处的气压 p_2 小于外界大气压时, 大气压将液体压入细管, 并随 2 处细管中的空气一起高速喷出. 这正是喷雾器的工作原理.

2. 皮托管

皮托管用于测量流体的流速. 如图 7.6 所示, 一根两端开口的直弯玻璃管, 管一端插入待测液体中处于液面下深度为 H 的 B 点处, 另一端垂直向上在液面外, 管内液体高出液面的高度为 h. 在液体的流动方向上一点 A 与 B 点在同一水平面上, 设外部的大气压为

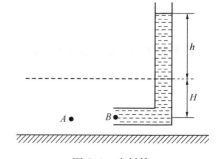

图 7.6 皮托管

p_0,在 A,B 两点应用伯努利方程,有

$$\frac{1}{2}\rho v_A^2 + \rho g h_A + p_A = \frac{1}{2}\rho v_B^2 + \rho g h_B + p_B$$

由于 A,B 两点在同一水平面上,所以

$$\frac{1}{2}\rho v_A^2 + p_A = \frac{1}{2}\rho v_B^2 + p_B$$

由于 $v_B = 0$,$p_A = \rho g H + p_0$,$p_B = \rho g(H+h) + p_0$ 代入上式,得

$$v_A = \sqrt{2gh} \tag{7-9}$$

皮托于 1773 年第一次用这种装置测量了法国塞纳河的流速.

3. 文丘里管

文丘里管是由粗细不均匀的管组成,如图 7.7 所示.文丘里管用于测量管道中流体的流量,测量时把它水平串联地连接到管道上,从管上面的液面高度可得到流量值.

如图 7.7 为测量某管道中的液体流量.图中 A,B 两点在管内位于同一水平面上,由伯努利方程,得

$$\frac{1}{2}\rho v_A^2 + p_A = \frac{1}{2}\rho v_B^2 + p_B$$

又由连续性方程,得

$$S_A v_A = S_B v_B$$

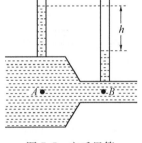

图 7.7 文丘里管

由上面两式得

$$v_B = \sqrt{\frac{2(p_A - p_B)}{\rho\left[1 - \left(\dfrac{S_B}{S_A}\right)^2\right]}}$$

因为 A,B 两点间的压强差为

$$p_A - p_B = \rho g h$$

所以,流量为

$$Q = S_B v_B = S_B \sqrt{\frac{2gh}{1 - \left(\dfrac{S_B}{S_A}\right)^2}} = \sqrt{\frac{2gh S_A^2 S_B^2}{S_A^2 - S_B^2}}$$

思 考 题

7.1-1 理想流体需要满足什么条件? 一个较粗的管道中作定常流动的流体,哪部分流体

可视为理想流体?

7.1-2 说明伯努利方程适用于哪种情况?

7.1-3 应用伯努利方程能够测量飞机的速度吗? 试分析测量原理.

7.2   黏滞流体的运动

7.2.1 黏滞定律

理想流体没有考虑流体的黏滞性,实际的流体有不同程度的黏滞性. 由于内摩擦力的存在,实际流体在流动时有不同程度的能量损耗,所以管道长距离运输流体时必须对流体施加动力,才能满足流量的要求. 例如,长距离输送石油、天然气、水等,必须提供足够的能量来克服摩擦阻力的能量损耗,从而达到所要求的流量和压强.

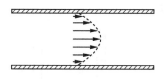

图 7.8   管道中流体的速度分布

黏滞性流体的特点是流体内各层有不同的流速. 由于任意截面上各层流体的流速不同,即垂直于流速方向的各层流体具有不同的流速,使流体内存在黏滞力或内摩擦力. 图 7.8 为管道中流体的速度分布情况. 图中箭头的长短表示速度的大小,可见管道中心流速最大,随着距中轴线距离的增加,流速逐渐减小,与管壁接触的一层流体附着在管壁上,流速与管道速度相同,若管道静止,该层流体的速度为零,这样形成了速度不同的流层.

如图 7.9 所示为两个相邻的流体层,由于流速不同,流速快的一层受到流速慢的一层的阻力 f 作用,流速慢的一层受到流速快的一层的拉力 f' 的作用,这一对作用力大小相等,方向相反. 我们将流体层间的这种相互作用力称为黏滞力或内摩擦力.

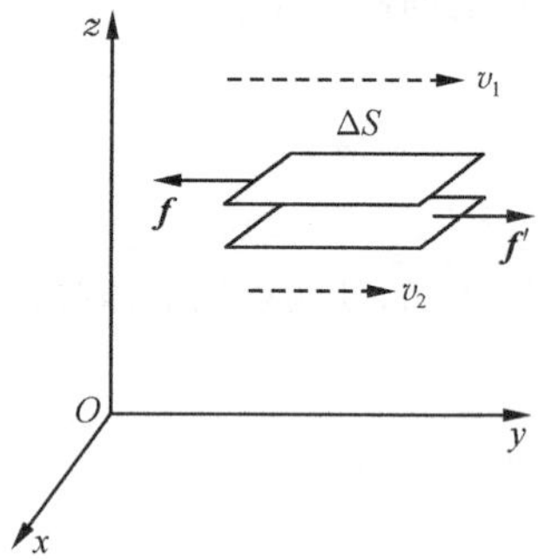

实验表明,相邻两层间内摩擦力的大小与流体层所在位置处的速度梯度 $\dfrac{\mathrm{d}v}{\mathrm{d}z}$ 和相互作用的面积 ΔS 成正比,有如下关系:

$$f = \eta \frac{\mathrm{d}v}{\mathrm{d}z}\Delta S \qquad (7\text{-}10)$$

图 7.9   流体的黏滞性

其中,速度梯度 $\dfrac{\mathrm{d}v}{\mathrm{d}z} = \lim\limits_{\Delta z \to 0} \dfrac{\Delta v}{\Delta z}$ 是流体内某点在垂直于流动方向的流速空间变化率,这里 Δv 为某处高度差为 Δz 的两个流体层的速度差.

式(7-10)称为牛顿黏滞定律,式中的比例系数 η 称为流体的黏滞系数. 在国际单位制中,黏滞系数的单位为牛顿·秒·米$^{-2}$,或帕斯卡·秒,符号为N·s·m^{-2},或 Pa·s. 凡符合牛顿黏性定律的流体,称为牛顿型流体. 所有气体和大多数液体都是牛顿型流体. 凡是不符合牛顿黏性定律的流体均称为非牛顿型流体,如胶体溶液、泥浆、乳浊液、长链聚合物溶液、涂料及混凝土等.

η 的大小取决于流体的性质,与温度和压强有关系,对于液体来说,η 随温度的升高而减小,原因是分子之间的内聚力对液体黏性起主要作用. 当温度升高时,分子间距离变大,内聚力相应变小,因而黏度下降. 而对于气体则是 η 随温度的升高而增大,原因是相邻流层之间分子动量的交换对气体黏性起主要作用. 当温度升高时,气体的热运动加强,动量交换增多,各层之间的相互作用力加大,因而黏度增大. 在整个流体内,η 不一定保持为常数,但在大多数情况下,流体中的黏滞系数变化不大,可当成是常数. 表 7.1 为一些常见物质的黏滞系数值.

表 7.1   一些常见物质的黏滞系数值

名　称	温度/℃	黏滞系数/(Pa·s)	名　称	温度/℃	黏滞系数/(Pa·s)
水	0	1.792×10^{-2}	空气	0	1.71×10^{-5}
水	10	1.308×10^{-2}	空气	10	1.78×10^{-5}
水	20	1.005×10^{-3}	空气	20	1.81×10^{-5}
汽油	20	0.31×10^{-3}	血浆	37	1.3×10^{-3}
甘油	20	14.91×10^{-3}	血液	37	2.0×10^{-3}
润滑油	60	4.17×10^{-3}	水银	20	1.55×10^{-3}

黏滞系数的测定有着实际的意义. 由于黏滞系数与分子结构有关,生物学上常用来测定蛋白质的相对分子量,医学上通过测量血液的黏滞性来诊断疾病(如急性炎症、血脂高低等).

7.2.2   泊肃叶公式

对于理想流体,由于没有黏滞力的作用,所以对于一个粗细均匀的水平管道中的理想流体做定常流动时,等高处的压强应相等,对流量的要求只需通过改变管道的横截面积的大小就可实现,不需外加动力. 而实际流体由于具有黏性,若要维持流体的流动必须克服黏滞力做功. 这样对于粗细均匀的水平管道来说,管道内水平方向必须有一定的压强差才能推动流体做定常流动. 那么就会看到图 7.10 所示沿流动方向压强降低的实验现象.

图 7.10   水平流管内压强分布情况

如前所述,当黏性流体做定常流动时会形成不同速度的流体层,所以首先求出流速在圆管内的分布规律,然后推导管道中黏性流体定常流动的流量公式——泊肃叶公式.

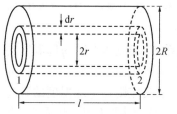

如图 7.11 所示的圆形水平管道,半径为 R. 在半径为 r 处,取厚度为 dr 的同轴薄筒状流体层. 则内层流体对该流层的作用力方向沿流动方向,大小为

$$f = \left| -\eta \frac{dv}{dr} \Delta S \right| = 2\pi r l \eta \left| \frac{dv}{dr} \right| \quad (7\text{-}11)$$

图 7.11 泊肃叶公式的推导

其中,$\dfrac{dv}{dr}$ 是距中轴线距离为 r 处沿径向的速度梯度.

由于沿中心到管壁的直径方向流速逐渐降低,所以 $\dfrac{dv}{dr} < 0$. 外层流体对圆筒流层的作用力为 $f + df$,与运动方向相反. 设流动方向为正方向,因此合力为

$$-(f + df) + f = -df$$

方向与流动方向相反. 我们对式(7-11)求微分,得

$$-df = -2\pi l \eta d\left(r \frac{dv}{dr} \right) \quad (7\text{-}12)$$

若使流体保持定常流动,必须对流体两端施加压力差 $2\pi r dr(p_1 - p_2)$,与黏滞力相平衡. 即

$$-2\pi l \eta d\left(r \frac{dv}{dr} \right) = 2\pi r dr(p_1 - p_2)$$

整理,得

$$d\left(r \frac{dv}{dr} \right) = \frac{p_2 - p_1}{2l\eta} d(r^2)$$

对上式积分得

$$r \frac{dv}{dr} = \frac{p_2 - p_1}{2l\eta} r^2 + C \quad (7\text{-}13)$$

其中,C 是待定常数,由具体条件决定. 由于中心处流速最大,有 $\dfrac{dv}{dr} = 0$,所以 $C = 0$. 于是式(7-13)写为

$$\frac{dv}{dr} = -\frac{p_1 - p_2}{2l\eta} r \quad (7\text{-}14)$$

式(7-14)表明,速度梯度随 r 线性变化. 由于 $\dfrac{dv}{dr} < 0$,所以必须 $p_1 > p_2$. 对(7-14)式

积分,得

$$v = -\frac{p_1 - p_2}{4l\eta}r^2 + C' \tag{7-15}$$

因在管壁处流速为零,即 $r=R$ 时,$v=0$,代入式(7-15),可得

$$C' = \frac{p_1 - p_2}{4l\eta}R^2$$

将上式代入式(7-15),得

$$v = \frac{p_1 - p_2}{4l\eta}(R^2 - r^2) \tag{7-16}$$

所以,单位时间内流过圆柱形薄流层截面的体积,即体积流量为

$$\mathrm{d}Q = v\mathrm{d}S = \frac{p_1 - p_2}{4l\eta}(R^2 - r^2) \cdot 2\pi r\mathrm{d}r$$

则管道流体的总体积流量为

$$Q = \int \mathrm{d}Q = \frac{\pi(p_1 - p_2)}{2l\eta}\int_0^R (R^2 - r^2) \cdot r\mathrm{d}r$$

对上式积分,得

$$Q = \frac{\pi(p_1 - p_2)R^4}{8\eta l} = \frac{\pi R^4}{8\eta l}\Delta p \tag{7-17}$$

式(7-17)称为泊肃叶公式.可见圆形管道中流体的流量与管道的半径 R、管道的长度 l 和施加在管道两端的压强差 Δp 有关.泊肃叶公式由于考虑了黏滞性,所以比由伯努利方程得到的结果更符合实际情况.

泊肃叶公式不仅提供了计算体积流量的方法,而且还可通过测定体积流量、管道的半径 R、管道的长度 l 和施加在管道两端的压强差 Δp,从而利用式(7-17)测量黏滞系数 η.

7.2.3 层流和湍流

当流体的流速不很大时,各流层间流体微团无垂直于流层方向的速度,流层间不相互掺和,流体的这种流动称为层流.当流体的流速增大到某一临界值时,层流状态被破坏,流体各层彼此相互掺和,流体做不规则流动,流体的这种流动称为湍流.此时流体的内摩擦阻力大为增加,内能损耗增大.

雷诺(O. Reynolds,1842~1912)通过大量的实验研究,于 1883 年给出流体由层流向湍流转变的判断依据.雷诺认为流体由层流转变为湍流取决于流体的流速 v、密度 ρ、黏滞系数 η 以及物体的特征长度 l.特征长度是描述物体限度的物理量,

如小球在流体中流动,特征长度为小球的直径;研究飞机飞行时机翼附近流体的流动情况,机翼的宽度为特征长度;研究管道中流体的流动时,管道的直径为特征长度.

由以上四个因子组成雷诺数,即

$$Re = \frac{\rho v l}{\eta} \tag{7-18}$$

雷诺数是一个无量纲的量.实验表明,当 $Re \leqslant 2000$ 时,流体的流动是层流;当 $Re > 3000$ 时,流体的流动是湍流;当 $2000 < Re < 3000$ 时,流体的流动是不稳定的,且可由一种类型的流动转变为另一种类型的流动.从式(7-18)可看出,相同情况下,黏性小的流体容易产生湍流.人体血管血液流动在正常情况下 Re 小于 2000,当有疾病出现(如高血压)时,血液流速加快,会出现湍流,血流阻力加大,管壁切应力加大,从而损伤动脉壁内膜,产生病理反应.由于血液的湍流发出噪声,可用听诊器来判断血管的流动情况.

7.2.4　斯托克斯公式

物体在流体中运动时会受到两种阻力:一种是黏滞阻力;另一种是压差阻力.这是由于液体流经物体时,由于内摩擦力的作用使流体运动状态产生变化,如产生涡旋等,使物体前后的压力有所不同,从而阻碍物体的运动.当小球在流体中运动速度很小时,压差阻力可以忽略不计,小球受到的阻力主要是黏滞阻力.可以证明,在黏滞性流体中半径为 r 的小球以较小的速度 v 运动时受到的黏滞阻力为

$$f = -6\pi \eta r v \tag{7-19}$$

其中,η 是液体的黏滞系数.式(7-19)称为斯托克斯公式.

斯托克斯证明当雷诺数 $Re < 1$,流体绕过球体的速度很缓慢,即呈层流态,f 与 v 遵从斯托克斯公式;Re 在 1~2000 内时,斯托克斯公式要加以修正.还必须强调指出,斯托克斯公式只适用于特定的球形物体,对别的形状物体斯托克斯公式不成立.

当小球在黏滞性流体中下落时,要受到重力、黏滞阻力与浮力的作用.开始时由于速度小,所受的黏滞阻力小,小球的重力占优势,小球加速向下运动.随着速度的增大,黏滞阻力也随之增大,当黏滞阻力与浮力的合力和重力大小相等时,小球匀速下落.

斯托克斯公式有许多重要的应用,如测定流体的黏滞系数,测定小液滴的电荷量,做土壤的颗粒分析等.大气中气溶胶粒子小、运动速度低,大部分气溶胶粒子的运动属于低雷诺数区,所以斯托克斯阻力公式广泛用于气溶胶研究.

思 考 题

7.2-1 用什么物理量来判断流体的流动是层流还是湍流?

7.2-2 两个内径相同的管道流动着相同的流体,一个内壁光滑,另一个内壁较为粗糙,哪个管道中的流体更适用于理想流体模型?

7.2-3 为了使水平管道的流体持续流动,须在管道两端施加动力,请解释为什么?

7.2-4 定性解释为什么同样是水滴,雨滴降落在地面,而云雾却浮在空中?

本 章 提 要

1. 理想流体

绝对不可压缩的、没有黏滞性的流体.

连续性方程:单位时间内流过同一流管中任意截面的流体的体积相同:

$$Sv = 恒量$$

伯努利方程:对于理想流体内同一流管中的任意位置有

$$\frac{1}{2}\rho v^2 + \rho gh + p = 常量$$

2. 黏滞性

任意截面上各层流体的流速不同,使流体内存在黏滞力或内摩擦力,流体的这种性质称为黏滞性.

黏滞定律:
$$f = \eta \frac{\mathrm{d}v}{\mathrm{d}z}\Delta S$$

泊肃叶公式:圆形管道中流体的流量

$$Q = \frac{\pi(p_1 - p_2)R^4}{8\eta l} = \frac{\pi R^4}{8\eta l}\Delta p$$

斯托克斯公式:在黏滞性流体中,半径为 r 的小球以速度 v 运动时受到的黏滞阻力为

$$f = 6\pi\eta rv$$

3. 层流和湍流

当流体的流速不很大,各流层间流体微团无垂直于流层方向的速度,流层间不相互掺和,流体的这种流动称为层流. 当流体的流速增大到某一临界值时,流体各层彼此相互掺和,流体呈不规则流动,流体的这种流动称为湍流.

雷诺数:
$$Re = \frac{\rho vl}{\eta}$$

当 $Re \leqslant 2000$ 时,流体的流动是层流;当 $Re > 3000$ 时,流体的流动是湍流;当

$2000 < Re < 3000$ 时, 流体的流动是不稳定的.

习　题

7-1　一流管中, 1、2 两处的横截面积分别为 $S_1 = 10 \text{ cm}^2$、$S_2 = 1 \text{ cm}^2$, 在 1 处的流速 $v_1 = 40 \text{ cm} \cdot \text{s}^{-1}$. 求:

(1) 在截面 2 处的流速 v_2;

(2) 管道中的体积流量为多少?

7-2　一开口的容器放在地面上, 容器中水深为 H, 在水面下深为 h 处开一小孔, 小孔的面积远小于容器开口的截面积, 如习题 7-2 图所示. 求:

(1) 小孔处的流速.

(2) 水流在地面上的射程有多大?

(3) 小孔在水面下多深时射程最远?

7-3　在充满水的水平管中, 某一处的流速为 $2 \text{ m} \cdot \text{s}^{-1}$, 压强为 $2 \times 10^5 \text{ Pa}$, 沿管的另一处横截面积是第一处的一半, 求该处的压强. 已知水的密度为 $\rho = 1.0 \times 10^3 \text{ kg} \cdot \text{m}^{-3}$.

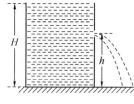

习题 7-2 图

7-4　鼹鼠的地下通道一端开口在平整的地面上, 另一端的开口处用土堆成丘状凸起, 由于两个洞口处空气的流速不同, 两处空气存在压强差, 使得空气能够由洞口流入在地下通道. 设平整地面处洞口的空气水平流速为 $1 \text{ m} \cdot \text{s}^{-1}$. 凸起处洞口 (其高度忽略不计) 的空气流速为 $2 \text{ m} \cdot \text{s}^{-1}$, 问两洞口处的压强差为多少? 已知空气的密度为 $1.29 \text{ kg} \cdot \text{m}^{-3}$.

7-5　一根粗细均匀的自来水管弯成如习题 7-5 图所示形状, 最高处比最低处高出 $h = 2 \text{ m}$. 当正常供水 (管中水流速度处处相同, 并可视为理想流体, 水的密度 $\rho = 1.0 \times 10^3 \text{ kg} \cdot \text{m}^{-3}$, $g = 10 \text{ m} \cdot \text{s}^{-2}$) 时测得最低处管中水的压强为 $2 \times 10^5 \text{ Pa}$, 则管道最高处水的压强为多少?

7-6　如习题 7-6 图所示, 一水库水面高于坝外的地面 h_A, 一粗细均匀的虹吸管引水装置, 可以用来引水灌溉, 出水口比地面高 h_B, 则管口 B 处水的流速为多少?

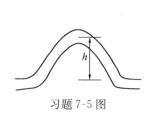

习题 7-5 图

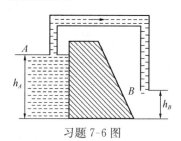

习题 7-6 图

7-7　在一个标准大气压, 温度为 20℃ 时水的黏滞系数 $\eta = 1.0 \times 10^{-3} \text{ Pa} \cdot \text{s}$, 密度为 $\rho = 1.0 \times 10^3 \text{ kg} \cdot \text{m}^{-3}$. 设水在半径 $r = 0.025 \text{ m}$ 的自来水管中流动, 临界雷诺数 $Re = 2000$, 则管内平均流速 v 为多少时, 水由层流转变为湍流?

7-8　在一粗细均匀圆柱形水平管内有水稳定流动, 管的横截面半径为 10 cm. 若单位长度上水的压强差为 100 Pa, 问一分钟内从管中流出的水是多少立方米 (水的黏滞系数 $\eta = 1.005 \times$

10^{-3} Pa·s)?

7-9 如习题 7-9 图所示,一装满某种液体的开口容器,容器壁上开有半径为 R 圆孔,并连接一半径同样为 R、长为 l 的粗细均匀圆形水平管道,设容器开口的横截面积远大于圆形管道的横截面积,且液体的密度处处相等.若每秒从管道中流出的液体体积流量为 Q,求液体的黏滞系数 η.

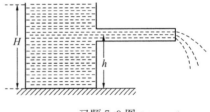

习题 7-9 图

7-10 一半径为 0.01 mm 的气溶胶固体颗粒在空气中降落,若颗粒所受到的黏滞阻力遵从斯托克斯公式,求该颗粒的末速度与雷诺数.已知空气的密度为 $\rho_0 = 1.29$ kg·m³,固体的密度为 $\rho = 240$ kg·m⁻³,空气的黏滞系数 $\eta = 1.81 \times 10^{-5}$ Pa·s.

第8章 液体的表面性质

【学习目标】

理解表面张力、表面张力系数与表面能的概念,了解表面张力的微观本质;会计算弯曲液面附加压强;了解液体与固体接触时的表面现象,会计算毛细管中液面升高或降低的高度.

8.1 表 面 张 力

液体的表面是指液面下厚度约等于分子力的有效作用距离的一层液体,所以也叫液体的表面层.表面层内的液体分子由于分子力作用的特殊性,决定了表面层的一些特殊性质.

生活中常能看到这样的现象,一个密度比水大的细小的沙粒,在没有浸湿在水中时,它能静止在液面上而不沉入水中;当在有一薄层水的地面上滴一滴肥皂液时,会观察到肥皂液滴四周的水迅速收缩而散开.这说明沿水的表面存在着与水面相切的张力,称为表面张力.水的表面张力给沙粒提供向上的力,从而平衡沙粒的重力;肥皂液是表面活性剂,会使水的表面张力减小,所以,肥皂液周围的水会在表面张力的作用下收缩而散开.可见液体的表面像一个张紧的膜,有尽量收缩的趋势,如植物叶片上的露珠,以及滴在玻璃板上的水银液滴等都呈球形,均是由于表面张力作用所致.

那么表面张力如何表达呢? 在液体的表面,画一条假想的直线,将液面分成左、右两部分,如图 8.1 所示,两部分液体之间有相互作用的拉力,f 表示左侧液面对右侧液面的拉力,f' 表示右侧液面对左侧液面的拉力.表面张力就是存在于液体表面内、沿着与表面相切方向、且垂直于表面内任意假想的直线的拉力.实验表明,表面张力的大小与在液面内的直线段长度成正比,有如下关系:

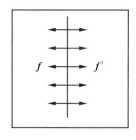

图 8.1 表面张力示意图

$$f = \alpha L \tag{8-1}$$

其中,L 是液面内直线段的长度,α 是比例系数,称为表面张力系数.

$$\alpha = \frac{f}{L}$$

可见,表面张力系数 α 表示单位长度直线段两侧的拉力的大小. 在国际单位制中,表面张力系数的单位为牛顿·米$^{-1}$(N·m^{-1}).

下面我们从功能的角度给出表面张力系数的定义. 由于液面表面张力的存在使液面有收缩的趋势,要增大液面的面积就得对液面做功. 设有一蘸有液膜的铁丝框 $ABCD$,如图 8.2 所示. 长为 L 的 BC 边可以滑动,在 BC 边上施加一外力 F,使 BC 缓慢而匀速移动一段距离 Δx. 在此过程中液膜的温度保持不变,则外力大小等于液膜作用于 BC 的表面张力,即 $F=f$. 因为液膜有两个表面,则表面张力大小为

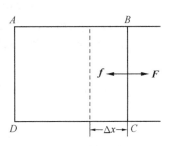

图 8.2 外力拉动液膜做功

$$f = 2\alpha L$$

所以外力对液膜所做的功为

$$A = F\Delta x = f\Delta x = 2\alpha L \Delta x = \alpha \Delta S$$

其中,$\Delta S = 2L\Delta x$ 是 BC 边在移动过程中所增加的液膜表面积.

若在外力的作用下 BC 移动一个微小距离 $\mathrm{d}x$,那么外力 F 所做的元功为

$$\mathrm{d}A = F\mathrm{d}x = 2\alpha L\mathrm{d}x = \alpha\mathrm{d}S$$

所以,表面张力系数为

$$\alpha = \frac{\mathrm{d}A}{\mathrm{d}S} \tag{8-2}$$

可见,表面张力系数 α 等于增加单位表面积时外力所做的功.

由于外力克服表面张力做功,使这部分功全部转化为能量储存于液体表面中,这种能量称为液体的表面能. 可见,外力做的功全部用于增加液体的表面能,即

$$\mathrm{d}A = \mathrm{d}E = \alpha\mathrm{d}S$$

其中,E 是液体的表面能,$\mathrm{d}S$ 是外力做元功 $\mathrm{d}A$ 时增加的表面积.

可见,液体的表面能的增量与液体的表面积的变化量成正比. 液体的表面张力系数 α 又可定义为

$$\alpha = \frac{\mathrm{d}E}{\mathrm{d}S} \tag{8-3}$$

上式表明,表面张力系数等于增加液体单位表面积时所增加的表面能.

这里提到的表面能在热力学中称为表面自由能. 喷洒农药时要把药液分散成

许多极微小的液滴,药液的表面积增大了很多,表面能也就增大了很多,所以需要外力做相当大的功.

实验表明,液体的表面张力系数与下列因素有关:

(1) 表面张力系数与液体性质有关. 对于密度小、越易挥发的液体,α 值越小,如在 18℃时 $\alpha_{水}=8.3\times10^{-2}$ N·m^{-1},$\alpha_{酒精}=2.20\times10^{-2}$ N·m^{-1}.

(2) 表面张力系数与相邻物质的化学性质有关,如水与苯相邻时,水的 α 值为 3.36×10^{-2} N·m^{-1};水与乙醚相邻时,水的 α 值为 1.22×10^{-2} N·m^{-1}.

(3) 表面张力系数与液体内的杂质有关. 例如,水中溶入一些肥皂,水的 α 值就明显变小.

(4) 表面张力系数与温度有关. 一般来说温度越高,表面张力系数越小. 表 8.1 为水在不同温度下的表面张力系数.

表 8.1　水在不同温度下的表面张力系数

温度/℃	0	20	30	60	80	100
$\alpha/(\text{N·m}^{-1})$	7.56×10^{-2}	7.28×10^{-2}	7.12×10^{-2}	6.62×10^{-2}	6.26×10^{-2}	5.89×10^{-2}

下面讨论表面张力的微观本质. 表面张力是由于液体表面层中分子力的性质所决定的,液体分子间有相互作用的斥力和引力. 设分子处于平衡位置时分子的间距为 r_0,当分子的间距小于 r_0 时,分子间表现为斥力;当分子间距大于 r_0 时,分子间表现为引力,引力有效作用距离 R 大于斥力的有效作用距离,所以,在液体内部的任意一个分子,它所受其他分子对它的引力和斥力都是对称的,引力的合力为零,斥力的合力也为零. 引力和斥力又相互平衡,即在液体内的任何地方分子所受的引力与斥力大小相等,方向相反,如引力大于斥力,液体内会出现内聚力,密度会增加,直至引力与斥力相等为止. 反之,若引力小于斥力,液体会表现为膨胀.

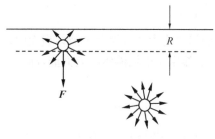

图 8.3　液体表面与内部的分子力

对于液体表面,在厚度为 R 的分子引力有效作用距离的薄层内任取一个分子(图 8.3),分子力的对称性被破坏,其他分子对这一分子的合引力与合斥力不为零,造成分子力的各向异性. 表层分子密度要比液体内部略小一些,分子的间距略大一些,分子间的引力占优势. 这种不平衡的引力作用使表层分子表现为受到一个垂直于液面指向内部的合引力 F. 这样,液体内部的分子要进入到液体表面层,就要施加外力克服这种指向内部的合引力做功,做功的结果是增加了分子的势能,即液体表层内的分子比液体内部的分子有更大的势能,这就是表面能产生的根源. 任何一个体系处于稳定平衡时,它的势能最小,所以分子尽量内聚以减小势能,宏观上表现为收缩,以减小表面积,从而减小表面能.表面张力有使液体表面尽量向内收缩的趋势,所以经常看到的液滴、肥皂泡都呈球形.

例 8.1 求半径为 r 的小油滴聚合成半径为 R 的大油滴所释放的表面能.假设聚合前后油滴的表面张力系数 α 不变.

解 由于聚合油滴的总体积不变,所以小油滴的个数为

$$N = \frac{\frac{4}{3}\pi R^3}{\frac{4}{3}\pi r^3} = \frac{R^3}{r^3}$$

聚合前后油滴表面积的变化量为

$$\Delta S = 4\pi(R^2 - Nr^2)$$

所以,聚合后释放的表面能为

$$|\Delta E| = \alpha|\Delta S| = 4\pi\alpha R^2\left(\frac{R}{r} - 1\right)$$

思 考 题

8.1-1 请解释硬币为什么能够停在水面上?

8.1-2 将肥皂液滴在浮有纸片的水面上,观察到纸片朝远离肥皂液滴落处运动,解释为什么?

8.2 弯曲液面的附加压强

液体与固体接触时,在所接触处的液体表面都呈弯曲状,由于液体表面张力的作用,使弯曲液面内与液面外存在一个压强差,称为附加压强.下面探讨附加压强的影响因素.

弯曲液面分为两类,一类是凸液面,如液滴、肥皂泡的外表面.另一类是凹液面,如水中的气泡.本小节以球形凸液面为例来研究附加压强.

如图 8.4 所示,取半径为 R 的球状液滴的一部分(球冠)为研究对象.在球冠的边线上取一长为 dl 的线元,作用在此线元上的表面张力为 $d\boldsymbol{F}$,其方向沿着该处球面的切线斜向下,且与线元 dl 垂直,大小为 $dF = \alpha\,dl$.把 $d\boldsymbol{F}$ 分解成与冠底面垂直的分力 dF_1 和与冠底面平行的分力 dF_2,大小分别为

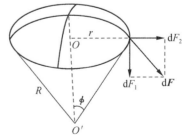

图 8.4 球形液面附加压强的计算

$$dF_1 = \alpha\,dl\sin\phi$$

$$\mathrm{d}F_2 = \alpha\,\mathrm{d}l\cos\phi$$

研究中可把圆形边线划分为无限多个小线元,对称线元的表面张力在平行于冠底平面方向的分力大小相等而方向相反,所以平行于冠底平面的合分力为零. 由于垂直分力方向相同,所以表面张力的合力为

$$F_1 = \oint \mathrm{d}F_1 = 2\pi r\alpha\sin\phi$$

由几何关系知

$$\sin\phi = \frac{r}{R}$$

所以有

$$F_1 = \frac{2\pi r^2\alpha}{R} \tag{8-4}$$

　　下面对球冠进行受力分析. 设冠底的面积为 S,球冠共受到四个力的作用:①作用在通过球冠边线上的表面张力的合力 F_1,方向垂直于冠底面竖直向下;②液体内部的压强 $p_{内}$ 产生的竖直向上的压力,大小为 $p_{内}S$;③液面外部的压强 $p_{外}$ 所产生的竖直向下的压力,大小为 $p_{外}S$;④液块的重力. 由于液块很小,重力可以忽略不计. 这样根据力的平衡条件,取向上为正方向,有

$$p_{内}S - p_{外}S - F_1 = 0$$

即

$$F_1 = p_{内}S - p_{外}S = \Delta pS$$

将式(8-4)代入上式,得

$$\Delta pS = \frac{2\pi r^2\alpha}{R}$$

将 Δp 称为由表面张力对液体产生的附加压强,由于 $S = \pi r^2$,所以附加压强为

$$\Delta p = \frac{2\alpha}{R} \tag{8-5}$$

上式表明,表面张力系数越大,球面的半径越小,附加压强就越大. 式(8-5)适用于凸液面,可见,凸液面液体的内部压强大于外部压强. 同理对于凹球液面,有

$$-p_{内}S + p_{外}S - F_1 = 0$$

液体内部压强小于外部压强,所以附加压强是负的,即

$$\Delta p = -\frac{2\alpha}{R} \tag{8-6}$$

　　以上研究了球形液面,对于任意弯曲凸液面,可以证明它的附加压强为

$$\Delta p = \alpha\left(\frac{1}{R_1} + \frac{1}{R_2}\right) \tag{8-7}$$

R_1, R_2 是通过曲面上任意一点的两个相互垂直正截面截口曲线的曲率半径. 同理对于凹形液面,式(8-7)附加压强为负值.

对于柱形凸液面,$R_1=R$,$R_2\to\infty$,则

$$\Delta p = \frac{\alpha}{R}$$

同理,凹状柱液面,附加压强的值是负的.

如果液面是平的,由于 $R\to\infty$,所以 $\Delta p=0$.

弯曲液面的附加压强是使土粒发生黏合的原因之一. 如果两个土粒间存在水,土粒间水的液面是凹液面,水内的压强小于外部大气压,两个土粒被大气压挤压在一起.

例 8.2 如图 8.5 所示,求球形液膜的内外压强差.

解 液膜有内外两个表面,内半径为 R_1,外半径为 R_2,表面张力系数为 α. 设液膜内、液膜、液膜外的压强分别为 p_1、p_2、p_3,则有

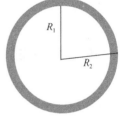

$$p_1 - p_2 = \frac{2\alpha}{R_1}$$

$$p_2 - p_3 = \frac{2\alpha}{R_2}$$

图 8.5 球形液膜

由于液面很薄,有 $R_1\approx R_2=R$,所以内外压强差为

$$p_1 - p_3 = \frac{4\alpha}{R}$$

上式表明液泡半径越小,内外压差越大.

如果大小不等的液泡连通,且所有液泡的表面张力系数相等,那么小液泡内的压强大,大液泡内的压强小,这样小液泡越来越小,大液泡会越来越大.

思 考 题

8.2-1 水中气泡在上升过程中体积会发生变化吗? 为什么?

8.2-2 弯曲液面内的压强等于外界大气的压强吗? 为什么?

8.3 毛 细 现 象

表面张力使液滴单独存在时的表面是球状凸液面,但当液体单独与固体接触时,却表现出不同的表面现象. 例如,在无脂的玻璃上滴上一滴水,水会沿着玻璃表面向外扩展,附在玻璃上,这时我们称水润湿玻璃;而如果在玻璃板上滴上水银滴,水银则会呈球状,我们说水银不能润湿玻璃,如图 8.6 所示. 液体是否润湿固体,取

决于液体和固体的性质. 同种液体能润湿某些固体表面, 但不能润湿另一些固体表面. 例如, 水能润湿玻璃表面, 但不能润湿石蜡表面; 水银不能润湿玻璃表面, 但却能润湿干净的铜板、铁板.

(a) 水滴　　　　　　　　　　　(b) 水银滴

图 8.6　无脂玻璃板上的液滴

　　通常用接触角 θ 来表述润湿和不润湿的程度. 如图 8.7 所示, 在液体和固体接触处液体表面的切面与固体表面的切面之间的夹角称为接触角. 当 $\theta < \dfrac{\pi}{2}$ 时, 称液体润湿固体; 当 $\theta > \dfrac{\pi}{2}$ 时, 称液体不湿润固体; 当 $\theta = 0$ 时, 称液体完全润湿固体; 当 $\theta = \pi$ 时, 称液体完全不润湿固体.

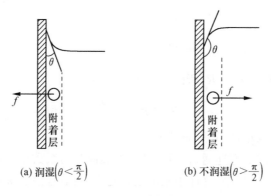

(a) 润湿 $\left(\theta < \dfrac{\pi}{2}\right)$　　　　　　　　(b) 不润湿 $\left(\theta > \dfrac{\pi}{2}\right)$

图 8.7　接触角

　　下面从微观角度分析润湿和不润湿现象. 润湿和不润湿现象的产生, 取决于固体和液体分子间的作用力. 将液体分子间的吸引力称为内聚力, 把固体分子对液体分子的吸引力称为附着力. 液体在与固体接触处有很薄的一层液体, 称为附着层, 附着层内的液体分子即受到内聚力的作用, 又受到附着力的作用. 当附着力大于内聚力时, 液体分子受到指向固体的合力, 液面有扩张的趋势, 从而使液体能够润湿固体. 反之, 当内聚力大于附着力时, 液体分子受到指向液体内部的合力, 液面有收缩的趋势, 使液体不能够润湿固体.

　　湿润和不湿润在农业和林业上经常应用. 例如, 制备药液时要添加润湿剂, 使药液能湿润叶子, 湿润情况越好, 植物吸收药液情况越好.

内径很小的管子称为毛细管. 将毛细管插入液体中, 管子内部的液面升高或降低的现象称为毛细现象. 例如, 很细的玻璃管插入水中, 管中的水面会升高, 而把玻璃管插入水银中, 管内的水银液面会降低. 如果液体能够润湿固体, 接触角 $\theta < \dfrac{\pi}{2}$, 管内液面会升高; 反之, 如果液体不能润湿固体, 接触角 $\theta > \dfrac{\pi}{2}$, 管内液面会降低.

液面的形状取决于液体与固体的接触角, 而液面形状决定了液面的表面张力, 使液体产生附加压强, 从而使管内液面升高或降低. 可见毛细现象是由表面张力和接触角决定的.

下面研究液体在毛细管中升高高度的影响因素.

1. 润湿情况($\theta < \pi/2$)

如图 8.8 所示, 设毛细管是圆形, 半径是 r, 管内球形弯曲液面的半径是 R. 由于液面是凹形状的, 所以附加压强是负的. 管中液面下一点 A 的压强为

$$p_A = p_0 - \frac{2\alpha}{R}$$

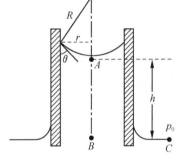

图 8.8 毛细现象 (润湿)

可见, 点 A 的压强小于外面大气压 p_0, 这是液面升高的原因. 图中管内 B 点与管外 C 点处于同一水平面上, 它们所在处的压强均为

$$p_B = p_C = p_0$$

因为 A、B 点的高度差为 h, 根据流体静力学, B 点与 A 点间的压强差为

$$p_B - p_A = p_0 - p_A = \rho g h$$

从上面三个表达式可得管内液面升高的高度为

$$h = \frac{2\alpha}{\rho g R} \tag{8-8}$$

由图 8.8 可知

$$R = \frac{r}{\cos\theta}$$

将上式代入式(8-8), 可得

$$h = \frac{2\alpha\cos\theta}{\rho g r} \tag{8-9}$$

可见, 在液体与毛细管的材料一定的情况下, 毛细管的半径越小, 管内液面升高的高度越高.

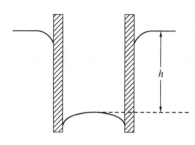

图 8.9   毛细现象(不润湿)

2. 不润湿情况 $\left(\theta > \dfrac{\pi}{2}\right)$

此时管内液面为凸液面,如图 8.9 所示,附加压强为正值,同理得到

$$h = \frac{2\alpha\cos\theta}{\rho g r} \qquad (8\text{-}10)$$

由于接触角为钝角,所以 h 是负值,表示管内的液面比管外低,如图 8.8 所示.

① 毛细现象不仅能在圆形管中产生,也能在任意裂缝、间隙、不规则形状的细管中产生.例如,纸吸水、棉布吸水、灯芯吸油、地下水沿土壤颗粒间隙上升等.毛细现象应用很广,在农业耕作中用毛细现象来保持土壤水分,如春天播种时将土壤压实,就是为了形成毛细管,让土壤水沿毛细管上升到地表,来润湿种子发芽;中耕时切断毛细管,防止土壤水分蒸发.植物体内,毛细现象是植物体液运输的重要途径. 植物的毛细管是纤维间的细小空隙,管径可达 10^{-7} 的数量级,毛细现象使体内水分输运到高处.

② 长期施用单一无机化肥常常使土壤板结,破坏毛细结构,这时可通过使用腐殖质来改善土壤的团粒结构,从而形成良好的毛细结构,增加土壤的储水量.

思 考 题

8.3-1   什么是接触角? 解释接触角满足什么值时,液体完全润湿固体与完全不润湿固体?

8.3-2   液体与固体接触时液面会弯曲,请解释原因.

8.3-3   什么因素会影响毛细管内液面的升高或降低?

8.3-4   毛细血管或植物输液管道有小气泡时会阻滞血液与液体的流动,称为气体栓塞,解释为什么?

本 章 提 要

1. 表面张力

$$f = \alpha L$$

2. 外力克服表面张力所做的功,转化为液体的表面能

$$dA = dE = \alpha dS$$

其中,E 是液体的表面能,所以液体的表面能与液体的面积呈正相关,dS 是外力做元功 dA 时增加的表面积.

3. 弯曲液面的附加压强

凸液球面: $$\Delta p = \frac{2\alpha}{R}$$

凹球液面：
$$\Delta p = -\frac{2\alpha}{R}$$

任意弯曲凸液面：
$$\Delta p = \alpha\left(\frac{1}{R_1}+\frac{1}{R_2}\right)$$

柱形凸液面 $R_1 = R, R_2 \to \infty$：
$$\Delta p = \frac{\alpha}{R}$$

4. 毛细现象
$$h = \frac{2\alpha\cos\theta}{\rho g r}$$

润湿$\left(\theta < \frac{\pi}{2}\right)$，不润湿$\left(\theta > \frac{\pi}{2}\right)$. 当 $\theta = 0$ 时，称液体完全湿润固体；当 $\theta = \pi$ 时，称液体完全不湿润固体.

习　题

8-1　如习题 8-1 图在一毛细管的上端注入液体，当液滴增大到一定程度时，将自毛细管的下端脱落，测得液滴滴落瞬间液滴颈的直径为 d，若测得 N 滴液滴的重为 M kg，求此液体的表面张力系数.

8-2　半径为 2.0×10^{-3} 的许多小水滴融合成半径为 2mm 的大水滴时所释放的能量是多少？（设水滴为球形，$\alpha = 7.3 \times 10^{-2}$ N $\cdot$ m^{-1}）

8-3　将表面积为 100 cm^2，体积为 1 L 的水变成半径为 10 μm 的水滴，设温度不变，则需对水做的机械功为多少？已知水的表面张力系数 $\alpha = 7.3 \times 10^{-2}$ N $\cdot$ m^{-1}.

8-4　已知球形水滴的半径为 0.05 mm，水的表面张力系数 $\alpha = 7.3 \times 10^{-2}$ N $\cdot$ m^{-1}，若外界大气压为 1 atm，则水滴内水的压强为多少？

8-5　若植物毛细根的直径为 2 μm，根毛上附着一层很薄的水膜，求附着在根表面薄层水膜产生的附加压强.

8-6　如习题 8-6 图中表示土壤中两个土粒间的悬着水，其上下两个液面均与大气接触. 已知上、下液面的曲率半径为 R_1, R_2，且 $R_1 < R_2$. 水的表面张力系数为 α，密度为 ρ，求悬着水的高度.

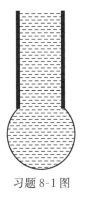

习题 8-1 图

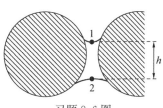

习题 8-6 图

8-7　有一株高 10 m 的树,木质部的输液导管可视为粗细均匀的圆管,设树液的表面张力系数 $\alpha=5.0\times10^{-2}$ N·m^{-1},树液的密度 $\rho=1.0\times10^3$ kg·cm^{-3},接触角 $\theta=30°$.若不计毛细根部液膜的附加压强影响,求输液导管的半径为多少时,才能使树液升到树的顶端?

8-8　空气中一肥皂泡的半径为 0.5 cm,求肥皂液膜间与肥皂泡内部气体的附加压强.已知肥皂液的表面张力系数为 $\alpha=2.0\times10^{-2}$ N·m.

8-9　一木制毛细管插入水中,若为完全润湿,管内的水面高出管外水面 0.5 cm.将毛细管内外均匀涂上一层石蜡,使毛细管的半径变小,插入水中后发现管内液面比管外液面低 5 cm.观察到水完全不润湿石蜡,求所涂石蜡的厚度.

第 9 章　气体动理论

【学习目标】

理解系统、平衡态、热力学过程的概念,掌握气体动理论的压强公式和平均平动动能与温度的关系式,能熟练地运用理想气体状态方程,理解宏观量压强和温度统计解释,理解自由度概念和能量按自由度均分定理,会计算理想气体的内能,了解气体分子热运动的基本特征和研究方法,理解麦克斯韦速率分布规律,了解玻尔兹曼能量分布规律,了解气体热运动碰撞的统计规律.会计算分子热运动的平均速率、最概然速率和方均根速率.

热学是研究物质的热现象及其规律的学科.对热现象的研究有两种不同的方法,一是以实验观测为基础,从能量的观点出发研究热运动的宏观规律,这部分理论称为热力学.热力学的主要内容为热力学第一定律和热力学第二定律,这些定律具有高度的普遍性和可靠性.二是从物质的微观结构出发,从微观粒子所遵循的经典力学规律出发,用统计的方法,研究微观粒子热运动的规律,这部分理论称为统计物理学.统计物理从 19 世纪中叶麦克斯韦等对气体动理论的研究开始,后经玻尔兹曼、吉布斯等发展为经典统计物理.20 世纪初,在量子力学基础上狄拉克、费米、玻色、爱因斯坦等又创立了量子统计物理.统计物理从物质的微观结构出发,更深刻地揭示了热现象与热规律的本质,使人们更深入地了解物质宏观性质的微观本质,在近代物理的各个领域起着重要的作用.热力学与统计物理学都是研究物质的热运动规律,但两者研究的方法不同,热力学是宏观理论,统计物理学是微观理论.

本章以理想气体为研究对象,用统计的方法研究大量分子无规则热运动的规律,从而揭示宏观热现象的微观本质.本章是统计物理学的基础部分,被称为气体动理论.

9.1　平衡态　理想气体状态方程

9.1.1　平衡态

热学所研究的对象,都是由大量分子或原子组成的宏观物体或物质系统(如气体、液体、固体等），称为热力学系统，简称系统. 与系统相互作用的周围环境称为系统的外界. 例如，研究气缸内气体的温度和压强时，气体就是系统，气缸壁、活塞等其他部分都是外界.

在没有外界影响的条件下，系统整体的宏观性质不随时间而变化的状态，称为系统处于平衡状态，简称平衡态. 系统处于平衡态时的另一特征，表现为系统内部没有宏观的粒子流动和能量流动.

应当指出，热力学系统总是不可避免地会与外界发生程度不同的能量和物质传递，理想化的平衡态无法存在. 如果系统的宏观性质变化很小，可以忽略不计时，则系统的状态可以近似看成平衡态.

虽然处于平衡状态时系统的宏观性质不随时间变化，但从微观的角度看，组成系统的微观粒子仍在永不停息地运动着，只是大量粒子运动的总的平均效果保持不变，即对气体系统而言，在忽略重力影响时，宏观上表现为密度均匀、温度处处相等的状态. 所以从微观角度上看，平衡态应理解为热动平衡态.

要研究一个系统需对其状态加以描述. 从整体上加以描述的方法为宏观描述，所用的物理量称为宏观量，如体积、压强、温度、内能等. 任何宏观物体都是由大量微观粒子（如分子或原子）构成，从微观上对系统状态加以描述称为微观描述，所用物理量为微观量，如分子的质量、速度、能量等. 宏观量和微观量之间存在着内在的联系. 由于宏观物体所表现出的宏观热现象都是组成它的大量微观粒子运动的集体表现，因此宏观量总是一些微观量的统计平均值. 例如，气体对器壁的压强是大量分子对器壁碰撞的集体效果，压强和分子与器壁碰撞时动量变化率的平均值有关. 对热现象的研究，既要发现宏观量之间的关系，又要通过统计的方法研究微观量与宏观量的关系.

温度是描述系统状态的一个宏观参量，它和热平衡的概念直接相关. 如图 9.1 所示，一个处于平衡状态的物体 A 与另一个同样处于平衡状态的物体 B 被绝热物体分开，在没有外界影响的情况下，它们之间由于没有热量交换因而各自保持原有的平衡态. 当它们与第三个物体 C 接触时，经过相当长的一段时间后，物体 A 与 B 分别与物体 C 达到热平衡，就说物体 A 与 B 之间也处于热平衡. 如果两个物体分

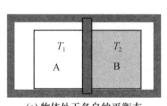

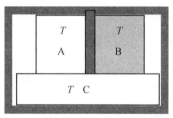

(a) 物体处于各自的平衡态　　　　　　　　(b) 相互之间处于热平衡

图 9.1　热力学第零定律

别与第三个物体处于热平衡,那么这两个物体之间也处于热平衡.这就是**热力学第零定律**.热力学第零定律是建立温度概念的依据,相互间处于热平衡的物体具有相同的温度.

9.1.2 气体的宏观状态参量

1. 描述气体宏观状态的物理量

对一定量(即质量 M 一定)的气体,当处于平衡态时,可以用压强 p、体积 V 以及温度 T 等三个宏观物理量来描述其整体状态,称为气体的宏观状态参量.

气体体积的意义是指气体分子自由活动的空间大小,在忽略气体分子大小的条件下,即容器的容积.体积的国际单位是立方米,另外还有升(L)、毫升(mL).其换算关系为

$$1 \ m^3 = 10^3 \ L = 10^6 \ mL$$

大量气体分子对容器壁碰撞的宏观表现是气体对器壁的压力,单位面积上的压力为压强.压强的单位(SI 制)为帕斯卡(Pa),简称帕.

$$1 \ Pa = 1 \ N \cdot m^{-2}$$

此外,也常用毫米汞高(mmHg)和标准大气压 atm 作为压强的单位,它们之间换算关系为

$$1 \ atm = 760 \ mmHg = 1.013 \times 10^5 \ Pa$$

温度是表征物体冷热程度的物理量.温度的数值表示方法叫温标.常用的温标有热力学温标和摄氏温标.热力学温标不依赖于任何物质的特性,这种温标指示的数值称为热力学温度,用 T 表示.它的国际单位(SI)为开尔文,符号为 K.摄氏温标,用 t 表示,单位为摄氏度,符号为℃,它与热力学温度的关系为

$$T = t + 273.15(K)$$

一定量气体,处于平衡态时,气体内的温度、压强、体积这三个状态参量 (p, V, T) 存在着一定的关系.其中任一个参量是其余两个参量的函数.在以 p 为纵轴,以 V 为横轴的坐标系中,可以用一个点来表示气体的一个平衡态,如图 9.2 所示.

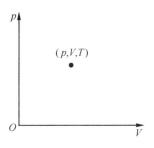

图 9.2 用点来表示气体的一个平衡态

2. 理想气体的状态方程

1) 气体的三个实验定律

气体的三个实验定律为玻意耳定律、盖·吕萨克定律、查理定律.

玻意耳定律为一定质量的气体,当温度保持不变时,它的压强与体积的乘积等于恒量,即 $pV=$ 恒量,也即在一定温度下,对一定量的气体,它的体积与压强成反比.

盖·吕萨克定律为一定质量的气体,当压强保持不变时,它的体积与热力学温度成正比,即 $V/T=$ 恒量.

查理定律为一定质量的气体,当体积保持不变时,它的压强与热力学温度成正比,即 $p/T=$ 恒量.

气体实验定律有一定的适用范围,只有当气体的温度不太低(与室温相比),压强不太大(与大气压相比)时,方能遵守上述三条实验定律.

如果气体在压强很大,温度又很低,即单位体积气体分子数很大甚至接近液化时,实验结果与上述定律相比会有很大的偏差.

2) 理想气体的状态方程

在任何情况下都遵守气体的三个实验定律的气体,称为理想气体.一般真实气体,如氮、氧、氢、氦等,在温度不太低,压强不太大时,都可以近似看成理想气体.理想气体是真实气体的一个理想模型.

表示理想气体在任一平衡态下各宏观状态参量 p,V,T 之间的关系,称为理想气体状态方程,有如下形式

$$pV = \frac{M}{\mu}RT = nRT \tag{9-1}$$

其中,R 是普适气体常量,M 是气体质量,μ 是气体摩尔质量,n 是摩尔数.

由于 $M=Nm$,N 为气体分子的总个数,m 为气体分子的质量,$\mu=N_A m$,$N_A=6.022\times10^{23}\,\mathrm{mol}^{-1}$ 为阿伏伽德罗常量,式(9-1)可变为

$$pV = \frac{N}{N_A}RT$$

由此得到理想气体状态方程的另一种形式

$$p = n_V kT \tag{9-2}$$

其中,$n_V=\dfrac{N}{V}$ 是单位体积中的分子数,称为分子数密度,$k=\dfrac{R}{N_A}=1.38\times10^{-23}\,\mathrm{J\cdot K^{-1}}$ 是玻尔兹曼常量.

思 考 题

9.1-1 什么情况下实际气体可视为理想气体?

9.1-2 气体处于平衡态时分子是否运动,怎样运动? 宏观量与微观量有何关系?

9.1-3 在温度和压强相同的情况下,对于不同种类的气体,相同体积中的分子数相同吗?

9.2 统计假设 理想气体分子的微观模型

9.2.1 统计规律性与统计假设

一切宏观物体都是由大量分子组成,分子间有分子力的作用,同时分子都在做永不停息的无规则热运动. 分子在引力作用下欲聚合在一起,而分子的无规则热运动使分子散开,这样实现了物质在气、液、固态之间的物态转换. 由于分子数目巨大,分子间发生的相互碰撞是相当频繁的. 在常温常压下,一个气体分子在 1s 内要发生大约 10^9 次碰撞. 在这样频繁的碰撞下,分子的速度不断变化使得气体的温度、压强趋于处处相等,从而达到平衡态. 气体分子的无规则运动和频繁碰撞,是气体产生某些宏观现象的重要原因.

虽然单个分子的运动遵从牛顿定律,然而分子间由于及其频繁的碰撞,导致分子无规则地运动,分子的运动是无序的,分子某一时刻处于什么位置,具有什么速度是无法预知的,是偶然的. 那么,如何描述分子的运动状态呢?

气体处于平衡态时,虽然个别分子的运动状态具有偶然性,但大量分子的整体表现是具有规律的,如气体从非平衡态向平衡态过渡,并在平衡态时有确定的压强、温度,分子的速率分布有确定的规律等,表明大量的偶然与无序的分子运动中包含着规律,这种规律性来自大量偶然事件的集合,故称为统计规律性. 所以统计规律性是对大量分子整体而言. 本章将要讨论的统计规律主要为气体的压强公式和温度公式、能量均分定理、麦克斯韦速率分布律等.

以伽耳顿板实验为例说明大量分子运动的统计规律性,如图 9.3 所示. 在一块竖直的平板的上部钉上一排排的等间距的铁钉,下部用竖直隔板隔成等宽的狭槽,然后用透明板封盖,在顶端装一漏斗形入口. 此装置称为伽耳顿板.

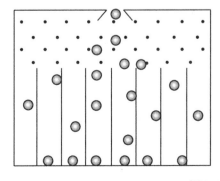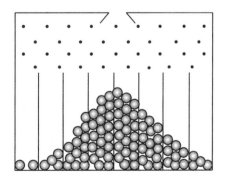

图 9.3 伽耳顿板

　　取一小球从入口投入,小球在下落的过程中将与一些铁钉碰撞,最后落入某一槽中,再投入另一小球,它下落在哪个狭槽与前者可能完全不同,这说明单个小球下落时与一些铁钉碰撞,最后落入哪个狭槽完全是无法预测的偶然事件(或称为随机事件).但是如果把大量小球从入口徐徐倒入,发现总体上小球按狭槽的分布有确定的规律性:落入中央狭槽的小球较多,而落入两端狭槽的小球较少.重复几次同样实验,得到的结果都近似相同.上述实验表明,尽管单个小球落入哪个狭槽完全是偶然的(随机的),但大量的小球按狭槽的分布呈现出确定的规律性.

　　研究统计规律必须采用统计的方法,用统计平均的方法研究问题是统计方法之一.

　　如果在一定的条件下,对某个物理量进行测量,总测量次数为 N,可能的取值为 $M_1, M_2, \cdots, M_n$,这些测量值的次数分别为 $N_1, N_2, \cdots, N_n$ 则该物理量的算术平均值为

$$\overline{M} = \frac{N_1 M_1 + N_2 M_2 + \cdots + N_n M_n}{N} \tag{9-3}$$

当 $N \to \infty$ 时,算术平均值就是测量量的统计平均值,$P_i = \dfrac{N_i}{N}$ 称为 M_i 出现的概率.

　　从统计性假设出发,采用统计平均的方法找出气体的宏观量与微观量的统计平均值之间的关系,就可以揭示宏观量的微观本质.

　　气体在平衡态时,分子热运动的统计假设为:

　　(1)平衡态时若忽略重力的影响,每一个分子的位置在容器中任何一点的机会(或概率)均等,分子按位置的分布是均匀的,即容器内气体的分子数密度 n_V 处处相同.

　　(2)在平衡态下,分子沿各个方向运动的概率相等,没有哪个方向占优势.这样对大量分子而言,分子速度在 x, y, z 轴上的分量平方的统计平均值相等,有

$$\overline{v_x^2} = \overline{v_y^2} = \overline{v_z^2} = \frac{1}{3}\overline{v^2} \tag{9-4}$$

其中,$\overline{v_x^2} + \overline{v_y^2} + \overline{v_z^2} = \overline{v^2}$.

9.2.2　理想气体分子的微观模型

　　以氧气分子为例,氧气分子的直径约为 3×10^{-10} m.在标准状态下,气体分子间的平均距离约为分子直径的 10 倍,也就是说在标准状态下,每个氧分子所占的体积约为氧分子体积的 1000 倍,所以在标准状态下气体分子可看成大小可以忽略不计的质点.随着压强的增加,分子间的距离要减小,但在压强不太高的情况下,气体分子所占的体积仍比分子自身的大小大得多.

　　分子间存在着引力,如固体或液体的分子汇聚在一起而不易将其分开,说明分

子间存在着引力. 分子间不但有吸引力,还表现有排斥力,如液体和固体都很难被压缩,说明分子间因排斥力而无法相互靠拢.

图 9.4 为分子力 f 与分子间距离 r 的关系曲线. 由图中曲线可见,当分子间的距离 $r<r_0(r_0$ 在 10^{-10} m 左右)时,分子主要表现排斥力,并且随 r 的减小,排斥力急剧增加. 当 $r=r_0$ 时,分子间的相互作用力为零. 当分子间距 $r>r_0$ 时,分子表现为引力,当增大分子间距离,使 $r\gg r_0$ (即 $r>10^{-9}$ m)时,分子间的相互作用力就可以忽略了,可见分子力是短程力.

分子力不是静电力,属于电磁相互作用,其相互作用机理很复杂,这里不做讨论.

理想气体是一种理想化了的气体,其微观模型为:

（1）分子本身的大小比分子间的平均距离小得多,分子可视为质点,它们遵从牛顿运动定律.

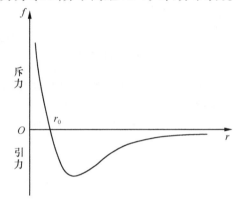

图 9.4 分子力与分子间距的关系曲线

（2）分子与分子间或分子与器壁间的碰撞是完全弹性碰撞.

（3）除碰撞瞬间外,分子间的相互作用力可忽略不计,重力的影响也可忽略不计. 因此在相邻两次碰撞之间,分子做匀速直线运动.

显然这是一个理想的模型,它是真实气体在压强较小时的近似模型.

思 考 题

9.2-1 理想气体分子有何特点?

9.2-2 研究宏观量与微观量之间的关系时为什么要采用统计的方法? 从气体处于平衡态时的特点出发,分子运动的概率有何特点?

9.3 理想气体的压强公式

由气体分子热运动的统计性假设出发,根据理想气体的微观模型,运用牛顿定律,采用统计平均的方法,可以推导出理想气体的压强公式,从而解释压强的微观本质和温度的统计意义. 下面推导理想气体的压强公式.

容器中气体作用于器壁的压强,是大量气体分子对器壁不断碰撞的结果.

如图 9.5 所示,设有一个边长为 l_1, l_2 及 l_3 的长方形容器中,盛有 N 个理想气体分子,每个分子的质量都为 m. 平衡态时气体内部各处压强完全相同,以与 x 轴

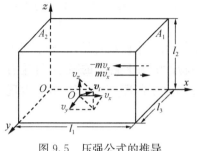

图 9.5 压强公式的推导

垂直的器壁 A_1 面为例,计算出 A_1 面的压强也就得到了气体内部的压强.

先研究一个分子 i,其速度为 v_i,速度分量为 v_{ix},v_{iy},v_{iz}. 当分子 i 与 A_1 面发生完全弹性碰撞时,由于分子的质量远小于器壁的质量,分子 i 与器壁碰撞后以速度 $-v_{ix}$ 沿 x 轴反方向运动. 分子每碰撞一次,其动量增量为

$$m(-v_{ix}) - mv_{ix} = -2mv_{ix}$$

由动量定理,分子在一次碰撞中器壁对它的冲量为 $-2mv_{ix}$. 由牛顿第三定律,器壁受到的冲量为 $2mv_{ix}$. 与器壁 A_2 碰撞后分子沿 x 轴返回,并与器壁 A_1 再次发生碰撞. 它连续两次与 A_1 面碰撞所用的时间为 $2l_1/v_{ix}$. 所以,单位时间内分子 i 与 A_1 面发生的碰撞次数为 $v_{ix}/2l_1$,则单位时间分子 i 作用于器壁 A_1 的冲量为

$$\frac{v_{ix}}{2l_1} \cdot 2mv_{ix} = \frac{mv_{ix}^2}{l_1}$$

每个分子对器壁的碰撞是断续的,由于分子数量极大,碰撞非常频繁,它们对器壁的碰撞总体效果是连续地给器壁以冲量,宏观上表现为气体对器壁有持续的压力. 所以,N 个分子单位时间内对器壁的冲量为器壁 A_1 受到的压力

$$\overline{F} = \frac{I}{\Delta t} = \sum_{i=1}^{N} \frac{mv_{ix}^2}{l_1}$$

则气体对器壁 A_1 的压强为

$$p = \frac{\overline{F}}{S} = \frac{\overline{F}}{l_2 l_3} = \sum_{i=1}^{N} \frac{mv_{ix}^2}{l_2 l_3 l_1} = \frac{N}{V} \frac{1}{N} \sum_{i=1}^{N} mv_{ix}^2 = n_V m \overline{v_x^2}$$

其中,容器体积 $V = l_1 l_2 l_3$,$n_V = \dfrac{N}{V}$ 是单位体积中的分子数.

由气体分子热运动的统计性假设

$$\frac{1}{N} \sum_{i=1}^{N} v_{ix}^2 = \overline{v_x^2} = \frac{1}{3} \overline{v^2}$$

所以,压强为

$$p = \frac{1}{3} n_V m \overline{v^2} \tag{9-5}$$

引入气体分子的平均平动动能 $\overline{\varepsilon_t} = \dfrac{1}{2} m \overline{v^2}$,则式(9-5)成为

$$p = \frac{2}{3} n_V \left(\frac{1}{2} m \overline{v^2} \right) = \frac{2}{3} n_V \overline{\varepsilon_t} \tag{9-6}$$

式(9-6)称为理想气体的**压强公式**. 它把宏观量 p 和统计平均值 n_V 和 $\overline{\varepsilon_t}$ (或 $\overline{v^2}$)联系起来, 表明气体的压强正比于单位体积内的分子数和分子的平均平动动能, 从而揭示了压强的微观本质和统计意义. 可见, 压强是大量气体分子对器壁碰撞而产生的. 若容器中只有少量几个分子, 压强就失去了意义; 压强是个统计平均值, 它反映了器壁所受大量分子对器壁碰撞时所给冲力的统计平均效果.

思 考 题

9.3-1 从压强产生的原因解释为什么单位体积的分子数越多, 压强越大? 为什么分子热运动的平均平动动能越大压强越大?

9.4 理想气体的温度公式

利用理想气体的压强公式和状态方程可以推导出理想气体的温度与分子平均平动动能之间的关系, 从而揭示温度的微观实质.

由理想气体的压强公式

$$p = \frac{2}{3} n_V \left(\frac{1}{2} m \overline{v^2} \right) = \frac{2}{3} n_V \overline{\varepsilon_t}$$

和理想气体状态方程的另一形式 $p = n_V k T$ 相比较, 则有

$$\overline{\varepsilon_t} = \frac{1}{2} m \overline{v^2} = \frac{3}{2} k T \tag{9-7}$$

上式称为理想气体的**温度公式**. 它表明处于平衡态时的理想气体, 其分子的平均平动动能与气体的温度成正比.

式(9-7)揭示了温度的微观本质和统计意义: 理想气体的温度是气体分子平均平动动能的量度, 气体的温度越高, 分子的平均平动动能就越大, 分子热运动的程度越激烈. 因此, 可以说温度是表征大量分子热运动激烈程度的宏观物理量, 是大量分子热运动的集体表现. 如同压强一样, 对个别分子, 温度是没有意义的.

式(9-7)表明, 不同种类的两种理想气体, 只要温度 T 相同, 分子的平均平动动能就相同; 反之, 当它们的分子的平均平动动能相同时, 它们的温度一定相同.

需要注意的是: 分子的平均平动动能是分子无规则热运动的动能, 和分子有规则定向运动的动能无关, 所以, 温度和分子有规则整体定向运动的动能无关.

按照上述经典理论, 当温度趋于 0K 时, 气体分子的平均平动动能趋于 0, 分子要停止运动. 这并不符合实际情况, 研究发现金属中的自由电子组成的"电子气", 在低温下并不遵守经典统计规律. 量子理论给出, 即使在趋于 0K 时, 电子气中电子的平均平动动能也不趋于零.

思　考　题

9.4-1　不同种类气体,当温度相同时,分子的平均平动动能相同吗?

9.4-2　温度的微观本质和统计意义是什么? 分子整体定向运动的速率越大,气体的温度越高吗?

9.5　能量均分定理　理想气体的内能

本节讨论气体在平衡态下分子能量所遵循的统计规律,即能量按自由度均分定理.

9.5.1　自由度

分子的能量取决于分子的结构,由于气体分子本身有一定的大小和较复杂的内部结构,分子除平动外,还有转动和分子内部原子的振动.研究分子热运动的能量时,应将分子的平动动能、转动动能和振动动能都包括进去. 它们服从一定的统计规律——能量按自由度均分定理. 若忽略分子内原子的振动,原子的振动能量可忽略不计,分子可视为刚性分子.那么什么是自由度呢?

定义在分子能量中独立的速度和坐标的二次方项数目称为分子的自由度,用符号 i 表示.分子平动动能的速度平方项数量称为平动自由度,用符号 t 表示;分子转动动能的速度平方项数量称为转动自由度,用符号 r 表示;分子振动能量的速度和位移的平方项数量称为振动自由度,用符号 s 表示.下面分别对理想气体单原子分子、双原子分子和多原子分子自由度的数值进行讨论.

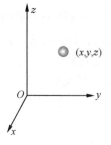

图 9.6　单原子分子

1. 单原子分子

单原子分子(如 He,Ne,Ar 等)的大小可以忽略不计,可看成自由质点(图 9.6),所以单原子分子只有平动.分子在三维空间中运动的平动动能 $\frac{1}{2}mv_x^2 + \frac{1}{2}mv_y^2 + \frac{1}{2}mv_z^2$ 中共有三个速度平方项,所以其平动自由度为 $t=3$. 即单原子分子的自由度为

$$i = t = 3$$

2. 双原子分子

刚性双原子分子(如 H_2,O_2,N_2,CO 等)(图 9.7),由于两个原子间连线距离

保持不变,且原子的大小忽略不计,刚性双原子分子如同两原子间由一定长度的、质量可忽略的细杆相连.分子的平动动能仍为 $\frac{1}{2}mv_x^2+\frac{1}{2}mv_y^2+\frac{1}{2}mv_z^2$,所以分子的平动自由度为 $t=3$.除平动动能外,分子还存在转动动能.由于确定质点连线的空间方位需两个独立坐标(如 α,β),而两质点以连线为轴的转动没有意义,所以刚性双原子分子的转动动能有两个速度平方项,其转动自由度为2,即 $r=2$.则刚性双原子总共有 5 个自由度,其中 3 个平动自由度和 2 个转动自由度,即

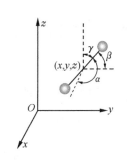

图 9.7　刚性双原子分子

$$i = t + r = 3 + 2 = 5$$

3. 多原子分子

刚性三原子或三原子以上的分子(如 CO_2,H_2O,NH_3 等)即为刚性多原子分子,只要各原子不是直线排列的,就可以看成自由刚体.

如图 9.8 所示,一个自由刚体在空间任意运动时,可分解为质心 O' 的平动和绕通过质心轴的转动.同理刚体的平动自由度为 3,即 $t=3$.由于确定刚体通过质心轴的空间方位——3 个方位角 (α,β,γ) 中只有其中两个是独立的,另外还要确定

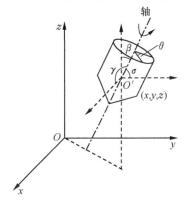

图 9.8　自由刚体的自由度

刚体绕通过质心轴转过的角度 θ,所以,确定刚体的转动位置需要 3 个独立角坐标,则描述自由刚体的转动动能需要 3 个独立角速度平方项.那么,刚体绕通过质心轴的转动,共有 3 个转动自由度,即 $r=3$,所以,刚性多原子分子总共有 6 个自由度,其中 3 个平动自由度和 3 个转动自由度.即

$$i = t + r = 3 + 3 = 6$$

一般在常温下,气体分子内原子的振动可忽略不计,分子都近似看成是刚性分子,振动自由度可以不考虑.

高温下,分子内部原子的振动不能忽略不计,分子视为非刚性分子.因此还应考虑振动自由度,如非刚性双原子分子,好像两原子之间有一质量不计的细弹簧相连接,其振动的能量有两个平方项,即振动位移平方项和振动速度平方项,所以,双原子分子振动自由度为2,即 $s=2$.则非刚性双原子分子总的自由度为7,其中 3 个平动自由度、2 个转动自由度和 2 个振动自由度.

9.5.2 能量按自由度均分定理

首先看分子平动动能按平动自由度的分配.

因为理想气体分子的平均平动动能为 $\frac{1}{2}m\overline{v^2}=\frac{3}{2}kT$,且气体分子都有 3 个平动自由度,有

$$\frac{1}{2}m\overline{v^2} = \frac{1}{2}m\overline{v_x^2} + \frac{1}{2}m\overline{v_y^2} + \frac{1}{2}m\overline{v_z^2} = \frac{3}{2}kT$$

根据平衡态时,大量气体分子热运动的统计假设

$$\overline{v_x^2} = \overline{v_y^2} = \overline{v_z^2} = \frac{1}{3}\overline{v^2}$$

所以

$$\frac{1}{2}m\overline{v_x^2} = \frac{1}{2}m\overline{v_y^2} = \frac{1}{2}m\overline{v_z^2} = \frac{1}{2}kT$$

上式说明,温度为 T 的气体,其分子所具有的平均平动动能可以均匀地分配给每一个平动自由度,即每一个平动自由度都具有相同的动能 $\frac{1}{2}kT$.

推广到各种自由度上,可得出能量按自由度均分定理.

由于气体大量分子的无规则运动和频繁地碰撞,分子的能量互相转换,由统计假设可知,不可能有某种运动形式特别占优势. 因此,在平衡态下,分子的每一个自由度都具有相同的平均能量,其大小都是 $\frac{1}{2}kT$. 这就是**能量按自由度均分定理**,也称能量均分定理.

9.5.3 理想气体的内能

1. 分子的平均能量

下面仅就刚性分子进行讨论. 根据能量按自由度均分定理,如果某种理想气体分子有 t 个平动自由度,r 个转动自由度,则分子的自由度为 $i=t+r$. 所以,在温度为 T 的平衡态下,一个分子的平均能量等于平均动能为

$$\bar{\varepsilon} = \frac{i}{2}kT = \frac{1}{2}(t+r)kT \tag{9-8}$$

分子自由度的数值如表 9.1 所示. 几种刚性分子的平均能量(平均动能)可表示为

单原子分子 $\qquad\qquad\qquad \bar{\varepsilon}=\frac{3}{2}kT$

刚性双原子分子 $\qquad \bar{\varepsilon} = \dfrac{5}{2} kT$

刚性多原子分子 $\qquad \bar{\varepsilon} = 3kT$

表 9.1 理想气体常温下分子自由度

分 子	单原子分子	刚性双原子分子	刚性多原子分子(三原子以上)
自由度 i	3(平)	3(平)+2(转)=5	3(平)+3(转)=6

2. 理想气体的内能

所有气体分子热运动的动能、分子内部原子之间振动能量以及分子之间相互作用势能总和为一般气体的内能.

由于理想气体分子间的引力可忽略不计,那么分子间相互作用的势能可忽略不计,所以理想气体的内能就是气体内所有分子热运动的能量之和.

由于 1 mol 理想气体分子的个数为阿伏伽德罗常量,所以 1 mol 理想气体的内能为

$$E_0 = N_A \bar{\varepsilon} = N_A \frac{i}{2} kT = \frac{i}{2} RT$$

质量为 M、摩尔质量为 μ 的理想气体的内能为

$$E = \frac{M}{\mu} \frac{i}{2} RT = n \frac{i}{2} RT \qquad (9\text{-}9)$$

可见,理想气体的内能只取决于分子的自由度 i 和热力学温度 T,或者说理想气体的内能只是温度 T 的单值函数,即 $E = E(T)$. 这个结果在与室温相差不大的温度范围内和实验基本相符.

对于一定量的某种理想气体,内能的改变只与初、末态的温度有关,与过程无关,即

$$\Delta E = E_2 - E_1 = \frac{M}{\mu} \frac{i}{2} R(T_2 - T_1) \qquad (9\text{-}10)$$

只要温度变化量 $T_2 - T_1$ 相同,内能变化量 $\Delta E = E_2 - E_1$ 就相同.

物体的内能不同于机械能,如静止于地面的物体,相对于地面的机械能(包括动能和重力势能)等于零,而它的内能永远不会等于零(为什么?).

当然物体的内能和机械能之间可以互相转换.

例 9.1 一容器内储有氧气,压强 $p = 1.0$ atm,温度 $t = 27.0\,℃$,体积 $V = 1.0 \times 10^{-2}$ m³. 求:

(1) 氧气的密度与单位体积中的分子数;

(2) 氧分子的平均平动动能 $\bar{\varepsilon}_t$、平均转动动能为 $\bar{\varepsilon}_r$ 与分子的平均能量 $\bar{\varepsilon}$;

(3) 氧气的内能.

解 (1) 由理想气体的状态方程 $pV = \dfrac{M}{\mu}RT$

氧气的密度为

$$\rho = \frac{M}{V} = \frac{p\mu}{RT} = \frac{1.013 \times 10^5 \times 32 \times 10^{-3}}{8.31 \times (273 + 27)} = 1.3 (\text{kg} \cdot \text{m}^{-3})$$

单位体积中的分子数为

$$n_V = \frac{p}{kT} = \frac{1.013 \times 10^5}{1.38 \times 10^{-23} \times (273 + 27)} = 2.45 \times 10^{25} (\text{m}^{-3})$$

(2) 氧分子为双原子分子,自由度 $i = 5$,其中,平动自由度 $t = 3$,转动自由度 $r = 2$. 由能量均分定理,可得

$$\bar{\varepsilon}_t = \frac{t}{2}kT = \frac{3}{2} \times 1.38 \times 10^{-23} \times (273 + 27) = 6.21 \times 10^{-21} (\text{J})$$

$$\bar{\varepsilon}_r = \frac{r}{2}kT = 1.38 \times 10^{-23} \times (273 + 27) = 4.14 \times 10^{-21} (\text{J})$$

$$\bar{\varepsilon} = \frac{i}{2}kT = \frac{5}{2} \times 1.38 \times 10^{-23} \times (273 + 27) = 1.04 \times 10^{-20} (\text{J})$$

(3) 氧气的内能为

$$E = n\frac{i}{2}RT = \frac{5}{2}pV = \frac{5}{2} \times 1.013 \times 10^5 \times 10^{-2} = 2.53 \times 10^3 (\text{J})$$

例 9.2 一容器装有一定质量的氦气,若容器以速率 $v = 100 \text{ m} \cdot \text{s}^{-1}$ 匀速运动,设容器突然停止,且容器与外界没有热量交换,求氦气的温度升高多少?

解 设容器内气体的质量为 M,气体升高的温度为 ΔT. 由于容器与外界没有热量交换,所以容器停止后气体的全部定向运动动能都变为气体分子热运动的能量,有

$$\frac{1}{2}Mv^2 = \frac{i}{2}\frac{M}{\mu}R\Delta T$$

所以

$$\Delta T = \frac{\mu v^2}{iR} = \frac{4 \times 10^{-3} \times 10^4}{3 \times 8.31} = 1.60 (\text{K})$$

思 考 题

9.5-1 实验显示气体在高温与低温下自由度存在较大差异,试分析原因.

9.5-2 物体的内能与物体的机械能有何区别？为什么物体的内能不会为零？

9.5-3 温度相同时，不同种类的气体分子平均能量相同吗？

9.5-4 理想气体的内能和体积有关吗？

9.6 气体按麦克斯韦速率分布定律

9.6.1 麦克斯韦气体分子速率分布律

处于热动平衡态下，一定量的气体分子，由于无规则热运动和频繁碰撞，对个别分子来说，速度大小和方向随机变化不可预知；但就大量分子整体而言，分子热运动速率是否具有一定规律呢？1859 年，麦克斯韦(J. C. Maxwell)给出了肯定的答案，他指出对大量气体分子整体，在一定温度的平衡态下，它们的速率分布遵循一定的统计规律。他在概率论基础上导出了分子按速率的分布规律，称为麦克斯韦速率分布律。1920 年施特恩(O. Stern)最早从实验中证实了麦克斯韦分子按速率分布的统计规律。

由于碰撞使分子速率具有从零到无限大之间任意可能的值，分子热运动具有随机性和偶然性，不可能测出每个分子在任意时刻上准确的速率值。那么怎样研究气体分子速率的分布呢？可采用统计的方法。

在气体的平衡态下，把分子的速率划分为若干相等的速率间隔 Δv，然后计算气体分子处于某一速率间隔 $v \sim v + \Delta v$ 内的分子数 ΔN 占总分子数 N 的百分比 $\Delta N/N$。如图 9.9 所示，百分比 $\Delta N/N$ 是速率的函数，还与所取速率间隔 Δv 的大小有关。当 $\Delta v \to 0$ 时，$\dfrac{\Delta N}{N \Delta v}$ 的极限值是 v 的一个连续函数，用 $f(v)$ 表示，如图 9.9 中的虚线表示。称函数 $f(v)$ 为速率分布函数。即

$$f(v) = \lim_{\Delta v \to 0} \frac{\Delta N}{N \Delta v} = \frac{1}{N} \frac{dN}{dv} \quad (9\text{-}11)$$

于是有

$$\frac{dN}{N} = f(v) dv \quad (9\text{-}12)$$

dN/N 为气体分子中，在速率 v 附近处于速率区间 dv 内的分子数 dN 与总分子数 N 的比值，也表示分子分布在速率 $v \sim v + dv$

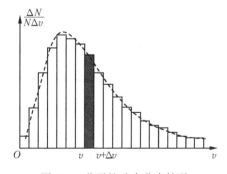

图 9.9 分子按速率分布情况

区间内的概率。图 9.9 中黑色窄条的面积为 dN/N。于是速率分布函数的物理意义表述为：气体分子的速率处于 v 附近单位速率区间上的分子数占总分子数的百分比，或气体分子的速率处于 v 附近单位速率区间的概率，也称概率密度。

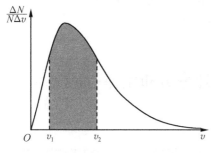

图 9.10　分布函数曲线下的面积

所以,分子分布在 $v_1 \sim v_2$ 速率区间上的概率为

$$\frac{\Delta N}{N} = \int_{v_1}^{v_2} f(v)\mathrm{d}v \qquad (9\text{-}13)$$

可见,$\Delta N/N$ 等于曲线下从 v_1 到 v_2 之间的面积,如图 9.10 中阴影部分所示.

速率分布函数满足归一化条件

$$\int_0^{\infty} f(v)\mathrm{d}v = 1 \qquad (9\text{-}14)$$

显然,速率从 0 到 ∞ 之间的分子数比率,等于整个曲线下的面积. 根据归一化条件,这个面积也必定等于 1. 麦克斯韦根据气体在平衡态下分子热运动具有各向同性的特点,运用统计的方法于 1859 年,首先从理论上导出气体的速率分布函数为

$$f(v) = 4\pi\left(\frac{m}{2\pi kT}\right)^{3/2} \mathrm{e}^{-\frac{mv^2}{2kT}} v^2 \qquad (9\text{-}15)$$

式(9-15)给出了理想气体在温度为 T 的平衡态下的速率分布规律,称为麦克斯韦速率分布定律. 式中 m 为气体分子的质量,k 为玻尔兹曼常量. 则式(9-12)可写成

$$\frac{\mathrm{d}N}{N} = 4\pi\left(\frac{m}{2\pi kT}\right)^{3/2} \mathrm{e}^{-\frac{mv^2}{2kT}} v^2 \mathrm{d}v$$

以速率 v 为横坐标轴,麦克斯韦速率分布函数 $f(v)$ 为纵坐标轴,画出 $f(v)$ 与 v 的关系曲线,称为麦克斯韦速率分布曲线. 麦克斯韦速率分布曲线图可形象地描绘出分子按速率的分布规律,如图 9.9 所示虚线部分.

9.6.2　三种统计速率

利用麦克斯韦速率分布函数 $f(v)$,可以导出反映分子热运动的、具有代表性的三种统计速率.

1. 最概然速率 v_{p}

从图 9.9 所示的麦克斯韦速率分布曲线可以看出,曲线从坐标原点出发,随速率增大开始上升,经过一个极大值后下降,并渐近于横坐标轴. 这表明气体分子速率可取大于零的一切可能的有限值.

在平衡态下,温度为 T 的一定量气体中,与 $f(v)$ 的极大值相对应的速率,称为最概然速率,并以 v_{p} 表示. 最概然速率的物理意义为分子分布在最概然速率 v_{p} 附近单位速率间隔内的分子数在总分子数中所占百分比最大,或一个分子分布在 v_{p}

附近单位速率间隔内的概率最高,有

$$\frac{\mathrm{d}f(v)}{\mathrm{d}v}\bigg|_{v=v_\mathrm{p}} = 0$$

将式(9-15)代入上式,可求得最概然速率为

$$v_\mathrm{p} = \sqrt{\frac{2kT}{m}} = \sqrt{\frac{2RT}{\mu}} \approx 1.41\sqrt{\frac{RT}{\mu}} \tag{9-16}$$

2. 平均速率

在平衡态下,N 个气体分子速率的算术平均值,称为平均速率,用 $\bar{v}$ 表示.设 $\mathrm{d}N$ 代表气体分子速率在间隔 $v \sim v+\mathrm{d}v$ 内的分子数,由于分子速率可以在 $0\sim\infty$ 取值,则按照算术平均值的计算方法,有

$$\bar{v} = \frac{\int_0^N v\,\mathrm{d}N}{N} = \int_0^\infty vf(v)\mathrm{d}v \tag{9-17}$$

将式(9-15)代入式(9-17),积分可得

$$\bar{v} = \sqrt{\frac{8kT}{\pi m}} = \sqrt{\frac{8RT}{\pi\mu}} \approx 1.60\sqrt{\frac{RT}{\mu}} \tag{9-18}$$

3. 方均根速率 v_rms（即 $\sqrt{\overline{v^2}}$）

分子速率平方的平均值为

$$\overline{v^2} = \frac{\int_0^\infty v^2\,\mathrm{d}N}{N} = \int_0^\infty v^2 f(v)\mathrm{d}v = \frac{3kT}{m}$$

$$\sqrt{\overline{v^2}} = \sqrt{\frac{3kT}{m}} \approx 1.73\sqrt{\frac{RT}{\mu}} \tag{9-19}$$

三种统计速率都反映了大量分子作热运动的统计规律,且 $v_\mathrm{rms} > \bar{v} > v_\mathrm{p}$,可见三种统计速率中最概然速率最小,方均根速率最大.尽管这三个速率的数值不同,然而它们具有同样的规律性:与温度的平方根成正比,与单个分子的质量或气体的摩尔质量的平方根成反比.室温下,对中等质量的分子来说,三种速率数量级一般为每秒几百米.

例如,在温度为 27℃的室温下,氧气分子的平均速率为

$$\bar{v} = \sqrt{\frac{8RT}{\pi\mu}} \approx 1.60\sqrt{\frac{8.31 \times 300}{32 \times 10^{-3}}} = 446.6(\mathrm{m \cdot s^{-1}})$$

而氢气分子的平均速率为 $\bar{v} \approx 1.60 \sqrt{\dfrac{8.31 \times 300}{2 \times 10^{-3}}} = 1786.3 (\mathrm{m \cdot s^{-1}})$. 可见,氢气的平均速率远大于氧气. 由于在相同温度下,氢气分子速率较高,使氢气更容易逃逸出大气层而被称为逃逸气体.

　　三种速率应用于不同问题的研究中. 例如,v_{rms} 用来计算分子的平均平动动能;$\bar{v}$ 用来讨论分子的碰撞,计算分子运动的平均自由程和平均碰撞次数等;v_{p} 是速率分布曲线中极大值所对应的速率,所以用于研究分子速率分布.

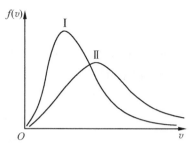

图 9.11　不同温度或不同气体分子的
速率分布曲线

　　例如,图 9.11 所示两条速率分布曲线. 对于给定的气体(即 m 一定),温度不同,分布曲线的形状不同. 由于曲线 Ⅱ 的最概然速率较大,所以,曲线 Ⅰ 表示低温气体的速率分布曲线,曲线 Ⅱ 表示高温气体的速率分布曲线. 曲线 Ⅱ 较曲线 Ⅰ 平坦,说明温度越高具有较大速率的相对分子数量越多. 若图 9.11 所示为相同温度下两种不同种类气体的速率分布曲线,由于分子的质量越大,v_{p} 越小,所以曲线 Ⅰ 的气体分子

质量较曲线 Ⅱ 的气体分子质量大. 同时也说明分子的质量越小,在相同温度下,具有较大速率的相对分子数量越多.

9.6.3　麦克斯韦速率分布律的实验验证

　　随着真空技术的发展,20 世纪 20 年代后,陆续有许多实验成功地验证了麦克斯韦速率分布律.

　　1920 年法国的物理学家施特恩最早证实了气体分子速率分布的统计规律. 1934 年我国物理学家葛正权测定了铋蒸气的速率分布,验证了这条定律. 1955 年美国哥伦比亚大学的密勒(R. C. Miller)和库什(P. Kusch)以更高的分辨率,更强的分子射束和螺旋槽速度选择器,测量了钾和铊蒸气分子的速率分布.

　　下面介绍另一种装置.

　　实验装置如图 9.12,整个装置都放在抽成高真空的容器内. A 为蒸气源,常用汞蒸气;B,C 为圆盘状速度选择器,间距为 l,圆盘上均开有狭缝,两个狭缝的夹角为 α;D 为显示屏.

　　金属汞在蒸气源中被加热后,从狭缝 S 逸出形成一窄束分子流. 当圆盘 B 与 C 静止时,由于两个狭缝间有一夹角

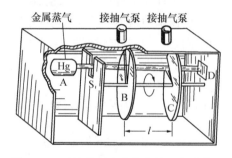

图 9.12　测量分子速率分布律的实验装置

α,所以穿过盘 B 上缝的分子流不能穿过盘 C 上的缝;但当圆盘绕公共轴以角速度 ω 转动时,即当圆盘 B,C 以角速度 ω 转动时,每转动一周,分子射线通过圆盘一次,由于分子的速率不一样,分子由 B 到 C 的时间不一样,所以并非所有通过 B 的分子都能够通过 C 达到显示屏 D,只有速率满足下式的分子才能通过 C 达到 D:

$$\frac{l}{v} = \frac{\alpha}{\omega}$$

即

$$v = \frac{\omega}{\alpha} l$$

ω 不同,v 也就不同. 可见圆盘 B 与 C 相当于速率选择器. 由于狭缝有一定宽度,实际上当圆盘 B,C 以角速度 ω 转动时,能射到显示屏 D 上的,只有分子射线中速率在 $v \sim v + \Delta v$ 区间内的分子. 操作圆盘以不同角速度 $\omega_1, \omega_2, \cdots$ 转动,测量显示屏上每次沉积在其上的金属层厚度(该厚度对应于不同速率间隔内的分子数). 比较各次沉积的金属层厚度,就可以得出分子射束中不同速率间隔内的相对分子数 $\Delta N / N$. 实验结果与麦克斯韦的理论符合得很好.

思 考 题

9.6-1 通过分析方均根速率说明地球表面大气为何富集氮气和氧气,而没有氦气和氢气?

*9.7 玻尔兹曼能量分布律

9.7.1 玻尔兹曼分布律

9.6 节讨论了一定量的理想气体,在平衡态下分子按速率(只考虑速度数值)的分布规律,没有考虑分子速度的方向以及在势能场中的分布.

如果既要考虑到分子速度的方向,将速度区间分为 $v_x \sim v_x + \mathrm{d}v_x, v_y \sim v_y + \mathrm{d}v_y, v_z \sim v_z + \mathrm{d}v_z$,又考虑到分子受力场作用,分子按空间位置的分布规律又是怎样的?

由于分子的平动动能为 $\varepsilon_t = \frac{1}{2} m v^2 = \frac{1}{2} m (v_x^2 + v_y^2 + v_z^2)$,因此,麦克斯韦速率分布律可写为

$$f(v) = 4\pi \left(\frac{m}{2\pi kT}\right)^{3/2} \mathrm{e}^{-\frac{\varepsilon_t}{kT}} v^2$$

分子分布在速率 $v \sim v + \mathrm{d}v$ 区间内的分子数为

$$\mathrm{d}N = 4\pi \left(\frac{m}{2\pi kT}\right)^{3/2} \mathrm{e}^{-\frac{\varepsilon_t}{kT}} v^2 \mathrm{d}v \tag{9-20}$$

如果把分子放在力场中,那么气体分子不仅有动能 ε_t,而且还有势能 ε_p,势能是位置的函数.由于分子同时具有动能和势能,所以,既要考虑分子按速率的分布,也要考虑分子按势能的分布.

玻尔兹曼认为,麦克斯韦速率分布律中的因子 $e^{-\frac{\varepsilon_t}{kT}}$ 里的 ε_t,应当用 $\varepsilon_t + \varepsilon_p$ 替代.从这个观点出发,运用统计方法得出在平衡态下,分子分布在速度间隔 $v_x \sim v_x + dv_x, v_y \sim v_y + dv_y, v_z \sim v_z + dv_z$ 与空间间隔 $x \sim x + dx, y \sim y + dy, z \sim z + dz$ 范围内,或位于 (x, y, z) 处,$dV = dxdydz$ 的体积元内的分子数为

$$dN = n_{V0} \left(\frac{m}{2\pi kT} \right)^{3/2} e^{-\frac{\varepsilon_t + \varepsilon_p}{kT}} dv_x dv_y dv_z dx dy dz \tag{9-21}$$

其中,n_{V0} 是分子处于势能 $\varepsilon_p = 0$ 处单位体积内含有各种速度的分子数.式(9-21)是平衡态下,分子按能量的分布,称为玻尔兹曼能量分布律.从式(9-12)可见,在确定的速度和位置间隔内,分子的能量越大,分子数越少.这表明分子占据能量较低状态的概率要大于占据能量较高状态的概率.

由于体积元 $dxdydz$ 中的分子具有各种速度,将上式对速度积分可得在空间位置 (x, y, z) 处,体积元 $dV = dxdydz$ 中的分子数为

$$dN' = n_{V0} \left(\frac{m}{2\pi kT} \right)^{3/2} \left(\int_{-\infty}^{+\infty} dv_z \int_{-\infty}^{+\infty} dv_y \int_{-\infty}^{+\infty} e^{-\frac{\varepsilon_t}{kT}} dv_x \right) e^{-\frac{\varepsilon_p}{kT}} dx dy dz \tag{9-22}$$

由于 $\varepsilon_t = \frac{1}{2} mv^2 = \frac{1}{2} m(v_x^2 + v_y^2 + v_z^2)$,所以式(9.22)中的积分可写为

$$\int_{-\infty}^{+\infty} e^{-\frac{mv_x^2}{2kT}} dv_x \int_{-\infty}^{+\infty} e^{-\frac{mv_y^2}{2kT}} dv_y \int_{-\infty}^{+\infty} e^{-\frac{mv_z^2}{2kT}} dv_z = \left(\frac{2\pi kT}{m} \right)^{3/2} \tag{9-23}$$

把式(9-23)代入式(9-22),得

$$dN' = n_{V0} e^{-\frac{\varepsilon_p}{kT}} dx dy dz$$

于是可以得到 (x, y, z) 处,单位体积中的分子数,即分子数密度为

$$n_V = \frac{dN'}{dx dy dz} = n_{V0} e^{-\frac{\varepsilon_p}{kT}} \tag{9-24}$$

理论和实验证明式(9-24)所表述的规律,适用于任何系统的微观粒子(不考虑相互作用),是粒子按能量分布的一个基本定律.从统计角度看,粒子处在能量较低状态的粒子数密度比处在能量较高状态的粒子数密度大多,且随着能量的增大,粒子数密度按指数规律迅速地减小.

9.7.2　重力场中气体分子按高度的分布

在重力场中,地球表面附近分子的势能为 $\varepsilon_p = mgz$,则地球表面气体在温度为

T 的平衡态下分子的分布为

$$n_V = n_{V0} e^{-\frac{mgz}{kT}} \qquad (9\text{-}25)$$

n_{V0} 和 n_V 分别是 $z=0$ 和 z 高度处分子数密度. 可见, 重力场中, 气体分子数密度随高度的增加而按指数减小, 且分子的质量越大, 分子数减小得越迅速, 在温度越高时分子数减小得越缓慢.

在温度不随高度变化的情况下, 由式 (9-24) 和理想气体的状态方程 $p=n_V kT$, 我们还可得到气体压强随高度的分布, 即:

$$p = p_0 e^{-\frac{mgz}{kT}} = p_0 e^{-\frac{\mu gz}{RT}} \qquad (9\text{-}26)$$

其中, p_0 和 p 分别是 $z=0$ 和 z 处气体的压强. 可见气压随高度增加而指数递减. 将式 (9-26) 变换为

$$z = \frac{RT}{\mu g} \ln \frac{p_0}{p}$$

在航测、登山、地质考察等活动中常利用上式估测某处的高度.

9.8　分子的平均碰撞次数和平均自由程

在室温下, 气体分子以每秒几百米的平均速率运动着. 如此看来气体的许多过程都应在一瞬间完成, 但实际情况并非如此, 日常经验告诉我们, 打开一瓶香水后, 香味要经过几秒到几十秒的时间才能传到几米远的地方, 原因是分子在运动过程中不断地与其他分子碰撞, 结果分子只可能沿着迂回的折线前进, 如图 9.13 所示. 事实上, 气体中发生的扩散、热传导和黏滞现象等都取决于分子间的碰撞, 包括容器中气体由温度或密度不同的非平衡状态向温度或密度均匀的平衡态过渡, 都是因为分子间频繁的碰撞.

对处于平衡态下的大量气体分子组成的系统而言, 分子由于相互碰撞改变了速度和运动方向, 从而呈现无规则热运动状态, 每个分子在两次碰撞之间自由行进多长的路程, 是偶然的, 长短不尽相同. 但对大量分子来说, 从统计的角度看, 每个分子在单位时间内与其他分子平均碰撞多少次

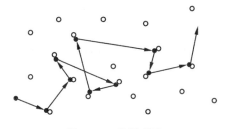

图 9.13　分子碰撞

和两次碰撞之间平均自由行进的路程却是确定的. 将其中任一个分子单位时间内与其他分子的平均碰撞次数, 称为平均碰撞频率, 用 $\overline{Z}$ 表示. 将分子连续两次碰撞间自由走过路程的平均值, 称为平均自由程, 以 $\overline{\lambda}$ 表示. 平均自由程与每秒平均碰

撞次数之间的关系为

$$\bar{\lambda} = \frac{\bar{v}}{\bar{Z}} \tag{9-27}$$

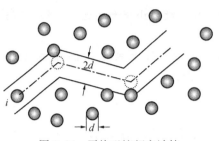

图 9.14　平均碰撞频率计算

　　为简化问题,假定分子是具有一定体积的刚性球.两分子质心间最小距离的平均值,即为分子的有效直径(d).凡分子质心间距离小于或等于有效直径时,分子将发生碰撞.如图 9.14 所示,为了使计算简单,我们假设其他分子都静止,只有分子 i 相对于其他分子以平均速度 $\bar{v}$ 在运动,分子 i 与其他分子的碰撞是完全弹性碰撞.

　　由于分子 i 在运动过程中和其他分子碰撞,使分子 i 的中心运动轨迹为一条折线.显然,凡是离开中心线的距离小于等于分子的有效直径 d 的那些分子均会与分子 i 碰撞.为了确定 1s 内有多少分子与分子 i 相碰,以分子 i 运动的轨迹为轴线,以分子有效直径 d 为半径,画一个折形圆柱筒,选圆柱筒的长为分子一秒钟内走过的平均路程 $\bar{v}$,所以,该圆柱体的体积为 $\pi d^2 \bar{v}$.那么分子 i 能够与圆柱体内的所有分子发生碰撞.由于单位体积中的分子数为 n_V,该圆柱体中有 $\pi d^2 \bar{v} n_V$ 个分子,等于分子 i 在 1s 内与其他分子的碰撞次数.麦克斯韦从理论上证明,当考虑到其他分子是运动的,分子每秒钟的平均碰撞次数修正为

$$\bar{Z} = \sqrt{2}\pi d^2 n_V \bar{v} \tag{9-28}$$

　　将式(9-28)代入式(9-27),得分子的平均自由程为

$$\bar{\lambda} = \frac{\bar{v}}{\bar{Z}} = \frac{1}{\sqrt{2}\pi d^2 n_V} \tag{9-29}$$

式(9-29)表明分子的平均自由程与分子的有效直径 d 的平方成反比,和分子数密度 n_V 成反比,而与分子的平均速率 $\bar{v}$ 无关.

　　由于 $p = n_V k T$,所以式(9.29)可写为

$$\bar{\lambda} = \frac{kT}{\sqrt{2}\pi d^2 p} \tag{9-30}$$

从式(9-30)可见,当温度一定时,平均自由程与压强成反比,压强越小,气体分子数密度越小,平均自由程越长.

　　分子的碰撞过程实质上是在分子力作用下分子间的散射过程,当分子相距很近时,它们之间相互作用力是斥力,并且随着分子间距的减小斥力急剧增大.所以,当一个分子飞向另一个分子,它们之间的距离小于某一数值时,分子由于斥力而改

变原来的运动方向,这就是分子间的弹性碰撞,两个分子质心间的最小距离的平均值是弹性球的直径,称为分子的有效直径. 实验表明,分子有效直径的数量级为 10^{-10} m.

表 9.2 所示是在标准状态下,几种气体分子的平均自由程和它们的有效直径.

表 9.2 分子平均自由程与有效直径

气 体	$\bar{\lambda}/m$	d/m
H₂	1.123×10^{-7}	2.3×10^{-10}
N₂	0.599×10^{-7}	3.1×10^{-10}
C₂	0.647×10^{-7}	2.9×10^{-10}
CO₂	0.397×10^{-7}	3.2×10^{-10}

例 9.3 求在标准状态下,氢分子的平均碰撞频率和平均自由程.

解 由上表可知,氢分子的有效直径是 2.3×10^{-10} m. 首先算出分子的平均速率

$$\bar{v} = \sqrt{\frac{8RT}{\pi\mu}} = \sqrt{\frac{8 \times 8.31 \times 273}{3.14 \times 2 \times 10^{-3}}} = 1.7 \times 10^3 (\text{m} \cdot \text{s}^{-1})$$

由 $p = n_V kT$,得

$$n_V = \frac{p}{kT} = \frac{1.013 \times 10^5}{1.38 \times 10^{-23} \times 273} = 2.69 \times 10^{25} (\text{m}^{-3})$$

所以,平均自由程为

$$\bar{\lambda} = \frac{\bar{v}}{\bar{Z}} = \frac{1}{\sqrt{2}\pi d^2 n_V} = \frac{1}{\sqrt{2} \times 3.14 \times (2.3 \times 10^{-10})^2 \times 2.69 \times 10^{25}} = 1.59 \times 10^{-7} (\text{m})$$

则分子每秒平均碰撞次数为

$$\bar{Z} = \frac{\bar{v}}{\bar{\lambda}} = 1.07 \times 10^{10} (\text{s}^{-1})$$

思 考 题

9.8-1 常温下分子的平均速率可达几百米每秒,为什么打开一瓶香水,房间中的人不能立即闻到香水的味道?

*9.9　范德瓦耳斯方程

理想气体的状态方程只适用于压强不太大,温度不太低的气体.但科研和工程技术中,经常要处理高压或低温条件下的气体问题.例如,使气体液化的过程中,需要低温或高压的条件,在这种情况下,理想气体状态方程就不再适用了,需要寻找适合真实气体的状态方程.迄今为止,人们已提出多种形式的状态方程,其中,著名的是范德瓦耳斯方程.

范德瓦耳斯把气体分子看成有相互吸引力作用的、大小不能忽略的刚性小球,分子引力的有效作用距离大约是有效直径的几十到几百倍.范德瓦耳斯方程就是在理想气体状态方程基础上考虑分子体积和分子间相互引力的修正而得到的.

首先考虑分子体积所引起的修正.对于 1 mol 理想气体有 $pV' = RT$,其中 p 是理想气体压强,V' 是分子活动空间.对于理想气体,由于忽略分子大小,所以分子的活动空间 V' 就是容器的体积.对于真实气体,考虑到分子间的斥力作用,把分子看成是直径为 d 的刚球.由于分子本身占有一定的体积,所以气体分子实际的活动空间小于 V',应以 $V' - b$ 代替理想气体状态方程中的 V',则有

$$p(V' - b) = RT \tag{9-31}$$

其中,b 是修正量,对于给定的气体是一个恒量.

其次,考虑分子间引力引起的修正.由于分子间引力的作用,使分子作用于器壁的动量减小,因而使器壁受到实际的压强减小.对于处于气体内部的一个分子,在分子引力作用范围内的周围分子对它都有引力作用,引力的分布是对称的,所以对这个分子而言周围分子对其引力的平均效果是相互抵消的,而对于靠近器壁的分子就不同了,周围分子对它的作用力不对称,其结果是使这个分子受到一个垂直于器壁且指向气体内部的拉力,使得这个分子对器壁的冲量减小,从而器壁受到的实际压强减小.引力的修正项用 Δp 表示,由式(9-31),得

$$p = \frac{RT}{V' - b} - \Delta p \tag{9-32}$$

其中 Δp 表示靠近器壁的气体表面层内的分子在单位面积上所受到的内部分子的拉力.在周围分子对靠近器壁的一个分子的拉力一定的情况下,靠近器壁的表层内的气体分子数密度 n_V 越大,单位面积上分子受到的拉力 Δp 越大;同样,内部能够施加引力的气体分子数越多,即 n_V 越大,所施加的引力越大,那么 Δp 也越大.可见 Δp 与 n_V^2 成正比,即 $\Delta p \propto n_V^2$,由于 n_V 与 V' 成反比,则 Δp 与 V'^2 成反比,即

$$\Delta p = \frac{a}{V'^2}$$

将上式代入式(9-32),并整理得

$$\left(p + \frac{a}{V'^2}\right)(V' - b) = RT \tag{9-33}$$

式(9-33)称为 1 mol 气体的范德瓦耳斯方程.如果气体摩尔数为 n,体积为 V,由于 V 与 V' 关系为 $V' = \dfrac{V}{n}$,代入式(9-33),得气体的状态方程(范德瓦耳斯方程)为

$$\left(p + \frac{an^2}{V^2}\right)(V - nb) = nRT \tag{9-34}$$

式(9-34)称为气体的范德瓦耳斯方程,是荷兰物理学家范德瓦耳斯在 1973 年首先推导出来的.其中,a, b 是常数,各种气体的 a, b 值可由实验测得.表 9.3 所示几种常见气体的 a, b 值.

表 9.3　几种常见气体的 a、b 值

气　体	$a/(\mathrm{Pa \cdot m^6 \cdot mol^{-2}})$	$b/(\mathrm{m^3 \cdot mol^{-1}})$
H_2	0.024	0.000027
He	0.003	0.000024
N_2	0.139	0.000039
O_2	0.136	0.000032
H_2O	0.546	0.00003
CO_2	0.359	0.000043

真实气体在相当大的压强范围内更近似地遵守范德瓦耳斯方程.

*9.10　气体内的迁移现象

前面讨论的是气体处在平衡状态下的一些物理性质.但在许多实际问题中,气体处在非平衡状态.也就是说气体内各个气层间有相对运动,或气体内温度不均匀,或分子数密度不均匀.在这种非平衡状态下,气体内将有动量、能量、质量的定向传递,这就是气体内的迁移现象.

9.10.1　内摩擦现象

对于定向流动的气体,假设气体内各处的温度相同,分子数密度相同,而各气层的流速不同,在相邻两气层的接触面上,产生一对等值而反向的力.流动较快的气层施加流动较慢气层的作用力,使流动较慢气层加速;流动较慢气层施加流动较快气层的作用力,使流动较快气层减速运动.可见这一对力阻碍气层间的相对运动,可称为内摩擦力,或称黏滞力.这种现象称为内摩擦现象或称为内黏滞现象.气

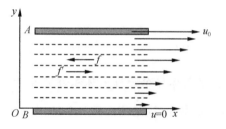

图 9.15　气体中各气层的流速不同

体的内摩擦现象在现实生活中经常可见,如飞驰的汽车会带动周围的空气,使路边树叶也随之飞舞.

下面分析影响内摩擦力的因素.

如图 9.15 所示,设空气充满在 A,B 两平板之间. B 板静止($u=0$),A 板沿 x 方向以 u_0 匀速运动,两板间空气逐层被带动沿 x 方向流动,但各层流速不同(即 u 是 y 的函数),为直观表示 u 随 y 的变化情况,图中用长短不一的带方向的线段表示速度方向与大小. 由牛顿黏滞定律,两气层间相互作用力为

$$f = \eta \frac{\mathrm{d}u}{\mathrm{d}y} \Delta S \tag{9-35}$$

下面我们从气体动理论的观点来探讨内摩擦现象的微观机制.

气体内摩擦现象与分子热运动和分子间碰撞有直接联系,热运动使各层分子不断地彼此交换. 分子除有热运动的速度外,还有定向运动的速度(即气体的流动速度). 由于此处假设气体内温度处处相同,分子数密度处处相同,所以任意时间内 ΔS 面两侧交换的分子数相等. 但是由于上层分子定向运动的速率大,而下层分子的定向运动速率小,所以 ΔS 两侧气层交换的定向运动的动量不同. 这样通过上下层分子的不断交换,将有净定向动量自上向下输运,使下层气体分子定向动量增大,上层气体分子定向动量减小. 宏观上便表现为上层气体受到向后的作用力,下层气体受到向前的作用力,所以内摩擦现象在微观本质上是分子由于热运动而定向输运动量.

黏滞系数与微观量统计平均值的关系为

$$\eta = \frac{1}{3} n_V m \overline{v} \overline{\lambda} = \frac{1}{3} \rho \overline{v} \overline{\lambda} \tag{9-36}$$

其中,m 是分子的质量,$\overline{v}$ 是分子的平均速率,n_V 是分子数密度,ρ 是气体的密度,$\overline{\lambda}$ 为分子的平均自由程.

将 $\rho = p\mu/RT$ 和式(9-18)及式(9-30)带入上式可得黏滞系数 η 与压强无关,而与 $\sqrt{T}$ 成正比. 麦克斯韦曾亲自做实验测定压强不太低时,不同压强下气体的黏滞系数,发现与压强无关. 这个实验有力地支持了气体动理论.

9.10.2　热传导现象

现在假设气体分子各气层间无相对流动,分子数密度和压强均相同. 当气体内部温度不均匀时,产生热量从高温处向低温处传递的现象,称作热传导现象.

如图 9.16 所示,A,B 两板温度分别为 T_1,$T_2(T_2 < T_1)$,板间气体温度沿 x 轴逐渐降低. 为了描述温度的变化,引入温度梯度 $\dfrac{\mathrm{d}T}{\mathrm{d}x}$,它等于沿 x 方向单位距离温度的增量,或者称为温度沿 x 方向的变化率.

设在 x 处有一分界面 ΔS. 实验证明在 Δt 时间内通过 ΔS 面沿 x 方向传递的热量 Q 与该处的温度梯度 $\dfrac{\mathrm{d}T}{\mathrm{d}x}$ 成正比,与所通过

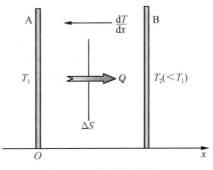

图 9.16 热传导计算图

的面积 ΔS 成正比,与所用时间 Δt 成正比,有如下关系:

$$Q = -\kappa \frac{\mathrm{d}T}{\mathrm{d}x}\Delta S\Delta t \tag{9-37}$$

其中,负号表示热量总是从温度高的区域向温度低的区域传递,即与温度梯度方向相反. κ 称为热传导系数,数值与气体种类和状态有关,国际单位制中,单位是瓦每米每开($\mathrm{W\cdot m^{-1}\cdot K^{-1}}$).

下面从气体动理论的观点来探讨热传导现象的微观机制. 热传导现象与气体分子热运动有直接联系. 由于气体内各部分温度不均匀,各部分分子平均热运动能量不同,ΔS 面左侧分子的无规则热运动的能量大于右侧分子的能量,由于假设气体内分子数密度处处相同,所以任意时间内 ΔS 面两侧交换的分子数相等. 两侧分子不断交换的结果,必将导致净能量自左向右输运,引起能量的定向迁移,宏观上表现为热传导. 所以气体内热传导过程在微观上是分子热运动能量的定向输运过程.

热传导系数 κ 与分子热运动微观量的统计平均值的关系为

$$\kappa = \frac{1}{3} n_V m \overline{v}\,\overline{\lambda} c_V = \frac{1}{3}\frac{\rho}{\mu}\overline{v}\,\overline{\lambda} C_{V,\mathrm{m}} \tag{9-38}$$

其中,c_V 是气体定体比热,$C_{V,\mathrm{m}}$ 是气体的定体摩尔热容.

将 $\rho = p\mu/RT$ 和(9-18)及(9-30)带入上式可得热传导系数 κ 与压强无关,而与 $\sqrt{T}$ 成正比. 这是由于当压强降低时,密度 ρ 减小,但同时分子的平均自由程增大,两种相反的作用使导热系数和压强无关.

由于分子的平均自由程随压强的降低而增加,在较低的气压下,如当气压为 1.33×10^{-3} Pa,平均自由程为 5 m,这个值远大于一般容器的大小,如保温瓶内外玻璃壳间的距离为几个毫米,其间空气是非常稀薄的对于玻璃壳间的气体而言,其平均自由程可看成是不变的. 随着压强的降低,分子数密度 n_V(或气体密度 ρ)降低,气体的热传导系数有所减小,从而实现保温瓶保温的作用.

9.10.3　扩散现象

在自然界中气体的扩散现象是很多的. 例如, 两种气体相互混合, 或一种气体由一部分渗透到其他部分. 当某种气体密度不均匀时, 这种气体将从密度大的地方向密度小的地方迁移的现象称为扩散.

如图 9.17 所示, 绝热容器中装有某种气体, 分子数密度 n_V 沿 x 正方向递减. 设 x 处有一面积为 ΔS 的平面, 该处的分子数密度梯度为 $\dfrac{\mathrm{d}n_V}{\mathrm{d}x}$ (该处分子数密度沿

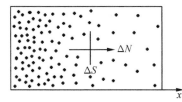

图 9.17　气体分子的扩散

x 方向的空间变化率). 由实验可证得 Δt 时间内, 在 x 方向通过 ΔS 面的分子数 ΔN 与该处的分子数密度梯度 $\dfrac{\mathrm{d}n_V}{\mathrm{d}x}$ 成正比, 与所通过的面积 ΔS 成正比, 与所用时间 Δt 成正比, 有如下关系:

$$\frac{\Delta N}{\Delta t} = - D \frac{\mathrm{d}n_V}{\mathrm{d}x} \Delta S \qquad (9\text{-}39)$$

其中, 负号表示扩散总是沿气体密度减小的方向, 或沿密度梯度相反方向, D 称为扩散系数, 单位为平方米每秒 ($\mathrm{m}^2 \cdot \mathrm{s}^{-1}$), 数值与物质性质有关.

式 (9-39) 两边同时乘以分子质量 m, 得

$$\frac{\Delta M}{\Delta t} = - D \frac{\mathrm{d}\rho}{\mathrm{d}x} \Delta S \qquad (9\text{-}40)$$

其中, $\Delta M = \Delta N m$ 是 Δt 时间内通过面 ΔS 的质量, $\rho = n_V m$ 为密度, 密度的不均匀情况用密度梯度 $\dfrac{\mathrm{d}\rho}{\mathrm{d}x}$ 表示.

下面将从气体动理论的观点来探讨扩散现象的微观机制.

气体中的扩散现象也与气体分子无规则热运动有直接联系. 如图 9.17 所示, 容器中 ΔS 面左侧质量密度 ρ 较大, 分子数密度 n_V 较大, ΔS 面右侧质量密度 ρ 较小, 分子数密度 n_V 较小. 由于热运动, Δt 内由左向右穿过 ΔS 面的分子数将大于由右向左穿过 ΔS 面的分子数. 因而有净分子数或净质量由左向右迁移, 宏观上表现为扩散. 所以气体内的扩散在微观上是分子在热运动中分子数或质量的定向迁移.

扩散系数 D 与分子运动微观量的统计平均值关系为

$$D = \frac{1}{3} \bar{v} \bar{\lambda} \qquad (9\text{-}41)$$

将式 (9-18) 和式 (9-30) 带入上式可得扩散系数与压强成反比, 与 $\sqrt{\mu}$ 成反比,

而与 $\sqrt{T^3}$ 成正比. 即气体压强越低, 扩散越快; 温度越高, 扩散越快; 摩尔质量越小, 扩散越快.

表 9.4   20℃, 1 atm 下几种气体黏滞系数的实验值

气 体	O_2	N_2	CO	空 气	SO_2
$\eta/(\mathrm{Pa \cdot s})$	2.03×10^{-5}	1.76×10^{-5}	1.75×10^{-5}	1.71×10^{-5}	1.25×10^{-5}

表 9.5   常温、常压下几种气体的热导率的实验值

气 体	O_2	N_2	CO	空 气	CO_2
$\kappa/(\mathrm{W \cdot m^{-1} \cdot K^{-1}})$	2.66×10^{-2}	2.61×10^{-2}	2.52×10^{-2}	2.40×10^{-2}	1.66×10^{-2}

表 9.6   几种气体的扩散系数实验值(1 atm 下)

气 体	H_2	N_e	O_2	HCl	Ar
温度/K	273	293	293	295	273
$D/(\mathrm{m^2 \cdot s^{-1}})$	12.9×10^{-5}	4.73×10^{-5}	1.81×10^{-5}	1.25×10^{-5}	1.58×10^{-5}

思 考 题

9.10-1 气体内迁移现象产生的原因是什么? 如何在微观上解释?

9.10-2 保温瓶为什么能够起到保温的作用?

9.10-3 试分析黏滞系数、导热系数、扩散系数与压强和温度的关系.

本 章 提 要

1. 理想气体

任何情况下都绝对服从三个实验定律的气体.

理想气体的状态方程:

$$pV = \frac{M}{\mu}RT = nRT$$
$$p = n_V kT$$

其中, $n_V = \dfrac{N}{V}$ 是单位体积中的分子数, 称为分子数密度.

2. 理想气体压强公式

$$p = \frac{2}{3} n_V \left(\frac{1}{2} m \overline{v^2} \right) = \frac{2}{3} n_V \overline{\varepsilon_t}$$

其中, $\overline{\varepsilon_t} = \dfrac{1}{2} m \overline{v^2}$ 是分子的平均平动动能.

3. 理想气体的温度公式

$$\overline{\varepsilon_t} = \frac{1}{2} m \overline{v^2} = \frac{3}{2} kT$$

4. 速率分布函数

$$f(v) = \frac{1}{N} \frac{\mathrm{d}N}{\mathrm{d}v}$$

分子分布在 $v_1 \sim v_2$ 速率区间上的概率为

$$\frac{\Delta N}{N} = \int_{v_1}^{v_2} f(v) \, \mathrm{d}v$$

归一化条件:

$$\int_0^\infty f(v) \, \mathrm{d}v = 1$$

平均速率:

$$\bar{v} = \int_0^\infty v f(v) \, \mathrm{d}v$$

方均根速率:

$$\sqrt{\overline{v^2}} = \left(\int_0^\infty v^2 f(v) \, \mathrm{d}v \right)^{-\frac{1}{2}}$$

5. 麦克斯韦速率分布律

$$f(v) = 4\pi \left(\frac{m}{2\pi kT} \right)^{3/2} \mathrm{e}^{-\frac{mv^2}{2kT}} v^2$$

理想气体的最概然速率:

$$v_\mathrm{p} = \sqrt{\frac{2kT}{m}} \approx 1.41 \sqrt{\frac{RT}{\mu}}$$

理想气体的平均速率:

$$\bar{v} = \sqrt{\frac{8kT}{\pi m}} = \sqrt{\frac{8RT}{\pi \mu}} \approx 1.60 \sqrt{\frac{RT}{\mu}}$$

理想气体的方均根速率:

$$\sqrt{\overline{v^2}} = \sqrt{\frac{3kT}{m}} \approx 1.73 \sqrt{\frac{RT}{\mu}}$$

6. 能量均分定理

在平衡态下,无论分子做何种运动,分子的每一个自由度都具有相同的平均能量,其大小都是 $\frac{1}{2}kT$.

自由度为 i 的一个刚性分子的平均能量(平均动能)为

$$\bar{\varepsilon} = \frac{i}{2}kT = \frac{1}{2}(t+r)kT$$

其中, t 是分子平动自由度, r 是转动自由度.

7. 理想气体的内能

$$E = \frac{M}{\mu}\frac{i}{2}RT = n\frac{i}{2}RT$$

其中, M 是气体的质量, μ 是气体的摩尔质量.

8. 玻尔兹曼能量分布律

分子分布在速度间隔 $v_x \sim v_x + \mathrm{d}v_x$, $v_y \sim v_y + \mathrm{d}v_y$, $v_z \sim v_z + \mathrm{d}v_z$ 与空间间隔 $x \sim x + \mathrm{d}x$, $y \sim y + \mathrm{d}y$, $z \sim z + \mathrm{d}z$ 范围内,或位于 (x, y, z) 处, $\mathrm{d}V = \mathrm{d}x\mathrm{d}y\mathrm{d}z$ 的体积元内的分子数为

$$\mathrm{d}N = n_{V_0}\left(\frac{m}{2\pi kT}\right)^{3/2} \mathrm{e}^{-\frac{(\varepsilon_k + \varepsilon_p)}{kT}} \mathrm{d}v_x \mathrm{d}v_y \mathrm{d}v_z \mathrm{d}x\mathrm{d}y\mathrm{d}z$$

9. 分子的平均碰撞频率

$$\bar{Z} = \sqrt{2}\pi d^2 n_V \bar{v}$$

平均自由程: $$\bar{\lambda} = \frac{\bar{v}}{\bar{Z}} = \frac{1}{\sqrt{2}\pi d^2 n_V}$$

10. 真实气体的范德瓦耳斯方程

$$\left(p + \frac{an^2}{V^2}\right)(V - nb) = nRT$$

11. 气体内的迁移现象

黏滞力(内摩擦力):与接触面积 ΔS 成正比,与气层所在处流速梯度成正比,有

$$f = \eta\frac{\mathrm{d}u}{\mathrm{d}y}\Delta S$$

其中, η 是内摩擦数或黏滞系数,与微观量的关系

$$\eta = \frac{1}{3}n_V m\bar{v}\bar{\lambda} = \frac{1}{3}\rho\bar{v}\bar{\lambda}$$

　　热传导现象:传递的热量 Q 与温度梯度 $\dfrac{\mathrm{d}T}{\mathrm{d}x}$ 成正比,与所通过的面积 ΔS 成正比,与所用时间 Δt 成正比,有

$$Q = -\kappa \frac{\mathrm{d}T}{\mathrm{d}x} \Delta S \Delta t$$

其中,κ 是热传导系数,与微观量的关系

$$\kappa = \frac{1}{3} n_V m \overline{v} \overline{\lambda} c_V = \frac{1}{3} \frac{\rho}{\mu} \overline{v} \overline{\lambda} C_{V,\mathrm{m}}$$

　　扩散现象:通过 ΔS 面的分子数 ΔN 与分子数密度梯度 $\dfrac{\mathrm{d}n_V}{\mathrm{d}x}$ 成正比,与所通过的面积 ΔS 成正比,与所用时间 Δt 成正比,有

$$\frac{\Delta N}{\Delta t} = -D \frac{\mathrm{d}n_V}{\mathrm{d}x} \Delta S$$

其中,D 是扩散系数,与微观量的关系

$$D = \frac{1}{3} \overline{v} \overline{\lambda}$$

习　题

　　9-1　容器中储有 1 mol 的氮气,压强为 1.33 Pa,温度为 7℃,则

　　(1) 1 m³ 中氮气的分子数为多少?

　　(2) 容器中的氮气的密度为多少?

　　9-2　质量为 4.4 g 的二氧化碳气体,体积为 1×10^{-3} m³,温度为 -23℃,试分别用真实气体的状态方程与理想气体的状态方程计算二氧化碳的压强是多少? 并将两种结果进行比较.已知二氧化碳的范德瓦耳斯常量 $a = 3.64 \times 10^{-1}$ Pa•m⁶•mol⁻²,$b = 4.27 \times 10^{-5}$ m³•mol⁻¹.

　　9-3　若室内生起炉子后温度从 15℃ 升高到 27℃,而室内气压不变,则此时室内的分子数减少了百分之几?

　　9-4　关于温度的意义,下列几种说法中正确的是(　　)

　　A. 气体的温度是分子平均平动动能的量度,

　　B. 气体的温度是大量气体分子热运动的集体表现,具有统计意义,

　　C. 温度的高低反映物质内部分子运动剧烈程度的不同,

　　D. 从微观上看,气体的温度表示每个气体分子的冷热程度.

　　9-5　一瓶氦气和一瓶氮气密度相同,分子平均平动动能相同,而且它们都处于平衡状态,则下列几种情况正确的是(　　)

　　A. 温度相同、压强相同,

　　B. 温度、压强都不相同,

C. 温度相同,但氦气的压强大于氢气的压强,

D. 温度相同,但氦气的压强小于氢气的压强.

9-6　有体积为 2×10^{-3} m³ 的氧气,其内能为 6.75×10^2 J.

(1) 试求气体的压强;

(2) 设分子总数为 5.4×10^{22} 个,求分子的平均能量及气体的温度;

(3) 分子的方均根速率为多少?

9-7　温度相同的氦气和氧气,它们分子的平均动能为 $\bar\varepsilon$,平均平动动能为 $\bar\varepsilon_t$,下列说法正确的是(　　)

A. $\bar\varepsilon$ 和 $\bar\varepsilon_t$ 都相等,

B. $\bar\varepsilon$ 相等,而 $\bar\varepsilon_t$ 不相等,

C. $\bar\varepsilon_t$ 相等,而 $\bar\varepsilon$ 不相等,

D. $\bar\varepsilon$ 和 $\bar\varepsilon_t$ 都不相等.

9-8　容积为 9.6×10^{-3} m³ 的瓶子以速率 $v=200$ m·s⁻¹ 匀速运动,瓶子中充有质量为 100 g 的氢气.设瓶子突然停止,且气体的全部定向运动动能都变为气体分子热运动的动能,瓶子与外界没有热量交换,求热平衡后氢气的温度、压强各增加多少?

9-9　1 mol 的氮气和氧气,在温度为 27℃ 的平衡态下分子的平均平动动能和平均动能分别为多少? 内能分别为多少?

9-10　在相同的温度和压强下,单位体积的氢气(视为刚性双原子分子气体)与氦气的内能之比为多少? 质量为 1 kg 的氢气与氦气的内能之比为多少?

9-11　温度为 100℃ 的水蒸气在常压下可视为理想气体,求分子的平均平动动能、分子的方均根速率和 18 g 水蒸气的内能?

9-12　1 mol 氮气,由状态 $A(p_1,V)$ 变到状态 $B(p_2,V)$,气体内能的增量为多少?

9-13　一容器器壁由绝热材料制成,容器被中间隔板分成体积相等的两半,一半装有氢气,温度为 $-33℃$,另一半装有氧气,温度为 27℃,若两者压强相同.求去掉隔板两种气体混合后的温度.

9-14　1 mol 温度为 T_1 的氢气与 2 mol 温度为 T_2 的氦气混合后的温度为多少? 设混合过程中没有能量损失.

9-15　2 mol 的水蒸气在温度为 67℃ 情况下,分解成同温度的氢气和氧气,求分解前后分子的平均平动动能和气体内能的增量. 设分解前后的气体分子均为刚性理想气体分子.

9-16　日冕层是太阳大气的最外层,由等离子体组成(主要为质子、电子和氦离子,我们统称为带电粒子),温度为 5×10^6 K,分子数密度约为 2.7×10^{11} 个粒子·m³. 若将等离子体视为理想气体,求(1)等离子气体的压强;(2)带电粒子的平均平动动能;(3)质子的方均根速率. 已知质子的质量为 1.673×10^{-27} kg.

9-17　三个容器 A,B,C 中装有同种理想气体,其分子数密度 n_V 相同,而方均根速率之比为 $(\overline{v_A^2})^{1/2}:(\overline{v_B^2})^{1/2}:(\overline{v_C^2})^{1/2}=1:2:4$,则其压强之比 $p_A:p_B:p_C$ 为多少?

9-18　若气体分子的速率分布函数为 $f(v)$,分子质量为 m,说明下列各式的物理意义:

(1) $\int_{v_1}^{v_2}f(v)dv$;　(2) $\int_0^\infty vf(v)dv$;　(3) $\frac{1}{2}m\int_0^\infty v^2f(v)dv$.

9-19　两个容器中分别装有氮气和水蒸气,它们的温度相同,则下列各量中相同的是

A. 分子平均动能,　　　　　　　　　　　B. 分子平均速率,

C. 分子平均平动动能,　　　　　　　　　D. 最概然速率.

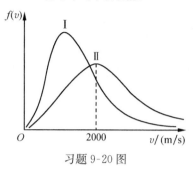

习题 9-20 图

9-20　如习题 9-20 图所示的两条 $f(v)\text{-}v$ 曲线分别表示氢气和氧气在同一温度下的麦克斯韦速率分布曲线.由此可得氢气与氧气分子的最概然速率分别为多少? 若图中所示的两条曲线分别代表同种气体在不同温度下的速率分布曲线,哪条曲线表明气体的温度更高?

9-21　若氮气在温度为 T_1 时分子的平均速率等于氧气在温度为 T_2 时分子的平均速率,求 T_1 与 T_2 的比值.

9-22　已知某理想气体分子的方均根速率为 400 m·s^{-1}.当其压强为 1 atm 时,求气体的密度.

9-23　测得一山顶的压强为海平面处压强的 80%,设空气温度均为 $-13\,^\circ\!C$,求山顶的海拔高度为多少? 空气的摩尔质量为 2.9×10^{-2} kg·mol^{-1},g 取 10 m·s^{-2}.

9-24　一真空管真空度为 1.33×10^{-2} Pa,设空气分子的有效直径为 3×10^{-10} m,空气的摩尔质量为 2.9×10^{-2} kg·mol^{-1}.求在温度为 300 K 时分子的平均自由程.

9-25　求氮气在标准状态下的黏滞系数 η,热传导系数 κ 与扩散系数 D.设氮气分子的有效直径为 3.8×10^{-10} m,定容摩尔热容 $C_{V,\text{m}} = 16.62$ J·K^{-1}·mol^{-1}.

第 10 章　热力学基础

【学习目标】

理解描述热力学过程的基本概念,理解功和热量的区别与联系,会计算气体的功、热量及内能增量.掌握热力学第一定律的内容,能熟练应用热力学第一定律计算各种准静态过程中的功和热量.理解循环过程的特点以及热机效率与制冷机制冷系数等概念,会计算热机的效率.理解热力学第二定律的内容以及热力学过程方向性的微观本质,了解熵的概念与熵增加原理的意义.

热力学是研究热现象及热运动宏观规律的一门学科.其研究方法是从能量的观点出发,通过实验观测与总结,研究热力学系统宏观状态变化过程中所遵循的能量守恒定律与自然界自发过程进行的条件和方向.它不涉及物质的各种微观结构,因而具有较高的普遍性和可靠性.

10.1　热力学第一定律

本节介绍热力学系统与热力学过程的概念,研究理想气体准静态过程中功和热量的计算方法,介绍"比热容"、"摩尔热容"以及定压、定体摩尔热容等概念,给出包括热现象在内的能量守恒定律的定量表述——热力学第一定律.

10.1.1　热力学过程

热力学系统和外界相互作用,使系统的状态发生变化.系统通过以下三种方式与外界相互作用:

第一,通过做功(包括机械功、电磁功)使系统的状态发生改变.

第二,通过热交换使系统的状态发生改变.

第三,系统与外界之间发生物质的交换.

按系统与外界相互作用的方式可将系统分为三个系统:

开放系统　系统与外界有物质交换,功和热(或能量)交换.

封闭系统　系统与外界之间没有物质交换,只有功和热交换.

孤立系统　系统与外界之间既没有物质交换,又没有功和热交换.

　　当系统的状态随时间变化时,就说系统在经历一个热力学过程,简称过程.系统由于受外界作用,要通过打破平衡才能从一个平衡态达到另一个平衡态.从平衡态破坏到新平衡态建立所需的时间称为弛豫时间,用 τ 表示.实际发生的过程往往进行得较快,在新的平衡态达到之前系统又继续了下一步变化.这意味着系统在过程中经历了一系列非平衡态,在这些中间态上,系统内各状态参量如压强、温度等不均匀,这种过程为非静态过程.作为中间态的非平衡态通常不能用状态参量来描述.

　　一个过程中,如果任意时刻的中间态都无限接近于平衡态,则此过程为准静态过程.那么"准静态过程"如何实现呢?

　　当实际过程进行得无限缓慢时,各时刻系统的状态就无限地接近于平衡态.显然,这种过程只有在进行的"无限缓慢"的条件下才可能实现.对于实际过程则要求系统状态发生变化的时间远远大于弛豫时间 τ 才可近似看成准静态过程.例如,内燃机的活塞运动速度仅每秒十余米,其内部的气体分子热运动的平均速度可达每秒数百米以上,可认为气缸中气体状态变化的时间远大于弛豫时间.

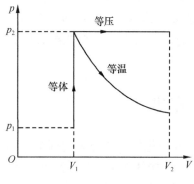

图 10.1　几条准静态过程曲线

　　既然每个中间态均可视为平衡态,因此,每个中间态都可用宏观状态参量来描述.一个准静态过程不仅能用一个方程(过程方程)来表述,也可用态图(如 p-V 图、p-T 图或 V-T 图)中的一条曲线来描述.

　　如图 10.1 所示,曲线上任何一点表示系统的一个平衡态.由一系列平衡态组成的准静态过程在 p-V 状态图中为一条连续曲线.

　　实际的热力学过程严格来说都不是准静态过程,准静态过程是一种理想化过程.

10.1.2　内能　功　热量

　　下面讨论描述热力学系统的状态函数——内能以及它与功和热量的关系.

1. 内能

　　一个宏观热力学系统(不考虑系统的整体运动),从微观角度来看,系统的内能包括分子热运动能量、分子间的相互作用势能,分子和原子运动的能量,以及电场能和磁场能等.

　　在研究热气体状态变化的问题中,我们感兴趣的是能量的变化,而不是能量的绝对值.因此在讨论系统状态变化过程中内能的变化时,我们可以不考虑那些不变的能量.

系统的内能是状态的单值函数,系统的状态一定,内能也一定;系统状态变化无论经历怎样的过程,只要始末状态相同,内能的变化也相同.这里气体系统的内能是温度(T)和体积(V)的函数,即

$$E = E(T, V)$$

对于理想气体,由于分子间的引力忽略不计,内能只是温度的单值函数 $E = E(T)$,即

$$E = \frac{M}{\mu} \frac{i}{2} RT$$

当温度变化 ΔT 时,其内能增量为 $\Delta E = \frac{M}{\mu} \frac{i}{2} R \Delta T$.

当系统从一个状态变化到另一个状态时,不管它的变化过程如何,内能的改变总是一个定值.那么怎样改变系统的状态,从而引起系统内能的变化呢?

通常有两种方式,即做功和传热.

2. 功和热量的等效性

功是能量传递与转化的量度.对系统做功使系统状态发生变化,同时就完成了能量的传递与转移过程.图 10.2 为向系统做机械功来改变系统状态的焦耳实验.重物下落带动轮叶旋转,通过搅拌对绝热容器内的液体做功,使液体升温,即状态发生变化.在这一过程中完成了机械能和内能的转化.

系统与外界之间由于存在温度差而传递的能量叫做热量.传热过程使外界无规则热运动的能量转变成系统无规则热运动的能量.例如,燃烧煤炭对储水器内的水传热,把能量不断地传递给低温的水,水在未沸腾前温度逐渐升高,使系

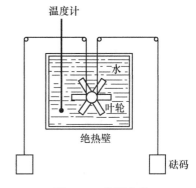

图 10.2 焦耳实验

统状态发生变化,内能增加.又如,摄氏零度的冰在热空气中吸热融化,虽然冰在融化过程中温度未发生变化,但状态发生了改变.

"做功"和"传热"都可以改变系统的状态,从而产生内能的变化,所以,对系统做功和向系统传递热量有相同的效果,它们都可以改变系统的内能,并且都可以作为系统能量变化的量度.

实验证明:向系统做一定量的功与向系统传递一定量的热量效果相当,即使系统的内能发生相同的变化.焦耳等进行了艰苦探索,通过实验揭示了热量与功之间确定的当量关系.

实验表明,向系统传递的热量可以由向系统做功来代替,说明机械运动与热运

动之间是可以相互转化的. 这一现象启迪人们发现各种形式能量之间的相互转化关系,从而为能量转化和守恒定律的建立奠定了基础.

虽然做功与传热效果相同,但本质不同,做功是将外界定向运动机械能转化为系统内分子无规则热运动能量,而传热是将外界分子无规则热运动能量转换为系统内分子无规则热运动能量.

3. 准静态过程功的计算

气体由于体积变化与外界交换的功,又称为体积功. 以气体膨胀做功为例,计算与系统体积变化相联系的机械功. 如图 10.4 所示,以 S 表示活塞面积,p 表示气缸内气体压强. 设缸内气体做准静态膨胀,气体对活塞的压力为 pS,当气体推动活塞缓慢地移动一段微小位移 $\mathrm{d}l$ 时,气体对外界做功为

$$\mathrm{d}A = F\mathrm{d}l = pS\mathrm{d}l = p\mathrm{d}V \tag{10-1}$$

其中,$\mathrm{d}V$ 是系统的体积增量. 当 $\mathrm{d}V > 0$ 时,$\mathrm{d}A > 0$,系统体积膨胀,对外做正功;当 $\mathrm{d}V < 0$,$\mathrm{d}A < 0$,系统体积缩小,外界对系统做正功,系统对外做负功. $\mathrm{d}A$ 的大小为图 10.3 中窄条的面积. 若气体系统由状态 1 经历准静态过程到达状态 2 时,体积由 V_1 变为 V_2,则系统对外界所做的功为

$$A = \int_{V_1}^{V_2} p\mathrm{d}V \tag{10-2}$$

根据定积分的意义可知,气体对外做的功应为 p-V 过程曲线下与 V 轴间所围的面积,如图 10.3 所示阴影部分面积. 若系统同样从 1 状态变化到 2 状态,经历图 10.4 中虚线所示的准静态过程,可以看出两条过程曲线下的面积不相等,说明功的数值与具体过程有关.

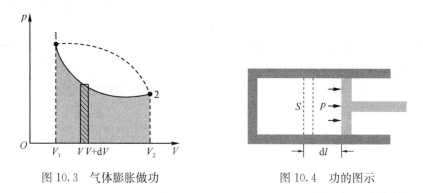

图 10.3　气体膨胀做功　　　　　　图 10.4　功的图示

因而,功是过程量而不是态函数. 两个平衡态之间可经历不同的准静态过程,系统所做的功不同.

4. 热容量　热量

系统与外界之间有热量的传递时可能会引起系统温度的变化,不同的物质系统在吸收相同热量的情况下,温度的变化量是不同的.系统所吸收的热量和温度变化之间的关系可用热容量表示.

热容量为系统中的物质在某一过程中,温度升高(或降低)1 K,吸收(或放出)的热量.热容量的国际单位(SI)是焦耳·开$^{-1}$(J·K^{-1}),其数值与系统中物质的质量 M 成正比.

1) 比热(容)

系统内物质的质量为 1 kg 时的热容称为比热(容),单位为焦耳·千克$^{-1}$·开$^{-1}$(J·kg^{-1}·K^{-1}),用 c 表示.若质量为 M 的物质,温度升高的 dT 时所吸收的热量为 dQ,则

$$c = \frac{1}{M}\frac{\mathrm{d}Q}{\mathrm{d}T} \tag{10-3}$$

2) 摩尔热容

系统内物质的量为 1 mol 时的热容,称摩尔热容.单位为焦耳·摩尔$^{-1}$·开$^{-1}$(J·mol^{-1}·K^{-1}),用 C_m 表示.设物质的质量为 M,摩尔质量为 μ,摩尔数为 n,温度升高 dT 时所吸收的热量为 dQ,则该物质的摩尔热容为

$$C_\mathrm{m} = \frac{\mu}{M}\frac{\mathrm{d}Q}{\mathrm{d}T} = \frac{\mathrm{d}Q}{n\mathrm{d}T} \tag{10-4}$$

(1) 等压摩尔热容(记做 $C_{p,\mathrm{m}}$).系统在压强保持不变的过程中的摩尔热容,在数值上等于 1 mol 物质在等压过程中,温度升高(或降低)1 K 所吸收(或放出)的热量.

(2) 等体摩尔热容(记做 $C_{V,\mathrm{m}}$).系统体积保持不变过程中的摩尔热容,在数值上等于 1 mol 物质在等体过程中,温度升高(或降低)1 K 所吸收(或放出)的热量.

(3) 摩尔热容比(记作 γ).实际应用中,常用 $C_{p,\mathrm{m}}$ 与 $C_{V,\mathrm{m}}$ 的比值,即

$$\gamma = \frac{C_{p,\mathrm{m}}}{C_{V,\mathrm{m}}} \tag{10-5}$$

其中 γ 称为摩尔热容比(或绝热指数,或泊松比,或称比热容比).

引入摩尔热容后,可方便地求出质量为 M、摩尔质量为 μ 的物质当温度由 T_1 变化到 T_2 时所吸收的热量

$$Q = \int_{T_1}^{T_2} \frac{M}{\mu} C_\mathrm{m} \mathrm{d}T$$

若摩尔热容在温度变化的过程中为常量,则可用下式计算热量:

$$Q = nC_m\Delta T$$

在等压和等体过程中,分别用下式计算热量:

等压过程

$$Q = nC_{p,m}\Delta T \tag{10-6}$$

等体过程

$$Q = nC_{V,m}\Delta T \tag{10-7}$$

热容、比热容和摩尔热容都是与过程有关的量.可见热量不是状态函数,它与过程相联系,系统由一个状态到另一个状态经历不同过程,吸收(或放出)的热量不同.

10.1.3 热力学第一定律的数学表述

由于外界向气体做功与向系统传递热量均使系统的内能发生变化.实验表明,外界向气体做功与向系统传递热量之和等于系统内能的变化量,这就是热力学第一定律.当气体系统的体积均匀变化的情况下,外界向系统做的功等于系统对外做功的负值,所以,热力学第一定律又可表述为**系统从外界吸收的热量等于系统内能增量与系统对外界做功之和**.设系统在某一宏观过程中,内能从初始状态 E_1 变化到终了状态 E_2,从外界吸收热量为 Q,同时对外做功为 A,则有

$$Q = A + (E_2 - E_1) = A + \Delta E \tag{10-8}$$

式(10-8)表明系统对外界吸收的热量一部分使系统内能增加,另一部分则用来对外做功.它是能量守恒定律在涉及热现象宏观过程中的具体表述.式中,各量的国际单位(SI)都为焦耳(J).

式(10-8)中各量正负值的规定如下:

系统内能增加,ΔE 为正值,即 $\Delta E > 0$,系统内能减少,ΔE 为负值,即 $\Delta E < 0$;系统从外界吸收热量,Q 为正值,即 $Q > 0$,系统向外界放热,Q 为负值,即 $Q < 0$;系统对外界做正功,A 为正值,即 $A > 0$,外界对系统做正功,即系统对外做负功,A 为负值,即 $A < 0$,若以 A' 表示同一过程中外界对系统做的功,则 $A = -A'$.

对于任一无限小的过程(即初态与末态相距很近的过程),热力学第一定律应写为

$$dQ = dA + dE \tag{10-9}$$

其中,dQ 和 dA 分别是系统在无限小过程中吸收的热量和对外所做功.

热力学第一定律也可表述成第一类永动机不可能制成.

什么是第一类永动机？这种永动机不需要外界供给热量($Q=0$)，也不消耗系统内能($\Delta E=0$)，但却能不停地对外做功($A>0$)．显然，它违反能量守恒定律．历史上不少人曾企图制造这种机器，都以失败而告终．

需要说明的是热力学第一定律适用于任何系统的任何过程．应用时，只要初态和末态是平衡态即可，中间过程所经历的各态不需要一定是平衡态．

思　考　题

10.1-1　什么是准静态过程？实际过程在什么情况下视为准静态过程？汽车气缸压缩气体的过程是否为准静态过程？

10.1-2　做功与传热都可改变系统的内能，它们的本质区别是什么？

10.1-3　如果气体系统由相同的初始状态经历不同的过程到达相同的末态，气体对外做功相同吗？

10.1-4　做功与传热都可改变系统的内能，它们的本质区别是什么？

10.2　热力学第一定律对理想气体的应用

若理想气体在状态变化过程中只存在体积功的情况下，热力学第一定律的表达式为

$$Q = \int_{V_1}^{V_2} p\mathrm{d}V + \Delta E$$

对于微小过程为

$$\mathrm{d}Q = p\mathrm{d}V + \mathrm{d}E$$

10.2.1　等体过程

等体过程是指气体在状态变化过程中体积保持不变，准静态等体过程可用 p-V 图中平行于 p 轴的一条线段表示，如图 10.5 所示．

等体过程的特征为 $V=$ 恒量，即 $\mathrm{d}V=0$．所以，等体过程气体对外不做功，即 $p\mathrm{d}V=0,A=0$．

过程方程为 $\dfrac{p}{T}=$ 恒量．由热力学第一定律，等体过程气体吸收的热量为

$$Q_V = \Delta E = nC_{V,\mathrm{m}}(T_2 - T_1) \quad (10\text{-}10)$$

式(10-10)说明系统从 (V,T_1) 的状态等体积地变化

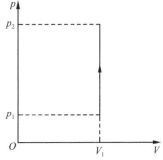

图 10.5　等体过程曲线

到 (V, T_2) 状态的过程中, 把从外界吸收(或向外界放出)的热量全部用来增加(或减少)系统的内能.

因此, 内能增量又可写为

$$\Delta E = n C_{V,\mathrm{m}}(T_2 - T_1) \tag{10-11}$$

由于理想气体内能只是温度的单值函数, 因此只要系统是从温度为 T_1 的状态变化到温度为 T_2 的状态, 内能增量都可由式(10-11)确定, 而与中间的过程无关, 所以式(10-11)虽然是从等体过程中得出的, 但它适用于理想气体的任何过程.

由式(10-10)得 $\Delta E = n \dfrac{i}{2} R\Delta T$, 并与式(10-11)比较, 可得等体摩尔热容 $C_{V,\mathrm{m}}$ 的理论式

$$C_{V,\mathrm{m}} = \frac{i}{2} R \tag{10-12}$$

10. 2. 2 等压过程

等压过程是指气体在状态变化过程中压强保持不变, 准静态等压过程可用 $p\text{-}V$ 图中平行于 V 轴的一条线段表示, 如图 10.6 所示, 所以, 等压过程的特征是 p 为恒量.

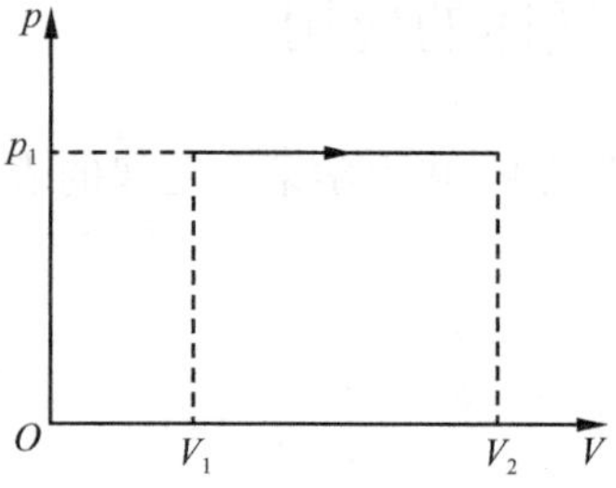

图 10.6 等压过程曲线

等压过程方程为 $\dfrac{V}{T} = $ 恒量.

由热力学第一定律, 有

$$Q_p = \Delta E + A,$$
$$\mathrm{d}Q_p = \mathrm{d}E + p\mathrm{d}V$$

由上式可见, 在等压过程中理想气体吸收的热量一部分用来增加内能, 另一部分则用来对外做功.

理想气体从温度为 T_1 的初态等压膨胀(或压缩)到温度为 T_2 的末态所吸收的热量可由式(10-6)计算

$$Q_p = n C_{p,\mathrm{m}}(T_2 - T_1) \tag{10-13}$$

理想气体从初态 (p_1, V_1) 等压膨胀(或压缩)到末态 (p_2, V_2), 气体对外做功为

$$A = \int_{V_1}^{V_2} p\mathrm{d}V = p(V_2 - V_1) \tag{10-14}$$

将理想气体的状态方程 $pV = nTR$ 代入式(10-14), 气体对外做功又可写为

$$A = n R(T_2 - T_1) \tag{10-15}$$

将式(10-11)、式(10-13)与式(10-14)代入热力学第一定律数学表达式(10-8), 得

$$Q_p = \Delta E + A = n(C_{V,\mathrm{m}} + R)(T_2 - T_1)$$

又由 $Q_{p,m} = nC_{p,m}(T_2 - T_1)$,得

$$C_{p,m} = C_{V,m} + R \tag{10-16}$$

式(10-16)称为迈耶公式,表明在等压过程中,1 mol 理想气体温度升高 1 K 所吸收的热量,比等体过程温度升高 1 K 吸收的热量多 8.31 J,以用于系统对外做功.

由式(10-12)与式(10-16)得理想气体等压摩尔热容理论式为

$$C_{p,m} = \frac{i+2}{2}R \tag{10-17}$$

于是,理想气体摩尔热容比

$$\gamma = \frac{i+2}{i} \tag{10-18}$$

在常温下,式中 i 为理想气体分子自由度,可见理想气体 $C_{p,m}$ 与 $C_{V,m}$ 只与分子自由度有关,与温度无关.

由表 10.1 可见,单原子分子气体和双原子分子气体热容量的理论值与实验值符合较好.而对于多原子分子气体,二者有较大差别.理论值与实验值不符的情况,主要原因是高温时理论值忽略了分子的振动能量.实际上高温时,复杂结构分子的振动能量是不应忽略的.

经典统计理论给出的摩尔热容与温度无关,实际上气体的摩尔热容与温度有关,例如,实验测得氢气在低温时($T<50\text{K}$),$C_{V,m} \approx \frac{3}{2}R$,氢分子的总自由度的数值等于 3;在室温附近($T \approx 300\text{K}$),$C_{V,m} \approx \frac{5}{2}R$,氢分子的总自由度的数值等于 5;而在很高温度下,$C_{V,m} \approx \frac{7}{2}R$,氢分子的总自由度的数值相当于 7.可见,氢气的摩尔热容是随温度变化的,这种热容随温度的变化关系是经典理论所不能解释的,说明经典理论具有某种局限性,进一步的解释应由量子统计理论来完成.

表 10.1 气体摩尔热容的实验值与理论值 （单位:$J \cdot mol^{-1} \cdot K^{-1}$）

原子数	气 体	理论值		实验值		
		$C_{p,m}$	$C_{V,m}$	$C_{p,m}$	$C_{V,m}$	$\gamma = \dfrac{C_{p,m}}{C_{V,m}}$
单原子	氦	20.77	12.46	20.95	12.61	1.66
	氩			20.90	12.53	1.67
双原子	氢	29.08	20.77	28.83	20.47	1.41
	氮			28.88	20.56	1.40
	一氧化碳			29.0	21.2	1.37
	氧			29.61	21.16	1.40

续表

原子数	气　体	理论值		实验值		
		$C_{p,\mathrm{m}}$	$C_{V,\mathrm{m}}$	$C_{p,\mathrm{m}}$	$C_{V,\mathrm{m}}$	$\gamma=\dfrac{C_{p,\mathrm{m}}}{C_{V,\mathrm{m}}}$
多原子	水蒸气	33.24	24.93	36.2	27.8	1.31
	甲烷			35.6	27.2	1.30
	氯仿			72.0	63.7	1.13
	乙醇			87.5	79.1	1.11

10.2.3　等温过程

　　若密闭气缸底部的壁导热性能良好,且与恒温热源接触,气缸的其他部分均由绝热材料制成.当气缸中的气体缓慢膨胀或压缩时,气体系统所经历的过程可近似认为是准静态过程,将有热量从热源传向气体或从气体传向热源,由于热源不因吸放热量而改变温度,所以气缸内的气体在状态变化的过程中,可认为温度不变.这种温度不变的状态变化过程称为等温过程,特征为系统温度保持不变,即 $\mathrm{d}T=0$,$T=$恒量.

　　等温过程方程为 $pV=$ 恒量.过程曲线在 $p\text{-}V$ 图上为一段双曲线,如图 10.7 所示.

　　因理想气体内能只与温度有关,因此等温过程中系统内能保持不变,即 $\mathrm{d}E=0$.

　　当系统内理想气体从初态 (p_1,V_1,T) 等温变化到末态 (p_2,V_2,T) 时,系统对外做的功为

$$A = \int_{V_1}^{V_2} p\mathrm{d}V$$

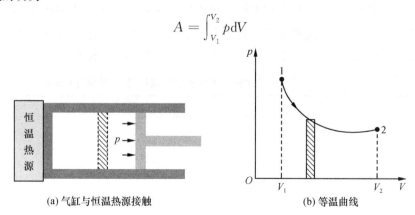

(a) 气缸与恒温热源接触　　　　　　　(b) 等温曲线

图 10.7　理想气体的等温过程

由理想气体状态方程 $pV=nRT$,得 $p=nRT/V$,代入上式,得

$$A = \int_{V_1}^{V_2} \frac{nRT}{V} \mathrm{d}V = nRT \ln \frac{V_2}{V_1} \qquad (10\text{-}19)$$

或

$$A = nRT \ln \frac{p_1}{p_2} \qquad (10\text{-}20)$$

根据热力学第一定律,等温过程中系统的内能不变,则系统从外界吸收的热量全部转化为对外做功,有

$$Q_T = A = nRT \ln \frac{V_2}{V_1} \qquad (10\text{-}21\text{a})$$

利用等温过程方程 $p_1 V_1 = p_2 V_2$,得 $\dfrac{V_2}{V_1} = \dfrac{p_1}{p_2}$,所以等温过程吸收的热量还可以表示为

$$Q_T = nRT \ln \frac{p_1}{p_2} \qquad (10\text{-}21\text{b})$$

当气体膨胀时,Q_T 与 A 均大于零,气体吸收的热量全部用来对外做正功;当气体被压缩时,Q_T 与 A 均小于零,外界对气体做的正功全部以热的形式传给热源.

10.2.4 准静态绝热过程

绝热过程是系统在和外界无热量交换的条件下进行的过程. 现实生活中,若气缸由绝热材料制成,使气体系统与外界隔开,就可以近似地实现这一过程. 若过程快速进行,系统来不及与外界进行显著的热量交换,也可视为绝热过程. 例如,内燃机中热气体的突然膨胀,柴油机或空气压缩机中空气的压缩,声波中气体的压缩(稠密)和膨胀(稀疏),大气气团的升降等都可近似视为绝热过程.

绝热过程的特征为 $\mathrm{d}Q = 0, Q = 0$.

由热力学第一定律,得绝热过程气体对外所做的功为

$$A = -\Delta E = -n C_{V,\mathrm{m}} (T_2 - T_1) \qquad (10\text{-}22)$$

对于微小过程有

$$\mathrm{d}A = -\mathrm{d}E = -n C_{V,\mathrm{m}} \mathrm{d}T \qquad (10\text{-}23)$$

通过式(10-23)可以看出,气体在绝热压缩时温度升高,绝热膨胀时温度降低. 这在许多实际问题中经常遇到. 例如,用气筒向轮胎打气时,气体会升温;柴油机气缸中的空气被压缩后(图 10.8),可以使温度升高到 600℃ 左右,与柴油混合后立即燃

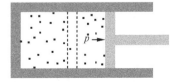

图 10.8 气缸中的绝热过程

烧;热空气向高空上升,因绝热膨胀而变冷等.气体的绝热冷却常用于制冷技术中,特别是在利用气体液化来获得低温的技术中有重要应用.

下面推导准静态绝热过程功的另外一种形式.

由理想气体状态方程,式(10-22)可变为

$$A = \frac{C_{V,\mathrm{m}}}{R}(p_1 V_1 - p_2 V_2)$$

将 $C_{p,\mathrm{m}} - C_{V,\mathrm{m}} = R$ 代入上式,得

$$A = \frac{C_{V,\mathrm{m}}}{C_{p,\mathrm{m}} - C_{V,\mathrm{m}}}(p_1 V_1 - p_2 V_2) = \frac{1}{\gamma - 1}(p_1 V_1 - p_2 V_2) \qquad (10\text{-}24)$$

式(10-24)也可由气体功的定义式(10-2)并结合准静态绝热过程方程推导得出(读者可自行推导).

气体在绝热膨胀而对外做功时,气体的内能要减少,温度要降低,而压强也要减小.这样绝热过程中,气体的体积、温度、压强三个状态参量同时都要变化,它们的变化遵循绝热过程方程.下面推导绝热过程方程.

首先,理想气体在准静态绝热过程任意状态应满足状态方程,即 $pV = nTR$,其中 p, V, T 都为变量.将 $p = nRT/V$ 代入 $dA = pdV$,得

$$dA = \frac{nRT}{V}dV \qquad (10\text{-}25)$$

式(10-25)和式(10-23)联立,整理得

$$\frac{RT}{V}dV + C_{V,\mathrm{m}}dT = 0$$

即

$$R\frac{dV}{V} + C_{V,\mathrm{m}}\frac{dT}{T} = 0$$

将 $C_{p,\mathrm{m}} - C_{V,\mathrm{m}} = R$ 代入上式,并利用 $\gamma = \dfrac{C_{p,\mathrm{m}}}{C_{V,\mathrm{m}}}$,得

$$(\gamma - 1)\frac{dV}{V} + \frac{dT}{T} = 0$$

对上式积分,得

$$\ln V^{\gamma-1}T = 常量$$

所以

$$V^{\gamma-1}T = 常量 \qquad (10\text{-}26\mathrm{a})$$

将理想气体状态方程 $pV = nTR$ 代入,分别消去 T 与 V,可得

$$pV^{\gamma} = 常量 \tag{10-26b}$$

$$p^{\gamma-1}T^{-\gamma} = 常量 \tag{10-26c}$$

其中式(10-26a)、式(10-26b)和式(10-26c)均为理想气体**准静态绝热过程方程**,或称为泊松方程.

绝热过程曲线,在 p-V 图上为一条比等温过程曲线陡的曲线. 这是由于在等温膨胀的过程中,仅由于体积膨胀使压强降低. 而绝热过程中,除因体积膨胀使压强降低外,还有因温度同时降低而使压强降低,所以,在气体膨胀相同体积的情况下,绝热过程气体压强的降低量要大于等温过程,那么在 p-V 图上,绝热过程曲线比等温过程曲线陡.

由过程方程也可得出同样结论. 将绝热过程方程 pV^{γ}=常量和等温过程方程 pV=常量,在 p-V 图上分别画出绝热过程曲线和等温过程曲线,如图 10.9 所示,实线为绝热线,虚线为等温线,两条线的交点为 A. 在 A 点处绝热曲线的斜率为

$$\left(\frac{\mathrm{d}p}{\mathrm{d}V}\right)_A = -\gamma\frac{p_A}{V_A}$$

而等温线在该点的斜率为

$$\left(\frac{\mathrm{d}p}{\mathrm{d}V}\right)_A = -\frac{p_A}{V_A}$$

因为 $\gamma>1$,所以,绝热线比等温线陡.

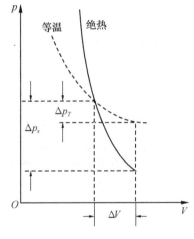

图 10.9 绝热线和等温线

例 10.1 一定量的双原子分子理想气体装在封闭的气缸里. 此气缸有可活动的活塞(活塞与气缸壁之间无摩擦且无漏气),已知气体的初压强 p_1=1 atm,体积 V_1=2 L,现将该气体在等体积下加热直到压强为原来的 2 倍,然后做绝热膨胀,直到温度下降到初温为止.

(1) 试求在整个过程中气体内能的增量;

(2) 试求在整个过程中气体所吸收的热量;

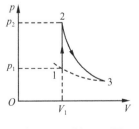

图 10.10 例 10.1 图

(3) 试求在整个过程中气体所做的功.

解 (1) 整个过程的 p-V 图如图 10.10 所示. 1→3 过程为等温过程,所以 T_3=T_1,则该过程内能增量 ΔE=0.

(2) 整个过程气体吸收的热量为气体在 1→2 与 2→3 过程中吸收的热量之和,即

$$Q = Q_{12} + Q_{23}$$

因为 2→3 为绝热过程,所以有

$$Q_{23} = 0$$

由于气体分子为双原子分子,自由度 $i=5$,所以 $Q=Q_{12}=n\dfrac{5}{2}R(T_2-T_1)$. 又由理想气体的状态方程 $pV=nRT$,得

$$Q = \frac{5}{2}[V_1(2p_1 - p_1)] = \frac{5}{2}p_1V_1 = 5.06 \times 10^2 \text{ J}$$

(3) 由热力学第一定律整个过程中气体所做的功为

$$A = Q = 5.06 \times 10^2 \text{ J}$$

*10.2.5 多方过程

若系统在某过程中满足

$$pV^n = 常量 \tag{10-27}$$

则称此过程为多方过程,其中,$n=$常数,是多方指数. 不过,任意准静态过程不一定都满足 $pV^n=$常量,多方过程是准静态过程的特殊情况. 但是,无限小准静态过程却都是无限小多方过程. 而任何准静态过程当然又可以看成是许多个以至无穷多个无限小准静态多方过程的组合. 由此可见,任意一个准静态过程,即使它不是多方过程,也都可以视为许多个以至无穷多个无限小多方过程(尽管它们的多方指数可以不相同)的组合. 因而任何准静态过程又都将具有多方过程的某些特性. 这样一来,也就有可能利用多方过程的这些特性来处理某些准静态过程的问题. 多方过程在热力工程、化学工业等工程技术中有广泛应用.

多方过程中概括了许多准静态等值过程. 例如,准静态等压过程、理想气体的准静态等温过程、准静态绝热过程等.

(1) 当 $n=1$ 时,$pV=$常量——等温过程;

(2) 当 $n=\gamma$ 时,$pV^\gamma=$常量——绝热过程;

(3) 当 $n=0$ 时,$pV^0=p=$常量——等压过程;

(4) 当 $1<n<\gamma$ 时,且满足 $pV^n=$常量——介于等温、绝热过程之间的过程.

(5) 当 $n\to\infty$ 时,为等体过程. 这是由于对(10-27)式两边各取 $\dfrac{1}{n}$ 次方,即 $p^{\frac{1}{n}}V=C'$,当 $n\to\infty$ 时,$\dfrac{1}{n}\to0$,有 $V=$常量.

求多方过程的功时,只要将准静态绝热过程的功(如式(10-24)所示)以 n 代替其中的 γ,就是多方过程的功的表达式.

下面我们来讨论多方过程的摩尔热容.

对 1 mol 理想气体,由热力学第一定律表达式,有 $\mathrm{d}Q=C_{V,\mathrm{m}}\mathrm{d}T+p\mathrm{d}V$,两边同

除以 dT，则多方过程中的摩尔热容为

$$C_{n,\mathrm{m}} = \frac{dQ}{dT} = C_{V,\mathrm{m}} + p\frac{dV}{dT} \tag{10-28}$$

由理想气体状态方程导出 p 的表达式，代入式 (10-27) $pV^n =$ 常数，多方过程也可写为 $TV^{n-1} =$ 常数，将该式两边取微分后并同时除以 dT，可得

$$\frac{dV}{dT} = -\frac{1}{n-1}\frac{V}{T} \tag{10-29}$$

将式 (10-29) 代入式 (10-28)，可得

$$C_{n,\mathrm{m}} = C_{V,\mathrm{m}} - \frac{1}{n-1}\frac{pV}{T}$$

对 1 mol 理想气体，由理想气体状态方程 $pV=RT$，得 $pV/T=R$，所以上式为

$$C_{n,\mathrm{m}} = C_{V,\mathrm{m}} - \frac{R}{n-1} = C_{V,\mathrm{m}} - \frac{C_{p,\mathrm{m}} - C_{V,\mathrm{m}}}{n-1} = C_{V,\mathrm{m}}\left(\frac{n-\gamma}{n-1}\right) \tag{10-30}$$

其中，$\gamma = C_{p,\mathrm{m}}/C_{V,\mathrm{m}}$．由式 (10-30) 可见，多方摩尔热容 $C_{n,\mathrm{m}}$ 可为正值也可为负值．

10.3　循环过程　卡诺循环

在生产技术中，很多机器需要通过物质系统把热与功之间的转换持续不断地进行下去，这就需要利用循环过程来完成．本节用热力学第一定律分析循环过程中能量转换的特点，并给出热机效率与制冷机制冷系数的计算式．

10.3.1　循环过程

系统经历一系列变化之后，又回到原来状态的过程称为循环过程，简称循环．循环中所包括的每一个过程叫做分过程，各分过程所经过的路径不重复．其物质系统称为工作物质，简称工质．

如果在循环过程中，各个分过程都是准静态过程，则在 p-V 图上，工质的循环过程可用一条闭合曲线来表示，如图 10.11 所示，循环曲线为 $abcda$ 的闭合曲线．

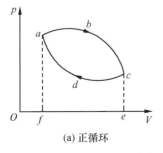
(a) 正循环

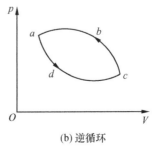
(b) 逆循环

图 10.11　循环过程

循环分为正循环和逆循环. 正循环为过程按顺时针方向进行的循环,如图 10.11(a)所示;逆循环为过程按逆时针方向进行的循环,如图 10.11(b)所示.

循环过程的特点:工质经过一循环过程,内能不变,即 $\Delta E=0$.

1. 热机

工作物质做正循环的机器叫做热机. 各种热机(或热力发动机),如蒸汽机、内燃机、汽轮机等,工质经过周而复始的循环过程,持续不断地把热转换为功.

在图 10.11(a)所示正循环的分过程 abc 中,气体膨胀,系统对外界做正功,其大小 A_1 为 $abcefa$ 所包围的面积.

在分过程 cda 中,气体被压缩,系统对外界做负功,$A_2<0$,即外界对系统做正功,其大小(绝对值)为 $adcefa$ 所包围的面积. 因此,在整个正循环中,系统对外界所做的净功为

$$A = A_1 + A_2$$

它是 p-V 图上循环曲线 $abcda$ 所包围的面积.

因 $A_1>|A_2|$,所以 $A>0$,即热机在循环中,系统对外界做的净功总是正的,表明正循环过程中气体系统对外做正功.

在一个正循环中,系统从高温热源吸收的热量为 $Q_1>0$,向低温热源放出的热量为 $Q_2<0$,所以系统从外界吸收的净热量为

$$Q = Q_1 + Q_2$$

因循环过程中内能不变,根据热力学第一定律可知,净吸热等于净功,即

$$Q = Q_1 + Q_2 = A > 0$$

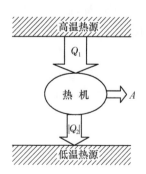

图 10.12 为热机示意图,表示工质从高温热源吸热 Q_1,一部分对外做功 A,另一部分在气体压缩的过程中向低温热源释放热量 $|Q_2|$,所以,热机经历一个循环后,吸收的热量 Q_1 不能全部转化为功. 为了表述工质所吸收的热 Q_1 有多少转化为有用功(即净功)A,以评价热机的工作效益,定义热机的效率(或正循环的效率)为

$$\eta = \frac{A}{Q_1} = \frac{Q_1 + Q_2}{Q_1} = 1 + \frac{Q_2}{Q_1} \qquad (10\text{-}31)$$

图 10.12　热机的示意图

在热机的工质循环工作中,总要向外界放出一部分热量,即 Q_2 不能等于零,所以,热机效率永远是小于 1,即 $\eta<1$. 表 10.2 为几种热机的效率.

表 10.2 几种热机的效率

热 机	燃气轮机	柴油机	汽油机	蒸汽机
η	0.46	0.37	0.25	0.08

2. 制冷机

工质做逆循环(如图 10.11(b)所示的循环)的机器叫做制冷机,如电冰箱、空调机等.制冷机依靠外界(如冰箱的压缩机)对工质做正功(气体系统对外做负功,即 $A<0$),使工质由低温热源(如冰箱的冷库)吸收热量 $Q_2>0$ 而膨胀,并在压缩过程中向高温热源(如大气)放出热量 $Q_1<0$,从而使低温热源的温度降低.

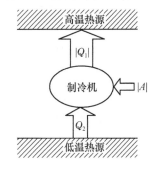

图 10.13 为制冷机示意图,表示外界对工质做功 $|A|$,使工质从低温热源吸热 Q_2,并向高温热源释放热量 $|Q_1|$.于是完成一个循环后,有 $A=Q_2+Q_1$,所以,制冷机的工质经过一个逆循环后,由于外界对它做功,使热量由低温热源传向高温热源.

常用制冷系数来评价制冷机的工作效益.在一个逆循环中,工质从低温热源中所吸取的热量 Q_2 与外界对工质所做的功的大小 $|A|$ 的比值称为制冷机的制冷系数,以 ε 表示,即

图 10.13 制冷机的示意图

$$\varepsilon = \frac{Q_2}{|A|} = \frac{Q_2}{|Q_1+Q_2|} \tag{10-32}$$

若外界做功 $|A|$ 越小、从低温热源吸取的热量 Q_2 越多,则制冷机的制冷系数越大,标志着该制冷机工作效益越好.

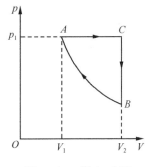

图 10.14 例 10.2 图

例 10.2 1 mol 的氧气作如图 10.14 所示的循环 $ACBA$,$B \to A$ 为等温过程.已知 A 态的压强为 p_1、体积为 V_1,设 $V_2=2V_1$,求:

(1) 各分过程中气体从外界吸收的热量;

(2) 循环效率.

解 由于氧气是双原子分子,所以

$$C_p = \frac{7}{2}R, \quad C_V = \frac{5}{2}R$$

(1) AC 过程中气体吸收的热量为

$$Q_{AC} = C_p(T_C - T_A) = \frac{7}{2}R(T_C - T_A)$$

$$= \frac{7}{2}(p_1 V_2 - p_1 V_1) = \frac{7}{2} P_1 V_1$$

CB 过程中气体吸收的热量为

$$Q_{CB} = C_V (T_B - T_C) = \frac{5}{2} R (T_B - T_C) = \frac{5}{2}(p_B V_2 - p_1 V_2)$$

由于 A,B 两点在同一等温线上,必有过程方程:

$$p_B V_2 = p_1 V_1$$

所以

$$Q_{CB} = \frac{5}{2}(p_B V_2 - p_1 V_2) = \frac{5}{2}(p_1 V_1 - 2 p_1 V_1) = -\frac{5}{2} p_1 V_1$$

BA 过程中气体吸收的热量为

$$Q_{BA} = A_{BA} = R T_A \ln \frac{V_1}{V_2} = P_1 V_1 \ln \frac{1}{2} = -P_1 V_1 \ln 2$$

（2）循环效率为

$$\eta = 1 + \frac{Q_2}{Q_1} = 1 + \frac{Q_{CB} + Q_{BA}}{Q_{AC}} = 1 - \frac{2.5 + \ln 2}{3.5} = 8.8\%$$

10.3.2　卡诺循环

在 19 世纪上叶,人们从理论上研究如何提高热机效率. 1824 年,法国青年工程师卡诺提出了一种理想热机,又称为卡诺热机. 这种热机的工质是理想气体,且工质只与两个恒温热源交换能量,不存在散热、漏气和摩擦等因素,过程为准静态过程,其循环称为卡诺循环. 卡诺循环在理论上指出了提高热机效率的可靠途径,并由此奠定了热力学第二定律的基础.

卡诺循环由两个等温过程和两个绝热过程组成,如图 10.15 所示. 其中,曲线 ab 和 cd 表示温度为 T_1 和 T_2 的两条等温线,曲线 bc 和 da 是两条绝热线.

下面先讨论卡诺正循环以及卡诺热机的效率.

$a \rightarrow b$ 过程气体等温膨胀,从高温热源吸收热量 Q_1,体积从 V_1 膨胀到 V_2,并对外界做正功,气体吸收的热量为

$$Q_1 = \frac{M}{\mu} R T_1 \ln \frac{V_2}{V_1}$$

$c \rightarrow d$ 过程气体等温压缩,外界对气体做功,体积从 V_3 压缩到 V_4,气体向低温热源放出热量 Q_2,其值为

$$Q_2 = -\frac{M}{\mu} R T_2 \ln \frac{V_3}{V_4}$$

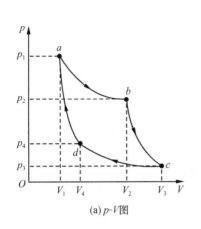

(a) p-V图

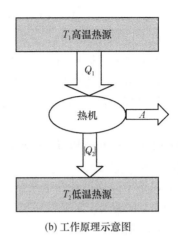

(b) 工作原理示意图

图 10.15 卡诺循环

$b \rightarrow c$ 过程气体绝热膨胀,体积从 V_2 膨胀到 V_3,对外界做正功,温度从 T_1 降至 T_2,由绝热过程方程,得

$$T_1 V_2^{\gamma-1} = T_2 V_3^{\gamma-1}$$

$d \rightarrow a$ 过程气体绝热压缩,体积从 V_4 压缩到 V_1,外界对气体做功,温度从 T_2 回升到 T_1,满足下式:

$$T_1 V_1^{\gamma-1} = T_2 V_4^{\gamma-1}$$

上两式相比,得

$$\left(\frac{V_2}{V_1}\right)^{\gamma-1} = \left(\frac{V_3}{V_4}\right)^{\gamma-1}$$

即

$$\frac{V_2}{V_1} = \frac{V_3}{V_4}$$

将 Q_1 与 Q_2 相比,得

$$\frac{Q_1}{Q_2} = -\frac{\frac{M}{\mu} R T_1 \ln \frac{V_2}{V_1}}{\frac{M}{\mu} R T_2 \ln \frac{V_3}{V_4}} = -\frac{T_1}{T_2}$$

将上式代入效率式(10-31)得

$$\eta = \frac{A}{Q_1} = 1 + \frac{Q_2}{Q_1} = 1 - \frac{T_2}{T_1} \tag{10-33}$$

整个循环中,气体对外界做的净功为

$$A = Q_1 + Q_2 = abcda \text{ 所包围面积}$$

通过以上的讨论,可归纳如下几点:

(1) 要实现卡诺循环,必须有高温和低温两个热源.

(2) 卡诺循环的效率只与高、低温热源的温度有关,而与工质性质无关. 提高效率的途径是提高高温热源的温度或降低低温热源的温度. 而通常后一种办法是不经济的.

(3) 由于 $T_1 \to \infty$ 和 $T_2 = 0$ 都不可能达到,因而卡诺循环的效率总是小于 1 的.

然后讨论卡诺逆循环和卡诺制冷机的制冷系数.

如图 10.16 所示,如果以理想气体为工质的卡诺循环沿 $adcba$ 逆时针方向进行,就是卡诺逆循环.

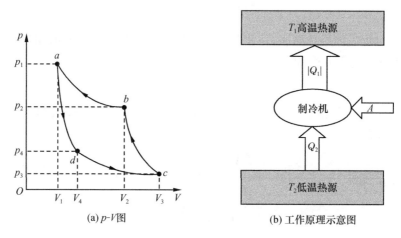

(a) p-V图   (b) 工作原理示意图

图 10.16 卡诺循环

其工作原理如图 10.16(b)所示.

与前相仿,可以导出卡诺制冷机的制冷系数为

$$\varepsilon = \frac{Q_2}{|A|} = \frac{Q_2}{|Q_1 + Q_2|} = \frac{T_2}{T_1 - T_2} \tag{10-34}$$

式(10-34)表明低温热源(冷库)的温度越低,ε 越小,这意味着在从低温热源吸热一定的情况下,低温热源温度越低,就需要外界做更多的功.

10.4 热力学第二定律

热力学第一定律是与热现象有关的能量转换与守恒定律,任何热力学过程都必须满足热力学第一定律.但满足该定律的过程不一定都能实现,自然界发生的实际宏观过程都具有方向性.为了阐释热力学过程进行方向的规律,人们总结出热力学第二定律.

10.4.1 热力学第二定律的两种表述

人们通过对热机效率的研究,发现了热力学第二定律.这一定律有多种表述方法,最早提出并沿用至今的具有代表性的是开尔文和克劳修斯的表述.

开尔文表述:不可能从单一热源吸取热量,使之完全变为有用功而不引起其他变化.

开尔文表述否定了第二类永动机的可能性.历史上曾有人企图制造一种循环动作的热机,只从单一热源(如大气或海洋)吸取热量,使它全部变为有用功,而不向低温热源放出热量,或者说不引起其他变化.这种热机称为第二类永动机或单热源热机,其效率 $\eta = 100\%$.虽然它不违背热力学第一定律,但它违背了热力学第二定律的开尔文表述.

开尔文表述中强调了在不引起其他变化的条件下,热不能全部变为功.如果允许其他变化发生,热可以全部变为功.例如,气缸中理想气体做等温膨胀时,气体从恒温热源吸收的热量就可以全部用来对外做功.但气体体积和压强发生了变化,且它不能循环运动返回原状态.

克劳修斯表述:不可能使热量从低温物体传向高温物体而不引起其他变化.

克劳修斯表述中强调了热量不可能自动地从低温物体传向高温物体,即热量可以从高温物体传向低温物体,但要使热量从低温物体传向高温物体(如制冷机),则只有靠外界作功才能实现.若不需要外界作功就能制冷,热量就能从低温热源传向高温热源,则其制冷系数就必然会趋于无穷大.克劳修斯表述否定了这种可能性.

热力学第二定律的开尔文表述和克劳修斯表述在本质上是完全等价的.如果违背了其中一种表述,则必然违背另一种表述.下面对两种表述的等价性进行证明.

如图 10.17(a)所示,热机 1 同制冷机 2 组成复合机.假设开尔文表述不成立,即可制成一个单热源热机 1,能将吸收的热量 Q_1 全部转化为对制冷机 2 做功 $A(Q_1 = A)$,使制冷机 2 从低温热源吸收热量 Q_2,并向高温热源释放热量 $|Q_1 + Q_2|$.其总效果是热量 Q_2 从低温热源自动地传向高温热源,而不需要外界提供机械功,于是克劳修斯表述也就不成立.反之,如果克劳修斯表述不成立,可证得开尔文表述不成立.如图 10.17(b)制冷机 1 同热机 2 组成复合机.即制冷机 1 是一个无功制冷机,或者说热量 Q 能够自动从低温热源传向高温热源.若热机 2 从高温热源吸收热量 Q_1 等于 Q,对外做功为 A,并向低温热源释放热量 $|Q_2|$,这就使复合机能

够将从低温热源吸收热量$|Q-Q_2|$全部转化为对外做功,成为一单热源热机,则开尔文表述也不成立.

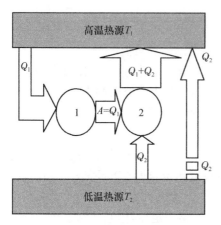

(a) 假设开尔文表述不成立　　　　(b) 假设克劳修斯表述不成立

图 10.17　开尔文表述与克劳修斯表述等价性的证明

　　和热力学第一定律一样,热力学第二定律是大量实验和经验的总结. 热力学第二定律的两种表述说明,在自然界中热量传递和功热转换之间是具有方向性的. 克劳修斯表述说明了热量传递的方向性,即在一个孤立的系统中,热量只能自动地由高温物体传向低温物体,而不能反方向进行;开尔文表述说明了功热转换的方向性,即在一循环过程中,功可以全部转换为热量,而热量不能全部转换为对外做功. 还可以举出很多反应具有方向性的自然过程,如气体的自由膨胀过程,这里就不一一列举.

10.4.2　可逆过程与不可逆过程

　　一个热力学系统的状态变化总是朝向某个方向进行. 例如,气体可以膨胀,也可以被压缩. 大量事实证明,如果没有外界影响,系统状态能够自动朝向某个方向变化,这种自动发生的过程称为自发过程. 自发过程只能向一个方向进行,而反方向的逆过程不可能自动地发生. 例如,容器通过隔板分成 1,2 两室,1 室充满气体,2 室为真空. 当把隔板抽开,1 室的气体会自动地向处于真空的 2 室膨胀,而不会再自动地向 1 室收缩而使 2 室变成真空. 高处的水会自动地向低处流动,而不可能自动地从低处流向高处. 热量会自动地从高温物体传向低温物体,而不会自动地从低温物体传向高温物体. 要使上述各例的自发过程逆向进行,就必须施加外界影响. 例如,使用空气压缩机使气体收缩;用制冷机使热量从低温处向高温处传递. 在使用这些外界设备工作时,必定会消耗外界的能量,使外界发生变化,从而在外界留下痕迹. 又如, 摩擦做功可把功全部转化为热量, 而热量却不能在不引起其他变化的情况下全部转化为功, 可见做功转化为热量的过程, 它的逆向过程是不能自动进行的.

在一个过程发生时, 系统从某个状态 A 经过一系列的中间状态, 最后变化到另一个状态 B. 如果使该系统进行逆向变化, 由状态 B 经历与原过程完全一样的那些中间状态, 回复到状态 A; 并且在逆向变化的过程中, 系统对外界所产生的一切影响都被消除, 则由状态 A 到状态 B 的过程, 称为可逆过程; 如果系统不能逆向回复到状态 A, 或当系统在回复到初状态 A 的逆向过程中, 引起外界的变化, 在外界留下了痕迹, 使外界不能回复原状, 或正向过程的中间状态在逆向过程中不能复现, 则系统由状态 A 到状态 B 的过程称为不可逆过程. 自然界一切自发过程都是不可逆过程.

非平衡因素是不可逆的原因之一, 如气体推动活塞快速膨胀的过程, 因气体每一中间状态达不到平衡态, 活塞附近的气体压强小于气体内部的压强; 在气体被快速压缩回原体积时, 情况相反, 活塞附近的气体压强大于气体内部的压强. 可见逆向过程不能复现正向过程的中间态. 同时, 膨胀过程气体对外所做的功要小于气体被压缩回原来体积时外界对气体所做的功, 所以在气体被压缩回原体积时, 外界对气体多做了净功, 使气体内能增加, 系统和外界都发生了变化. 所以气体快速膨胀或其他各种非静态过程是不可逆的.

那么, 哪些过程可以视为可逆过程, 实现可逆过程的条件是什么? 无摩擦、无耗散(漏气、散热或电磁损耗、机械能损耗等)的准静态过程是可逆的, 如当活塞与气缸间的摩擦力、气体内的黏滞力所引起的能量损耗忽略不计, 且活塞在气缸中无限缓慢移动时, 气体在任意时刻的状态都近似处于平衡态, 那么气体在正逆过程中都能经历相同状态, 且当逆向过程结束时, 外界环境不发生任何变化.

然而, 上述活塞与气缸间总有摩擦, 摩擦力做功的结果要向外界放出热量, 从而使外界发生改变, 对外界产生影响. 此外, 活塞的运动不可能无限缓慢, 无法完全消除非平衡因素, 这使得正、逆过程中气体的状态不能重复. 因此, 气体的这一状态变化的过程是不可逆的.

总之, 实际的热力学过程都是按一定方向进行的. 或者说自然界中一切与热现象有关系的实际过程都是不可逆的. 不可逆过程在自然界是普遍存在的, 而可逆过程是理想的, 是实际过程的近似.

对于卡诺循环, 因每个分过程都是无摩擦、无耗散的准静态过程, 所以卡诺循环是理想的可逆循环. 能实现可逆循环的热机和制冷机叫做可逆热机和可逆制冷机.

热力学第一定律与热力学第二定律是热力学的基本定律, 热力学第二定律表明, 一切与热现象有关的过程除必须满足能量守恒外, 还有其自发进行的方向性. 10.5 节将通过引入一个新的状态函数——熵, 对热力学过程的方向性给出定量的描述.

*10.4.3 卡诺定理

由于实际热机工作物质的循环是不可逆循环,所以还需解决实际热机的最大效率问题.卡诺定理指出在温度为 T_1 和 T_2 的高低温两个热源之间工作的循环动作的热机遵从以下两点:

(1) 在相同的高温热源和低温热源之间工作的一切可逆机,无论是什么工作物质,其循环效率相等.

(2) 在相同的高温热源和相同的低温热源之间工作的一切不可逆机的效率都不可能大于可逆机的效率.

卡诺定理的数学表示为

$$\eta \leqslant 1 - \frac{T_2}{T_1} \tag{10-35}$$

其中,"="适用于可逆机,"<"适用于不可逆机.

思 考 题

10.4-1 热力学第二定律的两种表述是什么? 为什么说两种表述是等价的?

10.4-2 什么叫第一类永动机? 什么是第二类永动机?

10.4-3 热机的效率能否为无穷大? 实际热机的最大效率是什么?

10.4-4 由热力学第二定律说明两条绝热线不相交.

*10.5 熵 熵增加原理

热力学第二定律指出,自然界一切与热现象有关的实际宏观过程都是不可逆的,都是具有方向性的.下面通过引入新的态函数——熵,用过程进行中熵的变化来判断过程进行的方向,这就是熵增加原理所要叙述的内容.

10.5.1 熵

由卡诺定理,对于任意工作物质的一切可逆机,若工作在相同的温度为 T_1 与 T_2 高低温热源之间,其效率均为

$$\eta = \frac{Q_1 + Q_2}{Q_1} = 1 - \frac{T_2}{T_1}$$

上式改写成

$$\frac{Q_1 + Q_2}{Q_1} = 1 - \frac{T_2}{T_1}$$

因此

$$\frac{Q_1}{T_1} + \frac{Q_2}{T_2} = 0$$

其中,$\frac{Q_1}{T_1}$和$\frac{Q_2}{T_2}$是等温膨胀和等温压缩过程中吸收的热量和温度的比值,称为热温比.上式表明,在可逆卡诺循环过程中热温比之和为零.

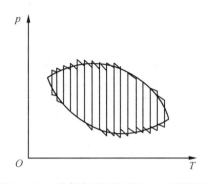

图 10.18 将任意循环划分为小卡诺循环

下面把这个结论推广到任意可逆循环过程. 如图 10.18 所示,任意可逆循环可视为由许多小可逆卡诺循环过程构成,这样该可逆循环的热温比近似等于这些小可逆卡诺循环的热温比之和,并为零,即

$$\sum_{i=1}^{n} \frac{Q_i}{T_i} = 0$$

当小卡诺循环无限变窄,使小循环的数目无限多时,这个锯齿形路径所表示的循环过程就无限接近原来的可逆循环过程. 当 $n \to \infty$ 时,上式的求和号变为积分号,即

$$\oint \frac{\mathrm{d}Q}{T} = 0 \tag{10-36}$$

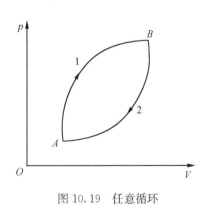

图 10.19 任意循环

其中,$\mathrm{d}Q$ 是系统从温度为 T 的热源中吸取的热量. 式(10-36)表明,系统经任意可逆循环过程后,其热温比之和等于零,式(10-36)称为克劳修斯等式.

在图 10.19 所示的可逆循环中,设有两个平衡态 A 和 B,这个循环过程由 $A1B$ 和 $B2A$ 两个分可逆过程构成. 式(10-36)可写为

$$\oint \frac{\mathrm{d}Q}{T} = \int_{A1B} \frac{\mathrm{d}Q}{T} + \int_{B2A} \frac{\mathrm{d}Q}{T} = 0 \tag{10-37}$$

由于过程是可逆的,正逆过程热温比积分的值相等,而符号相反,有

$$\int_{B2A} \frac{\mathrm{d}Q}{T} = -\int_{A2B} \frac{\mathrm{d}Q}{T}$$

代入式(10-37),得

$$\int_{A1B} \frac{dQ}{T} = \int_{A2B} \frac{dQ}{T} \tag{10-38}$$

上式表明,从平衡态 A 到达平衡态 B,中间的任意可逆过程的热温比积分相等,即 $\int_A^B \frac{dQ}{T}$ 只由始、末两个平衡态决定,而与中间所经历过程无关.这就意味着系统的平衡态存在着一个态函数,此态函数在始、末状态的增量,可由连接始、末两态的任意可逆过程的热温比积分来计算.我们把此态函数称为熵,并用 S 表示,单位为焦耳每开尔文(J·K^{-1}),有

$$S_B - S_A = \int_A^B \frac{dQ}{T} \quad (可逆过程) \tag{10-39a}$$

S_A 和 S_B 分别表示系统在 A 态和 B 态的熵.

对于任意无限小过程,熵增量可写为

$$dS = \frac{dQ}{T} \tag{10-39b}$$

10.5.2　熵增加原理

下面通过几个熵增量计算的例子来总结熵增加原理.

在热力学中,主要根据式(10-39a)计算两个平衡态之间熵的变化.计算时应注意以下两点:

(1) 由于熵是态函数,所以当系统处于某状态时,其熵也就确定了.即系统由某一个平衡态到达另一个平衡态,系统的熵变是确定的,与所经历的过程无关.因此,若始、末两态之间为一不可逆过程,则可以在两态之间设计一个可逆过程,通过计算该可逆过程的热温比的积分,从而得到系统在两个平衡态之间经历不可逆过程的熵变.

(2) 若系统由若干部分组成,则系统的熵为各部分熵之和,系统的总熵变为各部分熵变之和.

下面举几个熵变计算的例子.

例 10.3　不同温度的水混合前后的熵变.温度为 27℃,0.2 kg 的冷水,与温度为 82℃,0.8 kg 的热水混合.混合后,两部分的水温达到平衡.若混合前后由这两部分水组成的系统与外界没有能量传递,求这一过程中水的总熵变.

解　由于系统与外界间没有质量和能量传递,故系统可看成是孤立系统.水温由不均匀到达均匀过程实际是一个不可逆过程.为计算混合前后水的熵变,可假设水的这一混合过程为可逆的等压过程,这样我们可利用式(10-39a)计算水的熵变.

热水的温度 $T_1 = 355$ K,质量为 $m_1 = 0.8$ kg;冷水的温度 $T_2 = 300$ K,质量为 $m_2 = 0.2$ kg.水的定压比热容为 $c = 4.18 \times 10^3$ J·kg^{-1}·K^{-1}.设混合后的温度为

T,由混合前后能量守恒,得

$$m_1 c(T_1 - T) = m_2 c(T - T_2)$$

解上式,得混合后的温度为

$$T = 344 \text{ K}$$

所以,热水部分的熵变为

$$\Delta S_1 = \int_{T_1}^{T} \frac{\mathrm{d}Q}{T} = m_1 c \int_{T_1}^{T} \frac{\mathrm{d}T}{T} = m_1 c \ln \frac{T}{T_1} = -105 \text{ J} \cdot \text{K}^{-1}$$

冷水部分的熵变为

$$\Delta S_2 = \int_{T_2}^{T} \frac{\mathrm{d}Q}{T} = m_2 c \int_{T_2}^{T} \frac{\mathrm{d}T}{T} = m_2 c \ln \frac{T}{T_2} = 114 \text{ J} \cdot \text{K}^{-1}$$

系统的总熵变为

$$\Delta S = \Delta S_1 + \Delta S_2 = 9 \text{ J} \cdot \text{K}^{-1}$$

从计算的结果可见,虽然热水的熵有所降低,但冷水的熵增加得更多一些,使得系统的总熵变大于零,系统的熵增加了. 由于系统与外界无质量和能量交换,系统是孤立系统,且物质的这一混合过程为不可逆过程. 因此,孤立系统中的不可逆过程熵是增加的.

例 10.4 理想气体自由膨胀过程的熵变. 一个绝热封闭的容器中间用挡板分成两室,其中一室装有 1 mol 氧气,处于温度为 T,体积为 V 的平衡态,另一室为真空. 当把挡板抽掉,氧气开始自由膨胀,并达到新的平衡态,此时氧气的体积为 $2V$,求这一膨胀过程的熵变.

解 理想气体的自由膨胀过程是不可逆过程,此过程中系统对外不作功,且容器绝热,所以,气体不吸收热量. 由热力学第一定律可知,该过程中理想气体内能不变,末态的温度仍为 T,因而,可以在两个平衡态之间设计. 因此,可在两个平衡态之间设计一可逆等温过程. 由式(10-39a),得熵变为

$$\Delta S = \frac{Q}{T} = R \ln \frac{2V}{V} = R \ln 2 = 5.76 (\text{J} \cdot \text{K}^{-1})$$

从上述孤立系统中的不同温度的物质混合过程与膨胀过程可见,孤立系统内的不可逆过程熵是增加的. 其实,自然界的不可逆过程还很多,除上述过程外,还有热传导,功热转换等不可逆过程,都可通过计算熵变,得出孤立系统中不可逆过程熵增加的结论,即

$$\Delta S > 0 \quad (\text{孤立系统内的不可逆过程}) \tag{10-40}$$

那么,孤立系统中可逆过程的熵变又如何呢? 由于孤立系统中的可逆过程是绝热过程,即 $\mathrm{d}Q = 0$. 因此,由式(10-39a)知,孤立系统的可逆过程,其熵保持不变,

即

$$\Delta S = 0 \quad (\text{孤立系统内的可逆过程}) \tag{10-41}$$

由此,我们将上述两个结论总结如下:

孤立系统中的可逆过程,其熵保持不变;孤立系统中的不可逆过程,其熵增加. 此结论称为熵增加原理.其数学表达式为

$$\Delta S \geqslant 0 \tag{10-42}$$

上式适用于孤立系统中的任意过程,其中">"号用于不可逆过程;"="号用于可逆过程.因此,若一个系统由非平衡态向平衡态过渡的过程中,系统的熵要逐渐增大,当系统达到平衡态时,系统的熵也达到最大值.若此后系统维持平衡态不变,其熵也保持不变.因此,孤立系统所经历的不可逆过程,总是朝向熵增大的方向进行,直到达到熵的最大值.用熵增加原理可判断过程进行的方向和限度.当然,熵增加原理的应用是有条件的,它只对孤立系统或绝热过程成立.

思 考 题

10.5-1 气体在等温压缩过程向外界放热,可算得气体的熵减小,这和熵增加原理相矛盾吗? 请说明其中的道理.

10.6 热力学第二定律的统计意义

由热力学第二定律可知,一切与热现象有关的实际宏观过程都是有方向的,且都是不可逆的.而熵增加原理则对孤立系统中的不可逆过程进行的方向和限度给出了数学判据.而热现象与大量分子无规则热运动相联系,下面将从统计的意义来解释,进一步认识热力学第二定律的本质.

从上面的例子可以看出,孤立系统中不同温度液体之间的混合,以及气体的自由膨胀过程,宏观上表现为由不均匀到均匀,从有序到无序.下面从孤立系统中气体自由膨胀过程的例子出发,给出熵和无序程度的关系.

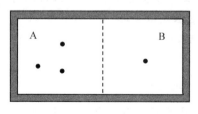

图 10.20 分子在容器中的分布

如图 10.20 所示,将绝热封闭的容器用挡板分成容积相等的 A、B 两室,其中,A 室充满气体,B 室为真空.抽去挡板后,气体向真空自由膨胀,最终达到新的平衡态.从宏观上来描述同种分子组成的系统状态时,只能以 A 室与 B 室中各自的分子数来区别,而无法确定 A 室与 B 室到底是哪些分子.当 A、B 两室的分子数确

定后,我们就说系统的宏观状态就确定了. 但要从微观上来描述系统状态时,还该说清 A、B 两室到底是哪些分子. 我们将分子在 A、B 两室的某种分配方式,称为系统的一种微观状态. 显然,A、B 两室相互交换一个分子并不改变各自的分子数,因而就不改变系统的宏观状态,但系统的微观状态却改变了. 所以,确定了 A、B 两室的分子数后,必然含有若干种分子的具体分配方式,即一个宏观状态可以包含若干个微观状态,微观状态数称为热力学概率,用 W 表示. 若系统总的微观状态数为 W_N,某宏观状态对应的微观状态数为 W_i,由于每一微观状态出现概率相等,所以,该宏观状态出现的概率为

$$P_i = \frac{W_i}{W_N}$$

设容器中有四个分子 a,b,c,d,它们在容器内 A、B 两部分的分布如表 10.3 所示. 从表中可见 4 个分子分布在 A,B 两室共有 5 种宏观状态,16 种微观状态. 均匀分布于 A,B 两室的宏观状态对应的微观状态数最多,概率最大,为 $\frac{6}{16}$;最不均匀分布状态所对应的微观状态数最低,概率最低,为 $\frac{1}{16} = \frac{1}{2^4}$. 若容器中有 N 个分子,则在 A,B 两室分布总的微观状态数为 $W = 2^N$. 其全部收缩回 A 室的概率为 $\frac{1}{2^N}$,出现的概率很低. 所以,气体的扩散过程是不可逆过程.

表 10.3 四个分子在容器中的分布方式

分子分配方式(微观状态数)		分子数分布(宏观状态)	一个宏观状态	
A 室	B 室	(A,B)	微观状态数	出现的概率
$abdc$	0	$(4,0)$	1	$\frac{1}{16}$
abc	d	$(3,1)$	4	$\frac{4}{16}$
abd	c			
adc	b			
bdc	a			
ab	dc	$(2,2)$	6	$\frac{6}{16}$
ac	bd			
bc	ad			
bd	ac			
dc	ab			
ad	bc			

分子分配方式(微观状态数)		分子数分布(宏观状态)	一个宏观状态	
d	abc			
c	abd	$(1,3)$	4	$\dfrac{4}{16}$
b	adc			
a	bdc			
0	$abdc$	$(0,4)$	1	$\dfrac{1}{16}$

因此,热力学第二定律本质上是一条统计定律,其统计意义是:一个不受外部影响的系统,其内部发生的过程,总是由概率小的状态向概率大的方向自动进行,或由包含微观数目小的宏观状态向包含微观数目大的宏观状态自动进行.

统计规律有一定的适用范围,分子的数目越多,统计规律与所观察事实越相符.小范围内分子数目少,分子的热运动会使分子在某区域密集而在另一区域分子数稀疏的现象,与分子均匀分布有偏差,因此,热力学第二定律的统计规律不适用于分子数少的情形.

在上述讨论中,我们看到孤立系统内的不可逆过程总是由微观状态数小的宏观状态向微观状态数多的宏观状态进行,而由熵增加原理知,孤立系内的不可逆过程总是朝向熵增加的方向进行,当系统达到平衡态时,系统的熵即达最大值.两者相较,很容易将某宏观状态的熵与该宏观状态的微观状态数(即热力学概率)联系起来,玻尔兹曼提出它们的关系为

$$S = k \ln W \tag{10-43}$$

其中,k 是玻尔兹曼常数.式(10-43)称为玻尔兹曼关系式,它表明一个系统的熵是该系统可能的微观状态数的量度.

进一步的讨论表明,孤立系统内的不可逆过程总是由不均匀向均匀方向过渡,或者是说由有序(混乱程度小)向无序(混乱程度大)的方向过渡.与前面相比,就可以把熵看成是系统无序程度的量度.孤立系统不可逆过程中熵的增加就意味着系统无序程度的增加,平衡态时系统熵最大表明此时系统达到最无序的状态,这就是熵的统计意义.

为纪念玻尔兹曼的卓越贡献,他的墓碑上刻着 $S = k \ln W$.

思 考 题

10.6-1 熵的统计意义是什么?

10.6-2 热力学第二定律的统计意义是什么?

本 章 提 要

1. 热力学过程

平衡态:在没有外界影响的情况下,系统各部分的宏观性质不随时间变化的状态.

准静态过程:如果过程进行得无限缓慢,使得中间态都无限接近于平衡态的过程.准静态过程可用 p-V 曲线表示,并可用过程方程描述.

2. 热力学第一定律

热力学第一定律: $\qquad Q = A + (E_2 - E_1) = A + \Delta E$

对于任一无限小的过程: $\qquad \mathrm{d}Q = \mathrm{d}A + \mathrm{d}E$

符号规定:

系统内能增加 ΔE 为正值,即 $\Delta E > 0$,系统内能减少 ΔE 为负值,即 $\Delta E < 0$;

系统从外界吸收热量为正,即 $Q > 0$;系统向外界放热为负值,即 $Q < 0$;

系统对外界做正功为正值,即 $A > 0$;外界对系统做正功,即系统对外做负功, A 为负值,即 $A < 0$.

3. 准静态过程功的计算

$$A = \int_{V_1}^{V_2} p\,\mathrm{d}V$$

气体对外做的功 A 为 p-V 过程曲线下与 V 轴间所围的面积.

4. 热容与热量

摩尔热容 C_{m}:1 摩尔物质温度每增加 1 K 所吸收的热量.

质量为 M 的物质系统经历准静态过程从外界吸收的热量:

$$Q = \frac{M}{\mu} C_{\mathrm{m}} \Delta T$$

等压摩尔热容记做 $C_{p,\mathrm{m}}$,等体摩尔热容记做 $C_{V,\mathrm{m}}$,它们之间的关系为

$$C_{p,\mathrm{m}} = C_{V,\mathrm{m}} + R$$

摩尔热容比 γ:

$$\gamma = \frac{C_{p,\mathrm{m}}}{C_{V,\mathrm{m}}}$$

等体摩尔热容的理论式: $\qquad C_{V,\mathrm{m}} = \frac{i}{2} R$

等压摩尔热容理论式: $\qquad C_{p,\mathrm{m}} = \frac{i+2}{2} R$

摩尔热容比的理论式: $\qquad \gamma = \frac{i+2}{i}$

i 为理想气体分子的自由度.

5. 热力学第一定律在典型过程中的应用(表 10.4)

表 10.4　热力学第一定律在典型过程中的应用

过　程　特　征		过程方程	吸收热量	对外做功	内能增量 ΔE
等体	$V=$常量	$\dfrac{p}{T}=$常量	$nC_{V,m}(T_2-T_1)$	0	$nC_{V,m}(T_2-T_1)$
等压	$p=$常量	$\dfrac{V}{T}=$常量	$nC_{p,m}(T_2-T_1)$	$p(V_2-V_1)$	$nC_{V,m}(T_2-T_1)$
等温	$T=$常量	$pV=$常量	$Q_T=nRT\ln\dfrac{V_2}{V_1}$ 或 $Q_T=nRT\ln\dfrac{p_1}{p_2}$	$A=nRT\ln\dfrac{V_2}{V_1}$ 或 $A=nRT\ln\dfrac{p_1}{p_2}$	0
绝热	$Q=0$	$V^{\gamma-1}T=$常量 $pV^{\gamma}=$常量 $p^{\gamma-1}T^{-\gamma}=$常量	0	$A=-\Delta E$ $=-nC_{V,m}(T_2-T_1)$ 或 $A=\dfrac{1}{\gamma-1}(p_1V_1-p_2V_2)$	$nC_{V,m}(T_2-T_1)$

6. 循环过程和卡诺循环

热机效率：
$$\eta=\frac{A}{Q_1}=\frac{Q_1+Q_2}{Q_2}=1+\frac{Q_2}{Q_1}$$

其中,A 是一个循环中,系统对外界所做的净功,Q_1 是吸收的总热量,$|Q_2|$ 是放出的总热量,$Q_2<0$.

逆循环的制冷系数：
$$\varepsilon=\frac{Q_2}{|A|}=\frac{Q_2}{|Q_1+Q_2|}$$

其中,Q_2 是系统从低温热源中所吸取的总热量,$|A|$ 是外界对系统所做的功,$|Q_1|$ 是系统向高温热源放出的总热量,$Q_1<0$.

卡诺热机效率：
$$\eta=1-\frac{T_2}{T_1}$$

卡诺制冷机的制冷系数：
$$\varepsilon=\frac{T_2}{T_1-T_2}$$

其中,T_1 和 T_2 分别是高温热源和低温热源的温度.

7. 热力学第二定律的两种表述

开尔文表述：不可能从单一热源吸取热量,使之完全变为有用功而不引起其他变化.

克劳修斯表述：不可能使热量从低温物体传向高温物体而不引起其他变化.

8. 熵与熵增加原理

熵变的计算：
$$S_B-S_A=\int_A^B\frac{dQ}{T}\quad(可逆过程)$$

熵增原理:孤立系统中的可逆过程,其熵保持不变;孤立系统中的不可逆过程,其熵增加.其数学表达式为

$$\Delta S \geqslant 0$$

习 题

10-1 关于热量的下列说法,哪些是正确的?

A. 热是一种物质, B. 热量是能量的一种形式,

C. 热量是状态量, D. 热量传递是热运动能量的传递.

10-2 1mol 的单原子分子理想气体从状态 A 变为状态 B,如果不知是什么气体,变化过程也不知道,但 A、B 两态的压强、体积和温度都知道,则可求出哪些量?

A. 气体所作的功, B. 气体内能的变化,

C. 气体传给外界的热量, D. 气体的质量.

10-3 如习题 10-3 图所示,一定量的理想气体经历 ab 过程时气体对外做功为 1000 J. 则气体在 ab 与 $abca$ 过程中,吸热分别为多少?

10-4 2 mol 的氦气开始时处在压强 $p_1 = 2$ atm、温度 $T_1 = 400$ K 的平衡态,经过一个等温过程,压强变为 $p_2 = 1$ atm. 该气体在此过程中内能增量和吸收的热量各为多少? 若气体经历的是等容过程,上述气体在此过程中吸收的热量与内能增量各为多少?

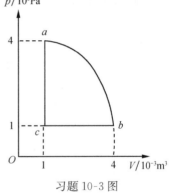

习题 10-3 图

10-5 温度为 27℃、压强为 1 atm 的 1 mol 刚性双原子分子理想气体,分别经历等温过程与等压过程体积膨胀至原来的 2 倍. 分别计算这两个过程中气体对外所做的功和吸收的热量.

10-6 温度为 0℃、压强为 1 atm 的 1 mol 刚性双原子分子理想气体,经历绝热过程体积膨胀为原来的 3 倍,那么气体对外做的功是多少? 内能增量又是多少?

10-7 温度为 27℃、体积为 2 m³ 的干空气团,在地表因热对流而快速上升. 当升至一定高度时,压强降为原来的 60%,求气团在该处时的体积与温度. 设空气的摩尔热容比 $\gamma = 1.5$(提示:气团由于快速上升,来不及与外界进行热量交换,可视为绝热过程).

10-8 1 mol 氦气从状态 (p_1, V_1) 沿如习题 10-8 图所示直线变化到状态 (p_2, V_2),试求:

(1) 气体的内能增量;

(2) 气体对外界所做的功;

(3) 气体吸收的热量;

(4) 此过程的摩尔热容.

(摩尔热容 $C_m = \Delta Q / \Delta T$,其中 ΔQ 表示 1 mol 物质在过程中升高温度 ΔT 时所吸收的热量.)

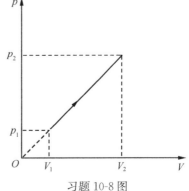

习题 10-8 图

10-9　一定量的刚性双原子分子理想气体装在封闭的气缸里,此气缸有可活动的活塞(活塞与气缸壁之间无摩擦且无漏气).已知气体的初压强为 p_1,体积为 V_1,现将该气体在等体积下加热直到压强为原来的 2 倍,然后在等压下加热直到体积为原来的两倍,最后做绝热膨胀,直到温度下降到初温为止.

(1) 在 p-V 图上将整个过程表示出来;

(2) 试求在整个过程中气体内能的改变;

(3) 试求在整个过程中气体所吸收的热量;

(4) 试求在整个过程中气体所做的功.

10-10　标准状况下,2 mol 氧气,在等温过程与绝热过程中体积膨胀为原来的两倍,试计算在两种过程中(1)压强分别变为多少? (2)气体对外做功分别为多少?

10-11　气体经历如习题 10-11 图所示的一个循环过程,在这个循环中,外界传给气体的净热量是多少?

10-12　热气机是一种外燃的、工作物质(氢气,或氦气等无腐蚀气体)在封闭的气缸中按斯特林循环的热力发动机,可用于航天等各领域.若工作物质为氢气,气缸一端为热腔,另一端为冷腔.如习题 10-12 图所示,工质在低温冷腔(温度为 T_2)中等温压缩(图中 4-1 过程)然后流到高温热腔中迅速等容加热(1-2 过程),气体从温度为 T_1 的外热源(气缸外的燃烧室)等温吸热膨胀做功(2-3 过程),等容放热(3-4 过程)给热腔,供吸热用.试证明在理想吸热的条件下,这种循环的热效率,等于温度上下限相同的卡诺循环效率.(这一循环气体从热腔在 1-2 过程吸收的热量在 3-4 过程又放回热腔,所以,这两个过程的热量不计入循环效率的计算.)

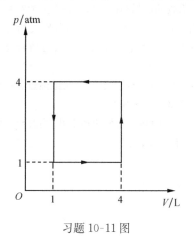

习题 10-11 图

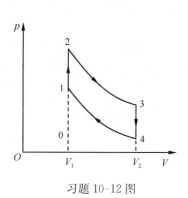

习题 10-12 图

10-13　如习题 10-13 图所示,1mol 氮气所经历的循环过程,其中 ab 为等温线,求效率.

10-14　1mol 的双原子理想气体作如习题 10-14 图所示的循环 $abcd$,$b{\rightarrow}a$ 为绝热过程.已知 a 态的压强为 p_1、体积为 V_1,设 $V_2=2V_1$,求:

(1) 该循环过程气体对外所作的总功;(2)循环效率.

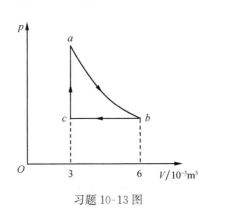

习题 10-13 图

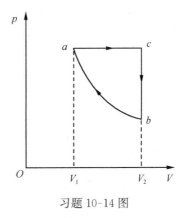

习题 10-14 图

10-15　氮气经历如习题 10-15 图所示循环,求循环效率.

10-16　喷气式飞机和热电站所用的燃气轮机的工作过程如习题 10-16 图所示,压气机(即压缩机)连续地从大气中吸入空气并将其绝热压缩(习题 10-16 图中 1-2 过程);压缩后的空气进入燃烧室,与喷入的燃料混合后燃烧,成为高温燃气,随即流入燃气涡轮中等压膨胀推动涡轮叶轮带着压气机叶轮一起旋转做功(2-3 过程);加热后的高温燃气的做功能力显著提高,因而继续绝热膨胀推动轮机输出机械功(3-4 过程);废弃进入热交换器等压压缩放热给冷却剂(空气或水)(4-1 过程).试证明其循环效率为 $\eta = 1 - \left(\dfrac{p_1}{p_2}\right)^{1-\frac{1}{\gamma}}$.

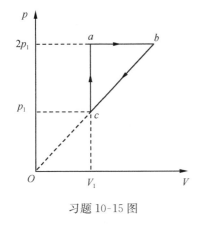

习题 10-15 图

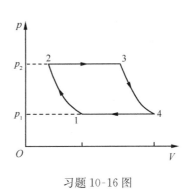

习题 10-16 图

10-17　四冲程汽油机可以看作是按照奥托循环工作的一种发动机,其工作是靠活塞在气缸中的往复运动完成的.如习题 10-17 图所示,当活塞在气缸顶端时,进气阀打开,气缸吸入汽油蒸气和空气的混合气体,这个过程称为进气过程(图中 0-d 过程).随后,进气阀关闭,活塞上行对混合气体进行绝热压缩(d-a 过程).当活塞再次接近气缸顶点时,火花塞产生电火花,混合气体燃烧,使气缸内压力和温度迅速上升,这一过程是等容加热过程(a-b 过程).燃烧产生的高压气体的绝热膨胀向下推动活塞(b-c 过程)对外做功.随后排气阀打开,气缸内的压力降到差不多等于大气压力,这个过程为等容放热过程(c-d 过程).上升的活塞把大部分剩余废气排出,称为扫气过程(图中 0-d 过程).试计算循环效率.

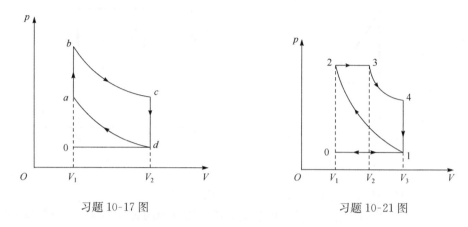

习题 10-17 图　　　　　　　　　　　　　　　　　习题 10-21 图

10-18　一卡诺热机(可逆的),低温热源的温度为 27℃,热机效率为 40%,其高温热源温度为多少? 今欲将该热机效率提高到 50%,若低温热源保持不变,则高温热源的温度应为多少?

10-19　一热机在温度为 400K 和 300K 两个热源之间工作,若它在每一循环中从高温热源吸收 2×10^5 J 的热量,试计算此热机每次循环中对外所做的净功及效率.

10-20　一制冷机在温度为 −23℃ 和 25℃ 的两热源之间工作,在每一循环中消耗的机械功为 4.5×10^5 J,求(1)制冷系数;(2)每次循环从低温热源吸收的热量与向高温热源释放的热量分别为多少?

10-21　如习题 10-21 图所示柴油内燃机的工作循环(狄塞尔循环),0-1 线表示空气在吸入过程中被吸入到气缸,并沿 1-2 线绝热压缩到 2 点,2 点的空气温度可使喷入气缸内的柴油不需要火花塞点火而自行燃烧,2-3 线表示燃烧过程是在等压下进行的,然后沿 3-4 线绝热膨胀到 4 点,并沿 4-1 线等容冷却到 1 点完成一个循环,试计算柴油机的循环效率.

10-22　已知在三相点($T = 273.15$K)冰融化为水时,熔解热 $L = 3.35 \times 10^5$ J/kg. 试求 $m = 5.0$kg 的冰化为水时熵的增加量.

10-23　质量 $m_1 = 1$ kg、温度 $T_1 = 290$ K 的冷水,与质量 $m_2 = 2$ kg、温度 $T_2 = 370$ K 的热水通过热接触而达到热平衡. 设热传导过程中冷、热水系统与外界均无热交换,试分别计算冷水的熵变 ΔS_1、热水的熵变 ΔS_2 以及二者的总熵变 ΔS(已知水的比热为 $c = 4.18 \times 10^3$ J·kg^{-1}·K^{-1}).

10-24　标准状态下 1mol 氧气经历等温过程体积膨胀为原来的 2 倍,求这一过程气体的熵变.

【科学家简介】

　　詹姆斯·克拉克·麦克斯韦(James Clerk Maxwell,1831～1879),19世纪伟大的英国物理学家、数学家,主要从事电磁理论、分子物理学、统计物理学、光学、力学、弹性理论方面的研究.尤其是他建立的电磁场理论,将电学、磁学、光学统一起来,这是19世纪物理学发展的最光辉的成果,是科学史上最伟大的综合之一.他预言了电磁波的存在.这种理论后来得到了充分的实验验证.

　　麦克斯韦大约于1855年开始研究电磁学,在潜心研究了法拉第关于电磁学方面的新理论和思想之后,坚信法拉第的新理论包含着真理.于是他抱着给法拉第的理论"提供数学方法基础"的愿望,决心将法拉第的天才思想以清晰准确的数学形式表示出来.他在前人成就的基础上,对整个电磁现象作了系统、全面的研究,凭借他高深的数学造诣和丰富的想象力接连发表了电磁场理论的三篇论文:《论法拉第的力线》(1855年12月～1856年2月)、《论物理的力线》(1861～1862年)、《电磁场的动力学理论》(1864年12月8日).对前人和他自己的工作进行了综合概括,将电磁场理论用简洁、对称、完美数学形式表示出来,经后人整理和改写,成为经典电动力学主要基础的麦克斯韦方程组.据此,1865年他预言了电磁波的存在,电磁波只可能是横波,并计算了电磁波的传播速度等于光速,同时得出结论:光是电磁波的一种形式,揭示了光现象和电磁现象之间的联系.1888年德国物理学家赫兹用实验验证了电磁波的存在.麦克斯韦于1873年出版了科学名著《电磁理论》.系统、全面、完美地阐述了电磁场理论.这一理论成为经典物理学的重要支柱之一.在热力学与统计物理学方面麦克斯韦也作出了重要贡献,他是气体动理论的创始人之一.1859年他首次用统计规律得出麦克斯韦速度分布律.他引入了弛豫时间的概念,发展了一般形式的输运理论,并把它应用于扩散、热传导和气体内摩擦过程.1867年引入了"统计力学"这个术语.麦克斯韦是运用数学工具分析物理问题和精确地表述科学思想的大师,他非常重视实验,由他负责建立起来的卡文迪许实验室,在他和以后几位主任的领导下,发展成为举世闻名的学术中心之一.他善于从实验出发,经过敏锐的观察思考,应用娴熟的数学技巧,从缜密的分析和推理,大胆地提出有实验基础的假设,建立新的理论,再使理论及其预言的结论接受实验检验,逐渐完善,形成系统、完整的理论.特别是W.汤姆孙卓有成效地运用类比的方法使麦克斯韦深受启示,使他成为建立各种模型来类比研究不同物理现象的能手.在他的电磁场理论的三篇论文中多次使用了类比研究方法,寻找到了不同现象之间的联系,从而逐步揭示了科学真理.

习 题 答 案

第 1 章

1-1 $y=2x-14$.

1-2 $\Delta \boldsymbol{r}=(\mathrm{e}-1)\boldsymbol{i}+\left(\dfrac{3}{\mathrm{e}}-3\right)\boldsymbol{j}$； $xy=3$ 且 $z=6$ $(x\geqslant 1)$.

1-3 D.

1-4 B.

1-5 $142\ \mathrm{m\cdot s^{-1}},72\mathrm{m\cdot s^{-2}},183\mathrm{m},61\mathrm{m\cdot s^{-1}},45\mathrm{m\cdot s^{-2}}$.

1-6 (1) -100 m;(2) 116 m;(3) $-90\mathrm{m\cdot s^{-1}},-48\mathrm{m\cdot s^{-2}}$.

1-7 $\boldsymbol{v}=15\boldsymbol{j}\mathrm{m\cdot s^{-1}},\boldsymbol{v}=15\boldsymbol{j}+10\boldsymbol{k}\mathrm{m\cdot s^{-1}},\boldsymbol{a}=10\boldsymbol{k}\mathrm{m\cdot s^{-2}}$.

1-8 (1) $\boldsymbol{v}=-\omega R\sin(\omega t)\boldsymbol{i}+\omega R\cos(\omega t)\boldsymbol{j},\boldsymbol{a}=-\omega^2 R\cos(\omega t)\boldsymbol{i}-\omega^2 R\sin(\omega t)\boldsymbol{j}$；

  (2) $x^2+y^2=R^2$ 且 $z=5$.

1-9 $v_B=1.73v$.

1-10 $v_x=v_0\mathrm{e}^{-\gamma x}$.

1-11 (1) $v_x=\dfrac{3}{2}t^2$;(2) $x=10+\dfrac{1}{2}t^3$.

1-12 (1) $x=-\dfrac{1}{6}t^4+\dfrac{7}{2}t^2+t-13$;(2) $v=-\dfrac{142}{3}\mathrm{m\cdot s^{-1}},x=-\dfrac{148}{6}\mathrm{m}$.

1-13 $v=\dfrac{A}{B}(1-\mathrm{e}^{-Bt}),y=\dfrac{A}{B}t+\dfrac{A}{B^2}(\mathrm{e}^{-Bt}-1)$.

1-14 $v=\sqrt{v_0^2+2a(y_0-y)}$.

1-15 $a=\sqrt{b^2+\dfrac{(v_0-bt)^4}{r^2}}$ 且 $\boldsymbol{a}$ 与 $\boldsymbol{v}$ 间夹角为 $\arctan\left[\dfrac{-(v_0-bt)^2}{br}\right]$.

1-16 $\sqrt{5}-2\mathrm{s}$.

1-17 $12\mathrm{m\cdot s^{-2}}\quad 36\mathrm{m\cdot s^{-2}}\quad 37.95\ \mathrm{m\cdot s^{-2}}$.

1-18 (1) $a=109\mathrm{m\cdot s^{-2}}$ 且 $\boldsymbol{a}$ 与 $\boldsymbol{a}_n$ 间的夹角为 $12.4°$;(2)$s=1722\mathrm{m}$.

1-19 $v=40\ \mathrm{m\cdot s^{-1}}$ 且方向沿轨道切向,$a\approx 2.267\mathrm{m\cdot s^{-2}}$ 且 $\boldsymbol{a}$ 与 $\boldsymbol{v}$ 间的夹角为 $152°$.

1-20 $a_t=0.2\mathrm{m\cdot s^{-2}}\quad a_n=0.36\ \mathrm{m\cdot s^{-2}}$.

*1-21 $170\mathrm{km\cdot h^{-1}}$,航向为北偏东 $19.47°$.

*1-22 $x'=0$ 且 $y'=-\dfrac{1}{2}gt^2,\boldsymbol{a}=(y')''=-g\boldsymbol{j}$.

第 2 章

2-1 C.

2-2 $\dfrac{v^2}{2s}$, $\dfrac{v^2}{2gs}$.

2-4 $\theta=\arccos(0.497)=60°13'$.

* 2-5 $a_M=\dfrac{(M-m)g+ma'}{M+m}$, $f=\dfrac{Mm}{M+m}(2g-a')$.

2-6 D.

2-7 (1) $I=6\text{N}\cdot\text{s}$, $\overline{F}=15\text{N}$; (2) $v=3\text{m}\cdot\text{s}^{-1}$.

* 2-8 $\dfrac{3ml}{L}g$.

2-9 $-GMm\left(\dfrac{1}{a}-\dfrac{1}{b}\right)$.

2-10 (1) $A_5=25\text{J}$, $A_{10}=75\text{J}$, $A_{15}=100\text{J}$;

(2) $v_5=5\text{m}\cdot\text{s}^{-1}$, $v_{10}=8.66\text{ m}\cdot\text{s}^{-1}$, $v_{15}=10\text{ m}\cdot\text{s}^{-1}$.

2-11 D.

2-12 C.

2-13 $L=\dfrac{v^2}{2g}\left[\dfrac{1}{\mu_1}-\dfrac{M}{(\mu_2-\mu_1)m+\mu_2 M}\right]$.

2-14 D.

2-15 E_k, $\dfrac{2}{3}E_k$.

第 3 章

3-1 D.

3-2 $29\boldsymbol{k}$.

3-3 B.

3-4 $\dfrac{1}{3}(m_1+7m_2)L^2$.

3-5 C.

3-6 392 N.

3-7 (1) $\dfrac{2F}{5mR}$; (2) $\dfrac{3}{5}F$; (3) $\dfrac{2}{5}F$.

3-8 $T_1=\dfrac{m_1 m_2 g}{m_1+m_2+\frac{1}{2}m}$; $T_2=\dfrac{\left(m_1+\frac{1}{2}m\right)m_2 g}{m_1+m_2+\frac{1}{2}m}$.

* 3-9 $a_1=\dfrac{(m_1 r_1-m_2 r_2)g r_1}{J+m_1 r_1^2+m_2 r_2^2}$; $a_2=\dfrac{(m_1 r_1-m_2 r_2)g r_2}{J+m_1 r_1^2+m_2 r_2^2}$.

3-10 A.

3-11 0 $abm\omega\boldsymbol{k}$.

*3-12　(1) $M=\dfrac{2}{3}\mu mgR$;　(2) $\Delta t=\dfrac{3\omega R}{4\mu g}$.

3-13　$3:1$.

3-14　$-\dfrac{2r}{R^2}v$.

3-15　2.14×10^{29} J.

3-16　$-\dfrac{3}{8}J\omega_0^2$.

3-17　$\dfrac{1}{2}\sqrt{3gl}$;　$\sqrt{3gl}$.

3-18　$a=\dfrac{(M-\mu mgr\cos\theta-mgr\sin\theta)}{J+mr^2}$.

3-19　$\dfrac{3}{2}h_0$.

*3-20　$h=l+3\mu s-\sqrt{6\mu sl}$.

第 4 章

4-2　$0.8l_0$

4-3　$0.6c$

4-4　$0.6c$

4-5　(1) $\dfrac{l_0\sqrt{1-\dfrac{v^2}{c^2}}}{c}$, $\dfrac{2l_0\sqrt{1-\dfrac{v^2}{c^2}}}{c}$;　(2) $\dfrac{l_0}{c}$, $\dfrac{2l_0}{c}$

4-6　$0.9998c$

4-7　$0.99995c$

4-8　$1.36,0.677c$

4-9　9.1%

4-10　60(菱形)

第 5 章

5-1　C.

5-2　C.

5-3　B、D.

5-4　A.

5-5　(1) $x=A\cos\left(\dfrac{2\pi}{T}t+\dfrac{\pi}{3}\right)$;　(2) $x=A\cos\left(\dfrac{2\pi}{T}t-\dfrac{2\pi}{3}\right)$;

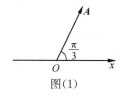

图(1)

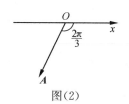

图(2)

(3) $x=A\cos\left(\dfrac{2\pi}{T}t+\dfrac{\pi}{2}\right)$；　(4) $x=A\cos\left(\dfrac{2\pi}{T}t+\pi\right)$.

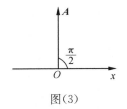

图(3)

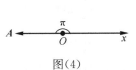

图(4)

5-6　A.

5-7　$x=0.06\cos\left(\pi t+\dfrac{\pi}{2}\right)$ m, 0, -0.06π m·s^{-1}, 0.

5-8　12 s, $x=A\cos\left(\dfrac{\pi}{6}t-\dfrac{\pi}{3}\right)$ m.

5-9　$-\dfrac{\pi}{4}$, $x=0.11\cos\left(10t-\dfrac{\pi}{4}\right)$ m.

5-10　(1) 2.5 s, $-\dfrac{\pi}{3}$, 0.5 m·s^{-1}, 1.26 m·s^{-2}；　(2) $0.47\pi\approx0.5\pi$, 0.02 m.

5-11　0.015 s.

5-13　(1) 3 m·s^{-1}；　(2) -1.5 N.

5-14　做简谐振动,其振动方程为 $x=0.065\cos(2\pi t+0.36\pi)$ m.

5-15　D.

5-16　(1) $\pm4.2\times10^{-2}$ m；　(2) 0.75 s.

5-17　相对误差 0.1842%

第 6 章

6-1　下；　上；　上.

6-2　B.

6-3　125 rad·s^{-1}, 338 m·s^{-1}, 17.0 m.

6-4　0.233 m.

6-5　$y=A\cos\left[\omega\left(t+\dfrac{1}{u}+\dfrac{x}{u}\right)+\varphi\right]$(SI).

6-6　$-x/u$ 表示 x 处的质点比原点处的质点多振动的时间($x>0$ 表明 x 处的质点比坐标原点处的质点少振动 x/u 的时间,$x<0$ 表明 x 处的质点比坐标原点处的质点多振动 $|x/u|$ 的时间);

$-\omega x/u$ 表示 x 处的质点超前于坐标原点的相位($x>0$ 表明 x 处的质点在相位上落后于坐标原点,$x<0$ 表明 x 处的质点在相位上超前于坐标原点);

y 表示 x 处的质点在 t 时刻离开平衡位置的位移.

6-7　π.

6-8 $y=2\times10^{-3}\cos\left[200\pi\left(t-\dfrac{x}{400}\right)-\dfrac{\pi}{2}\right]$ m.

6-9   (1) $y=0.1\cos\left(4\pi t-\dfrac{\pi}{5}x\right)$ m;   (2) 0.1 m;   (3) -0.4π m $\cdot$ s$^{-1}=-1.26$ m $\cdot$ s^{-1}.

6-10   (1) $y=4\times10^{-2}\cos\left[3\pi\left(t+\dfrac{x}{10}\right)+\dfrac{\pi}{3}\right]$ m;

       (2) $y=4\times10^{-2}\cos\left[3\pi\left(t+\dfrac{x'}{10}\right)-\dfrac{7\pi}{6}\right]$ m;

       (3) $y=4\times10^{-2}\cos\left[3\pi\left(t-\dfrac{4\pi}{15}\right)\right]$ m, $-\dfrac{3}{5}\pi$,即比 A 点相位落后 $\dfrac{3}{5}\pi$.

6-11   (1) $y=0.2\cos\left(\dfrac{\pi}{2}t+\pi\right)$ m;

       (2) $y=0.2\cos\left[\dfrac{\pi}{2}\left(t-\dfrac{x}{2.5}\right)+\pi\right]$ m;

       (3) $y=0.2\cos\left(\dfrac{\pi}{2}t\right)$ m.

6-12   B.

6-13   0.

6-14   D.

6-15 $\Delta\varphi=2\pi\left(\dfrac{\sqrt{a^2+b^2}-b}{\lambda_1}+\dfrac{x-\sqrt{x^2+a^2}}{\lambda_2}\right).$

6-16   (1) $y_1=A\cos(\pi t-15\pi),y_2=A\cos(\pi t-6\pi)$;   (2) 0.

6-17   B.

6-18   B.

6-19   1064.7 Hz;   935.3 Hz.

第 7 章

7-1   (1) 400 cm $\cdot$ s^{-1};(2) 400 cm^3 $\cdot$ s^{-1}.

7-2 $v=\sqrt{2g(H-h)}$; $s=vt=2\sqrt{h(H-h)}$;$h=\dfrac{H}{2}$.

7-3 1.04×10^5 Pa.

7-4   1.935 Pa.

7-5 1.8×10^5 Pa.

7-6 $v_B=\sqrt{2g(h_A-h_B)}.$

7-7   0.04 m $\cdot$ s.

7-8   235 m^3.

7-9 $\dfrac{\pi R^4\rho}{8Ql}\left[g(H-h)-\dfrac{Q}{2\pi^2R^4}\right].$

7-10 2.93×10^{-3} m $\cdot$ s^{-1};4.176×10^{-3}.

第 8 章

8-1　$\alpha = \dfrac{Mg}{\pi dN}$.

8-2　$\Delta E = 2.917 \times 10^{-4}$ J.

8-3　5.47 J

8-4　1.0422×10^{5} Pa.

8-5　3.65×10^{4} Pa.

8-6　$h = \dfrac{2\alpha}{\rho g}\left(\dfrac{1}{R_1} - \dfrac{1}{R_2}\right)$.

8-7　8.66×10^{-7} m.

8-8　液膜内 $\Delta p = \dfrac{2\alpha}{R} = 8$ Pa;内部气体 $\Delta p = \dfrac{4\alpha}{R} = 16$ Pa.

8-9　2.628×10^{-3} m.

第 9 章

9-1　(1) 3.44×10^{20};(2) 1.6×10^{-5} kg・m^3.

9-2　(1) 2.077×10^{5} Pa;(2) 2.05×10^{5} Pa.

9-3　4%.

9-4　A,B,C.

9-5　C.

9-6　(1) 1.35×10^{5} Pa;(2) 1.25×10^{-20} J;362 K;

9-7　C.

9-8　$\Delta T = 1.925$ K;$\Delta p = 8.33 \times 10^{4}$ Pa

9-9　氧气:$\bar{\varepsilon}_t = 6.21 \times 10^{-21}$ J;$\bar{\varepsilon} = 1.035 \times 10^{-20}$ J;$\bar{E} = 6232$ J.

　　　氦气:$\bar{\varepsilon}_t = 6.21 \times 10^{-21}$ J;$\bar{\varepsilon} = \dfrac{3}{2}kT = 6.21 \times 10^{-21}$ J;$\bar{E} = \dfrac{3}{2}RT = 3740$ J.

9-10　$\dfrac{5}{3}$;$\dfrac{10}{3}$.

9-11　7.72×10^{-21} J;718.8 m・s;9298.9 J.

9-12　$\Delta E = \dfrac{5}{2}V(p_2 - p_1)$.

9-13　274.3 K.

9-14　$T = \dfrac{6T_2 + 5T_1}{11}$.

9-15　因分解后气体的温度未变,分子的平动自由度 $t = 3$ 也不变,故分子的平均平动动能 $\bar{\varepsilon}_t = 7.04 \times 10^{-21}$ J 不变;-4238.1 J.

9-16　(1) 1.86×10^{-5} Pa;(2) 1.035×10^{-16} J;(3) 3.52×10^{5} m・s^{-1}

9-17　$1 : 4 : 16$.

9-18　(1) 分子速率在 $v_1 \sim v_2$ 间出现的概率;(2) 平均速率;(3) 分子的平均平动动能.

9-19　C.

9-20　$2000 \text{ m} \cdot \text{s}^{-1}$;$400 \text{ m} \cdot \text{s}^{-1}$;曲线 Ⅱ 的温度更高.

9-21　$\dfrac{T_1}{T_2} = \dfrac{\mu_氢}{\mu_氧} = \dfrac{7}{8}$.

9-22　$1.9 \text{ kg} \cdot \text{m}^{-3}$.

9-23　1662 m.

9-24　0.779 m.

9-25　$1.10 \times 10^{-5} \text{ Pa} \cdot \text{s}^{-1}$,$6.53 \times 10^{-3} \text{ W} \cdot \text{m}^{-1} \cdot \text{K}^{-1}$,$8.80 \times 10^{-6} \text{m}^2 \cdot \text{s}^{-1}$.

第 10 章

10-1　D.

10-2　B.

10-3　1000 J;700 J.

10-4　$Q = 4608 \text{ J}$,$\Delta E = 0$;$Q = \Delta E = -4986 \text{ J}$.

10-5　等温过程 $Q = A = 1728 \text{ J}$;等压过程 $Q = 8725.5 \text{ J}$,$A = 2493 \text{ J}$.

10-6　$A = -\Delta E = -nC_{V,m}(T_2 - T_1) = -\dfrac{5}{2}R(T_2 - T_1) = 2015.2 \text{ J}$; $\Delta E = nC_{V,m}(T_2 - T_1) = -2015.2 \text{ J}$.

10-7　2.81 m^3;253 K.

10-8　(1) $\Delta E = \dfrac{3}{2}(p_2 V_2 - p_1 V_1)$;(2) $A = \dfrac{1}{2}(p_2 + p_1)(V_2 - V_1)$;

(3) $Q = 2(p_2 V_2 - p_1 V_1)$;(4) $C_m = \dfrac{Q}{n(T_2 - T_1)} = 2R$.

10-9　(1) 略;(2) $\Delta E = 0$;(3) $Q = \dfrac{19}{2}p_1 V_1$;(4) $A = Q = \dfrac{19}{2}p_1 V_1$.

10-10　(1) 由等温过程 $p_2 = 0.5065 \times 10^5 \text{ Pa}$,$A = 3144 \text{ J}$;

(2) 绝热过程:$p_2 = 0.384 \times 10^5 \text{ Pa}$,$A = 2745 \text{ J}$.

10-11　$Q = -900 \text{ J}$.

10-12　$\eta = 1 + \dfrac{Q_{41}}{Q_{23}} = 1 - \dfrac{T_2}{T_1}$.

10-13　$\eta = 1 + \dfrac{Q_{bc}}{Q_{ab} + Q_{ca}} = 9.94\%$.

10-14　(1)$Q = A = 0.395 p_1 V_1$;(2)$\eta = 11.3\%$.

10-15　$\eta = 5.3\%$.

10-16　$\eta = 1 - \left(\dfrac{p_1}{p_2}\right)^{1 - \frac{1}{\gamma}}$.

10-17 $\eta = 1 - \left(\dfrac{V_1}{V_2}\right)^{\gamma-1}$.

10-18 $T_1 = 500$ K;效率升高后高温热源的温度为 $T_1 = 600$ K.

10-19 5×10^4 J;$\eta = 25\%$.

10-20 (1) $\varepsilon = 5.208$;(2)$Q_2 = 2.3 \times 10^6$ J;$Q_1 = A + Q_2 = 2.79 \times 10^6$ J.

10-21 $\eta = 1 - \dfrac{3}{4 V_3^{\gamma-1}} \dfrac{3(V_2^\gamma - V_1^\gamma)}{4(V_2 - V_1)}$.

10-22 $\Delta S = 6.13 \times 10^3$ J $\cdot$ K^{-1}.

10-23 $\Delta S_1 = 702$ J $\cdot$ K^{-1};$\Delta S_2 = -634$ J $\cdot$ K^{-1};$\Delta S = \Delta S_1 + \Delta S_2 = 68$ J $\cdot$ K^{-1}.

10-24 $\Delta S = 5.76$ J $\cdot$ K^{-1}.

附录A 计量单位

国际单位制中单位被分成三类:基本单位、导出单位和辅助单位.基本单位共有7个,它们都有严格的定义.这7个基本单位分别是:长度单位——米;质量单位——千克;时间单位——秒;电流强度单位——安培;热力学温度单位——开尔文;物质的量单位——摩尔;发光强度单位——坎德拉.

除基本单位外,还有许多导出单位,如牛顿、赫兹、焦耳等.辅助单位有弧度和球面度这两个纯几何单位(见附表).

附表 A.1　国际单位(SI)制的基本单位

量	单位名称	单位符号	定　义
长度	米	m	为光在真空中 1/299792458 s 的时间间隔内所经过的距离
质量	千克	kg	等于国际千克原器的质量
时间	秒	s	铯-133 原子基态的两个超精细能级之间跃迁所对应的辐射的 9192631770 个周期的持续时间
电流强度	安[培]	A	一恒定电流,若保持在处于真空中相距 1 m 的两无限长而圆截面可忽略的平行直导线内,则此两导线之间产生的力在每米长度上等于 2×10^{-7} N
热力学温度	开[尔文]	K	水三相点热力学温度的 1/273.16
物质的量	摩[尔]	mol	一系统的物质的量,该系统中所包含的基本单元数与 0.012 kg 碳-12 的原子数目相等
发光强度	坎[德拉]	cd	发射出频率为 540×10^{12} Hz 单色辐射的光源在给定方向上的发光强度,而且在此方向上的辐射强度为 1/683 W 每球面度

附表 A.2　国际单位制的辅助单位

量	单位名称	单位符号
[平面]角	弧度	rad
立体角	球面度	sr

附表 A.3　国际单位制中具有专门名称的导出单位

量	单位名称	单位符号
频率	赫[兹]	Hz
力	牛[顿]	N
压力,压强,应力	帕[斯卡]	Pa
能[量],功,热量	焦[耳]	J

续表

量	单位名称	单位符号
功率,辐[射能]通量	瓦[特]	W
电荷[量]	库[仑]	C
电压,电动势,电位(电势)	伏[特]	V
电容	法[拉]	F
电阻	欧[姆]	Ω
电导	西[门子]	S
磁通[量]	韦[伯]	Wb
磁通[量]密度,磁感应强度	特[斯拉]	T
电感	亨[利]	H
摄氏温度	摄氏度	℃
光通量	流[明]	lm
[光]照度	勒[克斯]	lx
[放射性]活度	贝可[勒尔]	Bq
吸收剂量 比授[予]能比释动能	戈[瑞]	Gy
剂量当量	希[沃特]	Sv

附表 A.4　其他主要物理量国际单位制中的导出单位

物理量	单位名称	单位符号
摩尔质量	千克每摩尔	$kg \cdot mol^{-1}$
角速度	弧度每秒	$rad \cdot s^{-1}$
角加速度	弧度每二次方秒	$rad \cdot s^{-2}$
表面张力	牛顿每米	$N \cdot m^{-1}$
冲量,动量	牛顿秒	$N \cdot s$
热容量,熵	焦耳每开尔文	$J \cdot K^{-1}$
摩尔热容量	焦耳每摩尔开尔文	$J \cdot mol^{-1} \cdot K^{-1}$
比热	焦耳每千克开尔文	$J \cdot kg^{-1} \cdot K^{-1}$
黏滞系数	帕斯卡秒	$Pa \cdot s$
导热系数	瓦特每米开尔文	$W \cdot m^{-1} \cdot K^{-1}$
扩散系数	平方米每秒	$m^2 \cdot s^{-1}$
磁导率	亨利每米	$H \cdot m^{-1}$
电容率(介电常量)	法拉每米	$F \cdot m^{-1}$

附表 A.5   我国选定的非国际单位制单位

物理量	单位名称	单位符号	与国际单位的关系
时间	分 [小]时 天(日)	min h d	1 min＝60 s 1 h＝60 min＝3600 s 1 d＝24 h＝86400 s
[平面]角	[角]秒 [角]分 度	″ ′ °	$1''=(1/60)'=(\pi/648000)$ rad $1'=(1/60)°=(\pi/10800)$ rad $1°=(\pi/180)$ rad
旋转速度	转每分	r·min^{-1}	1 r·min$^{-1}=(\pi/30)$ rad·s^{-1}
质量	吨 原子质量单位	t u	1 t＝10^3 kg 1 u$\approx$1.660538782$\times10^{-27}$ kg
体积	升	L,(l)	1 L＝1 dm^3＝10^{-3} m^3
能	电子伏	eV	1 eV$\approx$1.602176487$\times10^{-19}$ J
长度	海里	n mile	1 n mile＝1852 m(只用于航行)
级差	分贝	dB	
面积	公顷	hm^2	1 hm^2＝10^4 m^2
线密度	特[克斯]	tex	1 tex＝10^{-6} kg·m^{-1}
速度	节	kn	1 kn＝1 n mile·h$^{-1}=\dfrac{1852}{3600}$ m·s^{-1} (只用于航行)

附表 A.6   构成十进倍数和分数的国际单位制词头

英文词头	中文名称	词头符号	所表示的因数
yotta	尧[它]	Y	10^{24}
zetta	泽[它]	Z	10^{21}
exa	艾[可萨]	E	10^{18}
peta	拍[它]	P	10^{15}
tera	太[拉]	T	10^{12}
giga	吉[咖]	G	10^{9}
mega	兆	M	10^{6}
kilo	千	k	10^{3}
hecto	百	h	10^{2}
deca	十	da	10^{1}
deci	分	d	10^{-1}
centi	厘	c	10^{-2}
milli	毫	m	10^{-3}
micro	微	μ	10^{-6}
nano	纳[诺]	n	10^{-9}
pico	皮[可]	p	10^{-12}
femto	飞[母托]	f	10^{-15}
atto	阿[托]	a	10^{-18}
zepto	仄[普托]	z	10^{-21}
yocto	幺[科托]	y	10^{-24}

附录 B 一些常用数据

有关地球的一些数据:

质量 5.9742×10^{24} kg;

半径 6371.004 km;

大气中的声速 331.36 m·s^{-1} (0℃),

340m·s^{-1} (常温);

地球表面磁场 5×10^{-5} T;

平均轨道速度 29.79 km·s^{-1}.

附表 B.1 基本物理常数(CODATA 2006 年国际推荐值)

量	符号	数值	倍率与单位	不确定度/ppm
真空磁导率	μ_0	$4\pi = 12.566370614$	10^{-7} N·A^{-1}	(精确)
光速	c	2997924584	m·s^{-1}	(精确)
真空介电常量	ε_0	8.854187817⋯	10^{12} F·m^{-1}	(精确)
牛顿引力常量	G	6.67428(67)	10^{-11} m^3·kg^{-1}·s^{-2}	1×10^{-4}
普朗克常量	h	6.62606896(33)	10^{-34} J·s	5.0×10^{-8}
基本电荷	e	1.602176487(40)	10^{-19} C	25×10^{-8}
电子质量	m_e	9.10938215(45)	10^{-31} kg	5.0×10^{-8}
电子伏	eV	1.602176487(40)	10^{-19} J	2.5×10^{-8}
质子质量	m_p	1.672621637(83)	10^{-27} kg	5.0×10^{-8}
精细结构常数	α	7.2793525376(50)	10^{-3}	6.8×10^{-10}
里德伯常量	R_∞	10973731.568527(73)	m^{-1}	6.6×10^{-12}
阿伏伽德罗常量	N_A, L	6.02214179(30)	10^{23} mol^{-1}	5.0×10^{-8}
摩尔气体常量	R	8.314472(15)	J·mol^{-1}·K^{-1}	1.7×10^{-6}
玻尔兹曼常量	k	1.3806504(24)	10^{-23} J·K^{-1}	1.7×10^{-6}
斯特藩-玻尔兹曼常量	σ	5.670400(40)	10^{-8} W m^{-2} K^{-4}	7.0×10^{-6}
(统一的)原子质量单位 $1\,u = m_u = \frac{1}{12}m(^{12}C)$ $= 10^{-3}$ kg·mol$^{-1}/N_A$	u	1.660538782(83)	10^{-27} kg	5.0×10^{-8}